西藏民族大学学术著作出版基金资助项目
西藏民族大学“青年学人培育计划”资助项目

职前数学教师专门内容知识发展研究

牟金保 著

西安交通大学出版社
XI'AN JIAOTONG UNIVERSITY PRESS
国家一级出版社
全国百佳图书出版单位

图书在版编目(CIP)数据

职前数学教师专门内容知识发展研究 / 牟金保著. —
西安:西安交通大学出版社,2022.10
ISBN 978-7-5693-2803-5

Ⅰ.①职… Ⅱ.①牟… Ⅲ.①数学教学—师资培养—研究
Ⅳ.①O1-4

中国版本图书馆 CIP 数据核字(2022)第 184793 号

书　　名 职前数学教师专门内容知识发展研究
ZHIQIAN SHUXUE JIAOSHI ZHUANMEN NEIRONG ZHISHI FAZHAN YANJIU
著　　者 牟金保
策划编辑 田　华
责任编辑 邓　瑞
责任校对 李　文
装帧设计 伍　胜

出版发行 西安交通大学出版社
(西安市兴庆南路 1 号　邮政编码 710048)
网　　址 http://www.xjtupress.com
电　　话 (029)82668357　82667874(市场营销中心)
(029)82668315(总编办)
传　　真 (029)82668280
印　　刷 西安五星印刷有限公司

开　　本 700mm×1000mm　1/16　**印张** 16.75　**字数** 289 千字
版次印次 2022 年 10 月第 1 版　2023 年 3 月第 1 次印刷
书　　号 ISBN 978-7-5693-2803-5
定　　价 68.00 元

如发现印装质量问题,请与本社市场营销中心联系。
订购热线:(029)82665248　(029)82667874
投稿热线:(029)82668818　QQ:457634950
读者信箱:457634950@qq.com

序

专门内容知识(SCK)是指教师从事数学教学所需要的数学知识,数学教师专门内容知识的发展是数学教育领域研究的关键和重要问题之一,本书所研究的职前数学教师专门内容知识就属于教师专业发展研究的范畴。西藏数学教育质量的提升离不开教师专业素养提升,因此,西藏数学教师的专业发展是一个值得研究的重要课题。本书以数学学科专门内容知识的视角来探索西藏职前数学教师专业发展的有效途径,能为西藏职前数学教师培养提供理论依据,同时对提升西藏中小学数学教学质量有着重要的实践指导意义。

本书从西藏中小学数学教育现状、数学史融入数学教育的必要性、数学史与数学教学之间的关系(HPM)研究的现状、学科内容知识的研究以及基于数学史的专门内容知识等方面进行综述,完整、全面地论述了职前数学教师专门内容知识研究的必要性与现实意义。在已有相关研究的基础上,本书以职前数学教师为研究对象,基于 HPM 和面向教学的数学知识(MKT)理论视角,根据调查分析、访谈等结果,并结合模糊德尔菲(Delphi)方法,科学地针对西藏职前数学教师基于数学史的专门内容知识建构了职前初中数学教师基于数学史的专门内容知识(PT - HSCK)九边模型。该模型包括九个知识成分维度,分别为选择与引入知识、比较与设计知识、回应与解释知识、探究与重演知识、表征与关联知识、编题与设问知识、评估与决策知识、判断与修正知识、解决与运用知识。同时,针对研究对象的水平高低按照每个知识成分维度划分成五种不同的水平等级。最终,形成了基于数学史的专门内容知识的"九维度、五水平"分析框架。

为了更具针对性地进行职前数学教师专门内容知识发展研究,牟金保博士调查了西藏初级中学在校学生、在职数学教师以及西藏职前数学教师数学史融入数学教学的现状与态度,同时调查了西藏职前初中数学教师基于数学史的专门内容知识现状。在前期充分调研的基础上,最终选定了 12 名西藏职前初中数学教师为研究对象,针对无理数的概念、二元一次方程组、平行线的判定、平面直角坐标系、全等三角形应用以及一元二次方程(配方法)等初中数学重要知识点以及已经开发的相关课例，聚焦“基于数学史的专门内容知识”，按照“史料阅读－案例讲授－教学设计”的干预流程，对西藏职前数学教师专门内容知识发展进行研究。为了探讨干预对西藏职前数学教师专门内容知识发展的影响，作者设计了由 24 道客观题和 6 道主观题组成的 PT－HSCK“九维度、五水平”测试问卷，系统探究了 HPM 干预对西藏职前初中数学教师基于数学史的专门内容知识影响的变化。研究发现，HPM 干预对西藏职前初中数学教师基于数学史的专门内容知识水平提高具有促进作用，同时本书也可以为西藏职前初中数学教师培养提供实施理论框架和有针对性推广的数据支持。

近年来，由美国学者鲍尔(Ball)及其研究团队所提出的 MKT 理论已成为继教学内容知识(PCK)理论之后新的研究领域，而专门内容知识作为 MKT 的重要组成部分之一，也顺其自然地成为了新的研究热点。相关研究表明，基于数学史的专门内容知识进一步扩展了专门内容知识的实践载体。那么，基于数学史的专门内容知识研究能否为职前数学教师培养尤其为西藏职前数学教师培养提供一种新的路向？能否真正付诸于数学课堂实践尤其是西藏数学课堂实践？能否促进职前数学教师尤其是西藏职前数学教师专门内容知识的发展？牟金保博士以数学史为切入点，以职前数学教师为研究对象，从 HPM 和 MKT 理论的角度，重点从数学学科专门内容知识的视角，通过量化研究和质性研究相结合的研究方式，试图对上述问题作出回答。本书的重要工作及意义如下。

(1)建立了 PT－HSCK 理论框架以及干预框架。

(2)编制了 PT－HSCK 的测试工具。

(3)对职前数学教师专门内容知识发展变化情况进行了针对性研究。

(4)为我国数学教师教育专业开设数学史、数学课程与教学论、数学教学设计与案例分析、数学史与数学教育等课程提供了可以借鉴的范例，有助于“数学通史＋基于 HPM 数学教学设计”教学模式进一步的推广应用。

(5)对如何在西藏职前数学教师培养中更好地发展基于数学史的专门内容知识进行了有效实践，其实践模式具有推广应用价值。

(6)为西藏职前数学教师培养提供理论依据，对提升西藏中小学数学教学质量具有实践指导意义。

本书结构清晰，方法规范，案例丰富，数据翔实，结论可信，工作扎实，对于扩展 MKT 理论、夯实 HPM 理论基础、拓展 HPM 研究主题、促进 HPM 教学理念在少数民族地区的传播与普及等，都具有重要的现实意义和实践价值。我相信，本书的出版一定会对职前数学教师专业发展的理论和实践研究、西藏职前数学教师的培养、西藏数学教育研究生培养以及 HPM 案例教学提供一定参考。本书适合中小学数学教师、数学类师范专业本科生、教育研究者、数学教育以及数学课程与教学论专业的硕博研究生阅读。

为庆贺本书出版，聊志数语，爰以为序。

华东师范大学 汪晓勤

2022 年 6 月

前言

专门内容知识被描述为数学教学所特有的数学知识，而本书所研究的职前数学教师基于数学史的专门内容知识即属于专门内容知识的范畴。专门内容知识作为学科内容知识的重要组成部分，对教师专业化程度有着直接影响，已有研究表明，教师的专门内容知识是教师专业化程度的重要标志之一，同时教师的专门内容知识也与学生的学业成绩息息相关。本书主要关注西藏职前数学教师基于数学史的专门内容知识与 HPM 干预前后的变化情况。对于西藏职前数学教师基于数学史的专门内容知识的理论框架建构，目前尚无人进行研究，但有高中数学教师基于数学史的专门内容知识研究可供参考，也有国内外学科内容知识和教学内容知识方面的研究可供参考。

为了厘清职前数学教师专门内容知识的现状与短板，明确 HPM 干预对职前数学教师专门内容知识的影响，寻找提升职前数学教师专门内容知识水平的有效方法，为职前数学教师教育培养方案补充新的理论和实践基础，本书以数学史为切入点，将研究对象具体到西藏职前初中数学教师，从 HPM 和 MKT 理论的角度，重点从数学学科专门内容知识的视角，借鉴高中数学教师基于数学史的专门内容知识研究，建构了职前初中数学教师基于数学史的专门内容知识理论框架。该理论框架主要包含选择与引入知识、比较与设计知识、回应与解释知识、探究与重演知识、表征与关联知识、编题与设问知识、评估与决策知识、判断与修正知识、解决与运用知识等九种成分维度，同时将每个知识成分维度划分为五种不同的水平等级。

为了深入研究 HPM 干预对职前数学教师专门内容知识的影响变化，本书按照从数学史本身到数学史融入数学教学，再到立德树人的这条主线，从已有的 HPM 理论以及四个维度的 HPM 课例评价框架出发，遵循教育理念的自下而上到自上而下的实践检验意义而建立的 HPM 干预框架，将会为西藏中小学提供一种可操作性较强的数学教育干预手段。这种 HPM 干预框架能从逻辑顺序、历史顺序以及心理顺序方面切入，力求达到干预的自然性；从附加式、复制式、顺应式以及重构式四种融入方式切入，力求达到干预的多元性；从科学性、趣味性、有效性、可学性以及人文性五项原则切入，力求达到干预的契合性；从知识之谐、方法之美、探究之乐、能力之助、文化之魅和德育之效的六类价值方面，力求达到干预的深刻性。整个 HPM 干预流程为职前教师培养提供了可操作性较强的实施路径，对西藏职前数学教师的培养有着积极的理论和实践意义。

在本书的撰写过程中，得到了许多老师和同学的帮助，在此对他们表示最真挚的谢意！本书的出版还得到了西藏民族大学学术著作出版基金资助，在此一并表示感谢！

由于水平有限，本书不足之处在所难免，敬请读者批评指正。

牟金保

2022 年 7 月

缩略词

缩略词	English	中文
HPM	On the Relations Between the History and Pedagogy of Mathematics	数学史与数学教学之间的关系
MKT	Mathematical Knowledge for Teaching	面向教学的数学知识
SMK	Subject Matter Knowledge	学科内容知识
PCK	Pedagogical Content Knowledge	教学内容知识
SCK	Specialized Content Knowledge	专门内容知识
CCK	Common Content Knowledge	一般内容知识
HCK	Horizon Content Knowledge	水平内容知识
KCS	Knowledge of Content and Students	内容与学生知识
KCT	Knowledge of Content and Teaching	内容与教学知识
KCC	Knowledge of Content and Curriculum	内容与课程知识
HSCK	History - based Specialized Content Knowledge	基于数学史的专门内容知识
PT - HSCK	Pre-service Junior Middle School Mathematics Teachers' History-Based Special Content Knowledge	职前初中数学教师基于数学史的专门内容知识
MPCK	Mathematical Pedagogical Content Knowledge	数学教学内容知识
KSI	Knowledge of Selecting and Introducing	选择与引入知识
KCD	Knowledge of Comparing and Designing	比较与设计知识
KRE	Knowledge of Responding and Explaing	回应与解释知识
KIA	Knowledge of Inquisition and Applying	探究与运用知识
KER	Knowledge of Exploring and Repeating	探究与重演知识
KRC	Knowledge of Representing and Connecting	表征与关联知识
KPP	Knowledge of Problem and Posing	编题与设问知识
KAD	Knowledge of Assessing and Deciding	评估与决策知识
KJR	Knowledge of Judging and Revising	判断与修正知识
KSA	Knowledge of Solving and Applying	解决与运用知识

目　录

第1章 绪论

数学一直是部分学生学习路上的“拦路虎”,如果没有培养出学生的学习兴趣,就激发不了他们的学习动机,唯有对数学有兴趣且有良好学习成效的学生,才能体会到数学学习的乐趣。虽然了解到人们研发的众多高科技产品大都离不开数学,但在大学期间接触到一些更抽象的数学后,学生们才会发现高层次的数学学习仅凭兴趣还是远远不够的。特别是数学类专业的主课程,数学分析、高等代数、常微分方程以及高等几何已足够基础,但仍旧难倒一大片的学生,更别说实变函数、微分几何、抽象代数、拓扑学以及泛函分析等更抽象的课程了。这些课程,对于民族院校数学教育类师范专业的少数民族学生而言难度则更大,然而这些大部分都是师范类数学专业必须掌握的学科内容知识(SMK),而学科内容知识又包括专门内容知识(SCK)。教师 SCK 发展是完成面向教学的数学知识(MKT)的重要研究领域之一。因此,建构整合数学史与数学教学之间的关系(HPM)和 MKT 的职前数学教师基于数学史的专门内容知识理论框架,并利用 HPM 干预框架来促进职前数学教师基于数学史的专门内容知识又好又快发展,已是势在必行。本章主要从研究缘起、研究背景、研究问题、研究意义、相关概念界定和本书的框架结构进行论述。

1.1 研究缘起

当代数学跟 1900 年前相比,发生了很大的变化,这主要体现在两点:一是数学内容日益抽象,研究对象越来越脱离于物理实际;二是数学教育主要以一种精致的逻辑形式呈现,并没有显示出创作中出现的任何关于困难、错误、猜测或绊脚石的描述,这与莱布尼茨(G. W. Leibniz,1646—1716)等数学家、哲学家的这些哲学情感形成鲜明对比。数学史专业学生的数学史素养水平比数学教育专业学生的数学史素养水平明显更高,基于数学史的专门内容知识水平也更高,这也侧面反映了数学史学习对于专门内容知识学习的重要性。

专门内容知识属于学科内容知识的一部分，是每位数学类师范生在求学过程中都会接触到的，然而在毕业之后，专门内容知识几乎被抛之脑后，有些学生甚至认为专门内容知识对于师范生没有用处，但真的如此吗？为什么会有此类声音频频出现？是其本身的问题还是其他外部因素所导致？是否是职前数学教师培养中对教师专业发展方面的部分缺失？

笔者作为一名数学教育工作者，已有十余年。当初选择数学教师这个职业，也是有缘由的。笔者高中时代的一位隔壁班同学十分讨厌数学，因此他在数学的学习上是没有动力的，但笔者喜欢数学，所以一直无法理解他的感受。在高中期间，笔者常常主动和身边讨厌数学的同学讨论数学问题，虽然这样对被讨论者的数学素养没有什么实质性帮助，但此讨论过程对笔者来说收获很大，这启发了笔者对数学教育进行更深入的思考。一直以来，坚持说服身边的人关注数学、热爱数学，这可能是笔者早期对数学教育关注和思考的根本原因。

由于高中时期对于数学教育有更深一层的思考，笔者在大学时很坚定地选择了数学系的数学类专业。在大学期间，笔者选择喜欢的数学类相关科目进行修读，在数学学习上取得了不错的成绩。特别在大三的暑假，笔者参加了一个数学营，至今令笔者印象深刻的是，营队的老师带领大家去思考数学教育前沿的问题，其中也包含外国数学教育改革的问题，为此也让笔者对数学教育多了一份特别思考。

在笔者的内心深处始终有一个声音："我要让我身边的人不再那么惧怕数学，如果要影响更多身边的人不惧怕数学，那就需要成为一名数学教育工作者。"这声音至今依然回荡在笔者的脑海之中，鞭策着笔者前行。笔者会成为一名民族地区数学教育工作者，或许就是跟这种声音息息相关。此外在大学时期，笔者接触了许多数学史与数学教育方面的书籍，加之参与师范生社团方面的自我磨练，以及每年参加社会实践给民族地区中小学生补习数学。在这些机缘巧合和方方面面的影响之下，笔者借助深厚的教育学和心理学知识，自然而然地加入了数学教师的行列。

在十余年的民族教育生涯中，常常有少数民族学生问："老师，数学这么抽象难学，到底学习数学的真正意义是什么？有什么用？"也常常听到家长或学生提到学习数学好难。这些问题总会以一种不可抗拒的力量驱动自己，一定要让自己的学生在大学生涯掌握好数学知识，进一步理解学科内容知识，尤其是专门内容知识，这对于对一名职前数学教师具有重要意义。无形中就会让自己对利用专门内容知识建构民族地区相关理论框架多了一些思考。笔者多次尝试用哲学思维方式来思考数学和教育，在众多哲学家中发现了怀特海(A. N. Whitehead，1861—1947)，他能够将严密的数学和智慧的哲学融为一体。从《泛代数论》和《数学原理》中可以看出他是数理逻辑学家；从《自然知识原理研究》《自然的概念》和《相对性原理》中可以看出他是理论物理学家；从《科学与现代世界》《宗教的形成》和《过程与实在》中可以看出他是过程神学的创始人；从《教育的目的》中可看出他是教育家立场的文明批评者，由此不难看出他的多面性。

曾经，让学生快乐地学习数学，是数学教育者从事数学教育的最大宗旨，但最大宗旨和付诸实践还有很大差距，缺乏实践操作性。基于西藏职前数学教师专业发展还没有从系统规划过渡到精细化实施，也没有形成教学研究、职前教师培养、在职教师培训相互贯通的完整体系的实际现状，结合西藏职前数学教师培养的大环境，寻求一种面向西藏数学教育的需要、以培养职前数学教师专门内容知识为本、了解职前数学教师需求的途径来促进西藏职前数学教师专业发展已经显得尤为重要，而基于数学史的专门内容知识恰好就能为西藏职前数学教师培养提供一种途径，并利用 HPM 干预来具体实施。

1.2　研究背景

西藏中小学数学教育发展的制约因素很多，但教师的专业发展是最主要的制约因素之一。在当今这样一个知识更新速度不断加快的时代，对数学教师完成数学教学所需的数学知识水平要求越来越高。专门内容知识毫无例外也是对教师专业发展影响最显著、最深刻的部分之一。

从与西藏中小学数学教育有关的现有文献研究来看，制约因素主要存在于教材、师资、教学方法三个方面，其中师资方面对数学教师专业发展的研究最为薄弱(牟金保，2017a；唐恒钧等，2011)；研究视角主要涵盖了教育、心理、文化以及社会等。虽然已有研究对西藏中小学数学教育起到了促进作用，但西藏中小学数学教育与全国中小学数学教育水平存在一定差距，西藏中小学数学教学质量的提升已经迫在眉睫。

从西藏自治区教育考试院近几年中考和高考的考试数据来看，在 2018 年全区中考成绩统计中，各科目平均成绩由低到高依次为英语、数学、化学、物理、汉语文、思想品德以及藏语文，数学平均成绩低于 40 分，在 7 门科目中处于倒数第二，仅略高于英语平均成绩。在 2018 年西藏各地市中考数学成绩统计中，各地市平均成绩由低到高依次为阿里、那曲、昌都、林芝、山南、日喀则以及拉萨，除拉萨数学平均成绩略高于40分外,其余地市均低于40分。在西藏2014—2018年全区高考成绩统计中,文科数学和理科数学平均成绩(换算成百分制)均低于30分,其中文科数学平均成绩高于理科数学平均成绩。除此之外,西藏城镇和农村的教育质量还存在较大的差异性,2014—2018年的城镇高考理科数学平均成绩(换算成百分制)为30~45分,农村学生高考理科数学平均成绩为15~30分,农村学生高考理科数学平均成绩显著低于城镇。与经济发达地区相比,笔者发现,西藏中小学理科教育特别是中小学数学教育的现状不容乐观。

由于数学在西藏是令中小学生最头痛的学科之一,且数学是整个理科科目学习的基础,即使单纯从分数来讲,数学也属于拉低平均分的学科之一,学好数学对提高总分有较大的作用。可见,不管是从整个西藏的教学需求来说,还是从学生的数学学习策略来说,西藏中小学数学教育问题都需要重新被审视,需要国家更大的投入与扶持,更需要数学教育研究者投入更多的关注与谋划。

西藏中小学理科教学质量偏低,其中数学科目更是拖了后腿。可见,提升西藏中小学的数学教育质量,是西藏教育质量提升的重中之重。西藏数学教育质量的提高可被视为西藏基础教育又好又快发展的突破口,加之民族地区基础教育的关键是教师,关注西藏数学教师的专业发展就显得尤为重要。西藏的中小学数学教师队伍中,除了少数其他省、自治区、直辖市来支教的非师范专业大学生和怀揣理想的师范生外,大部分为西藏本地人,而这些西藏本地人又多数毕业于西藏各高校,在华北、华东、华南地区为西藏定向培养的职前数学教师数量相当有限,加之由于高原反应等身体素质限制因素,大多数毕业后来西藏工作的职前数学教师完全是出于一种教育情怀和对民族地区中学数学教育热爱,也就是说西藏职前数学教师的培养主要还是由西藏仅有的几所高校来完成的。

西藏中小学数学教学被认为是西藏学校教育的重要难题之一,而教学的关键又在于教师所具有的教学知识。美国密歇根大学数学教育家卢文堡·鲍尔(D·Loewenberg Ball)提出MKT理论,用来分析教师的教学知识。鲍尔及其团队经过20余年的研究,对完成数学教学所需要的知识做了逐年改革与深化。MKT包括SMK和教学内容知识(PCK)两部分。鲍尔及其团队对MKT知识体系不断地进行迭代与完善。Schilling和Hill(2007)对一般内容知识、专门内容知识、内容与教学知识以及内容与学生知识的合理性和测试过程进行了阐述,而Hill、Ball和Blunk等(2007)则从两个方面论证了完成数学教学所需的数学知识测试的有效性。这些后续的研究,很快便促使了鲍尔等人修正了自己在2006年提出的MKT

体系。后来,Ball、Thames 和 Phelps(2008)发表了新论文,论文在水平内容知识(HCK)和内容与课程知识(KCC)表述方面变化较大。这种变化也得到了其他学者的赞同,如 Mosvold、Jakobsen 和 Jankvist(2014)也认为如此。Ball、Thames 和 Phelps(2008)认为具体结构如图 1-1 所示。

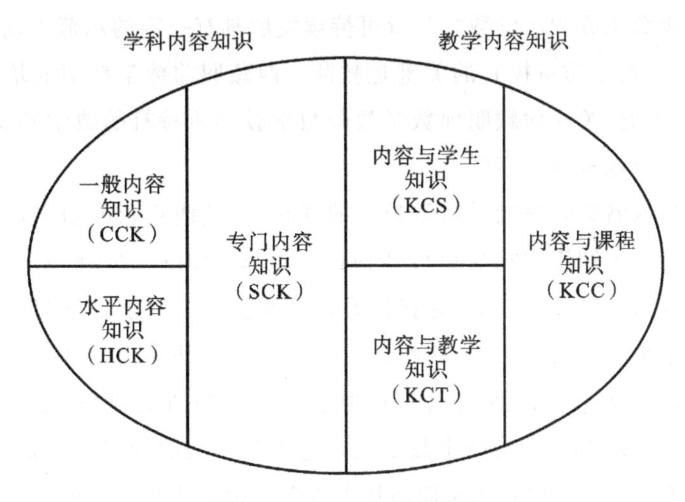

图 1-1　MKT 的组成结构

对于数学学科而言,CCK 主要指在数学教学以外其他背景下也可以使用的数学知识;SCK 主要指进行数学教学所特有的数学知识;HCK 主要指在数学课程中每个数学主题相互联系的数学知识;KCS 主要指对数学的了解和对学生的了解相互融合的知识;KCT(对应于范良火教授的“教学的内容知识”和“教学的方法知识”)主要指如何讲授 KCS;KCC(对应于范良火教授的“教学的课程知识”)主要指课程标准、课程大纲、教科书、教学材料以及其他教学所需资源的知识。知识、信念和情感是教师专业发展的重要组成部分,而其中的知识可以用 MKT 来刻画。MKT 所包含的六块内容是一个相互渗透的有机融合体,而对于职前数学教师来讲,SMK 又是以处于核心地位的 SCK 来体现,所以要想理解数学的本质离不开对 SCK 的理解。因此,对于西藏职前数学教师学科内容知识而言,SCK 是西藏中小学数学教学落实数学核心素养的一把利剑。

1.3　研究问题

我国西藏与其他民族地区的中小学数学教育既存在共性,也存在差异性。教师、教学、教材、自然条件、经济基础、文化差异以及语言因素等都影响着西藏中小学数学教学质量的提升。在西藏数学教育现代化建设中，虽然现代化数学教育体系已经逐渐建立，但还没有形成相对完整的体系。作为我国藏族聚居较多的地区之一，西藏的中小学数学教育是我国民族教育的重要关注点之一，提升西藏中小学数学教育对少数民族中小学数学教育可持续发展具有一定的示范导向。在民族地区数学教育中，教学质量提升的关键是教师。西藏职前数学教师的培养主要由西藏高校完成，因此，关注西藏职前数学教师数学教学所特有的数学知识，将直接关系到西藏教师专业素养的高低。

为了厘清西藏数学史融入数学教学的现状，以及西藏职前初中数学教师基于数学史的专门内容知识现状与短板，明确 HPM 干预对西藏职前初中数学教师基于数学史的专门内容知识影响，寻找提升西藏职前初中数学教师基于数学史的专门内容知识水平的有效方法，为西藏职前初中数学教师教育培养方案补充新的理论和实践基础。本书将以西藏职前初中数学教师为研究对象，重点从 HPM 和 MKT 理论的角度，构建职前初中数学教师基于数学史的专门内容知识理论框架，旨在深入研究 HPM 干预对西藏职前初中数学教师基于数学史的专门内容知识的影响变化。本书设定拟解决的研究问题如下。

(1)西藏数学史融入数学教学的现状如何？西藏在职数学教师和职前数学教师对数学史融入数学教学的态度如何？

(2)西藏职前初中数学教师基于数学史的专门内容知识理论框架是什么？现状如何？

(3)HPM 干预框架是什么？HPM 干预对西藏职前初中数学教师基于数学史的专门内容知识有怎样的影响？具体变化如何？

1.4 研究意义

虽然一直以来国家都非常重视西藏的基础教育，但西藏的中小学理科教育，尤其是数学教育的质量问题一直没有得到有效解决，始终是困扰数学教育界的难题。西藏数学教育质量不高的制约因素有很多，其中最为关键的瓶颈之一还是教师学科内容知识需要进一步提高，教师素养提升方面的系统化体系也没有完全建立。具体讲就是职前教师培养和在职教师专业发展相对脱节，职前教师学科内容知识，尤其是专门内容知识欠缺等，这些现状都凸显出提高西藏职前数学教师专门内容知识的必要性。因此，基于数学史的专门内容知识恰好就能为西藏职前数学教师培养提供一种新的路向，并利用 HPM 干预来具体实施。从立足于西藏中小学数学教育发展的未来来看，本研究的意义主要包括理论意义和实践意义。

专门内容知识被描述为数学教学所特有的数学知识，而本书所研究的西藏职前初中数学教师基于数学史的专门内容知识就是属于专门内容知识的理论范畴。本书借鉴高中数学教师基于数学史的专门内容知识研究、国内外数学学科内容知识和教学内容知识方面的研究，建构了西藏职前初中数学教师基于数学史的专门内容知识理论框架。该理论框架主要包含选择与引入知识、比较与设计知识、回应与解释知识、探究与重演知识、表征与关联知识、编题与设问知识、评估与决策知识、判断与修正知识、解决与运用知识等九种成分维度，同时将每个知识成分维度划分为五种不同的水平等级。该理论框架将对建立面向西藏数学教育的需要、以培养数学教育师范生专门内容知识为本、了解职前数学教师需求的大格局提供具有民族特色、西藏特点的理论依据，将有效促进西藏中小学数学教育现代化体系的建设。

西藏职前初中数学教师是西藏初中数学教师的最重要来源之一，以西藏的职前初中数学教师为研究对象，建立以西藏职前初中数学教师基于数学史的专门内容知识“九维度、五水平”理论框架具有一定的民族针对性，既可为少数民族地区培养数学教师的专门内容知识提供借鉴，又可以促进西藏职前数学教师专门内容知识的发展，对于西藏的基础教育具有理论指导意义。从宏观层面来讲，该理论框架也可以进一步完善和健全西藏数学类师范专业培养体系，有效促进西藏职前数学教师培养体系的可持续发展。

为了探讨 HPM 干预对西藏职前数学教师基于数学史的专门内容知识的影响变化，本书按照从数学史到数学史融入数学教学，再到立德树人的这条主线，从已有的 HPM 理论以及四个维度的 HPM 课例评价框架出发，遵循以教育理念的自下而上到自上而下的实践检验意义而建立的 HPM 干预框架，将会为西藏提供一种可操作性较强的西藏中小学数学教育干预手段。这种 HPM 干预框架能按逻辑、历史以及心理的顺序切入，力求达到干预的自然性；以附加、复制、顺应以及重构四种融入方式切入，力求达到干预的多元性；从科学、趣味、有效、可学以及人文性五项原则切入，力求达到干预的契合性；从知识之谐、探究之乐、文化之魅、方法之美、能力之助和德育之效六类价值切入，力求达到干预的深刻性。整个 HPM 干预流程为职前教师培养提供了操作性较强的实施路径，对西藏职前数学教师的培养有着积极的理论和实践意义。

总之，通过对本书研究问题的解决，将有利于促进西藏职前初中数学教师基于数学史的专门内容知识发展，进一步提高职前教师专业水平发展；有利于对西藏职前数学教师的培养提供理论依据；有利于提高西藏中小学数学教学质量和基础教育的人才培养水平；有利于填补西藏职前初中数学教师基于数学史的专门内容知识发展方面的研究空白。

1.5 相关概念界定

1.职前数学教师

职前教师是指在正式进入教师岗位之前的身份，一般也可以理解为师范类院校的毕业生，职前教师又可以称为“准教师”，他们已经通过了一定的教师技能训练和模拟课堂教学实践。我国的职前教师一般指高等院校的两类大学生，一类是师范类专业的大学生，另一类是非师范类但取得相关学科教师资格证的大学生。也就是说，师范类学生毕业后绝大部分会成为教师，而非师范的大学生毕业后拟从事教师的职业，就必须通过教师资格证考试才能成为教师。本书的职前数学教师特指面向西藏培养的“两免一补”（免除学费和住宿费，并给予生活补助）数学师范类专业大学生。

2.职前初中数学教师基于数学史的专门内容知识

专门内容知识是指数学教学所特有的数学知识，这种知识属于“知其所以然”或“何以知其所以然”的范畴。往往既要回答学生在课堂教学内外提出的各种“为什么”，又要搞清楚“逻辑上的为什么”和“历史上的为什么”。在初中数学教学中，关于数学术语和法则一类的“为什么”如下。

（1）为什么等腰三角形底角相等？

（2）为什么负负得正？

（3）为什么$\sqrt{2}$是无理数？

（4）圆面积公式是怎样推导的？

（5）为什么三角形内角和等于180°？是如何发现的？

（6）如何证明“边边边”定理？

(7)如何证明一元二次方程中根与系数关系(韦达定理)？等等。

本书把职前初中数学教师与数学史相关联的专门数学知识定义为职前初中数学教师基于数学史的专门内容知识(PT－HSCK)。根据文献分析和模糊 Delphi 法把 PT－HSCK 划分成九种不同的知识成分维度和五种水平等级。

3. HPM 干预

已有研究表明,HPM 可以驱动职前数学教师专门内容知识的发展,但如何驱动职前数学教师基于数学史的专门内容知识发展,尤其是如何驱动西藏职前数学教师基于数学史的专门内容知识发展,还有待深入研究。在研究这个问题之前,笔者建立了理论框架并介入了相应干预。本书中笔者主要通过介入 HPM 干预的方式来具体展开研究,HPM 干预主要包括史料阅读、HPM 讲授以及 HPM 教学设计三个阶段的干预过程,每个阶段都遵循 HPM 干预框架。

1.6　本书的框架结构

本书共分为八章。

第 1 章,绪论部分,主要介绍本研究的缘起与背景、研究问题与意义、本书的框架结构,并对一些文章中的概念进行了界定。

第 2 章,文献综述,主要围绕藏族地区中小学数学教育研究现状、数学史融入数学教育的必要性、HPM 研究的现状、学科内容知识的研究以及基于数学史的专门内容知识(HSCK)理论框架的研究分别进行阐述。

第 3 章,研究设计与方法,主要对本书的研究对象、流程、方法、工具以及数据处理与分析分别进行阐述。

第 4 章,PT－HSCK 理论框架的建构,主要包括 PT－HSCK 理论框架建构的动机、基于模糊 Delphi 法的 PT－HSCK 理论框架建构、PT－HSCK 九种知识成分的划分、PT－HSCK 五种水平等级的划分以及 HPM 干预框架具体指标进行阐述。

第 5 章,干预前现状与态度调查研究。通过调查西藏数学史融入数学教学的现状与态度、西藏职前初中数学教师态度以及 PT－HSCK 的现状,为有针对性地进行干预提供相应数据支持。

第 6 章,职前初中数学教师的 HPM 干预。具体干预是根据选定的无理数的概念、二元一次方程组、平行线的判定、平面直角坐标系、全等三角形应用和一元二次方程(配方法)6个知识点形成的案例来进行 HPM 干预;HPM 干预主要包括史料阅读、HPM 讲授以及 HPM 教学设计三个阶段的干预过程,并在干预后进行访谈和作业单反馈。

第7章,干预结果及其变化分析。通过本书设计的问卷在 HPM 干预前后进行测试,并结合干预后访谈以及作业单反馈情况进行深入分析。

第8章为研究结论与启示。

第2章　文献综述

专门内容知识作为评价教师学科内容知识水平的重要指标之一，也是现今国内外教师教育发展相关研究的热点话题之一，国内外很多学者都对专门内容知识进行了不同程度的关注，并对其理论进行了深入研究，基于数学史的专门内容知识就是其中很重要的视角之一。本研究重点关注西藏职前初中数学教师基于数学史的专门内容知识，主要通过史料阅读、HPM 讲授以及 HPM 教学设计等过程干预，来研究对职前初中数学教师专门内容知识发展的影响变化。因此，本章主要从藏族地区中小学数学教育现状、数学史融入数学教育的必要性、HPM 研究的现状、学科内容知识的研究以及 HSCK 理论框架的研究等方面对西藏职前数学教师基于数学史的专门内容知识相关现有研究文献进行梳理。

2.1　藏族地区中小学数学教育研究现状

西藏中小学数学教育是藏族地区基础教育的重要组成部分之一。西藏的社会发展、经济建设、人才培养、民族团结以及维护祖国统一都与西藏中小学数学教育息息相关。在某种程度上，人民的受教育水平越高，越有利于西藏的安定团结。因此，很多专家学者认为提升西藏的教育水平和高等教育的质量具有一定的战略意义，而关注西藏职前教师培养，就是从源头上促进西藏教育又好又快发展的途径之一。

耿金声和王锡宏(1989)认为西藏地区缺少藏文版教材和教学参考书籍，并建议编写具有西藏民族特色和地方特点的民族地区数学教材，这是较早期关注西藏理科教育发展与教材采用语言之间关系的研究。房灵敏(1991)从师资、小学教育基础、教材与学制、语言障碍、学习兴趣、数学思维、发展水平等七个方面详细论述了西藏中小学数学教育面临的问题，并提出了具体的改进建议。孙杰远(1991)主要对藏汉 9～13 岁儿童数学思维能力及其发展进行了比较研究。

2002 年国际数学家大会数学教育(西藏)卫星会议在拉萨胜利召开，随后由王建磐、徐斌艳主编的 *Trends and Challenges in Mathematics Education*（《数学教育的趋势和挑战》）出版，该书的第 15 章和第 16 章都与西藏中小学数学教育有关，其中大罗桑朗杰在书的第 15 章介绍了当前西藏数学教育存在的问题，江卫华在书中的第 16 章强调了将藏族文化融入教学活动设计的重要性（Wang et al.，2004）。周炜（2003）主要调查了西藏藏族学生的理科授课语言倾向，并从语言社会学的角度来解释西藏学校教育中的语言变迁，这为西藏中小学数学教育采用的教学语言研究提供了一种独特视角。

巴桑卓玛（2003）分析了西藏高中藏族学生的数学元认知特点，验证了数学元认知与学业表现间的关联。巴桑卓玛（2005）在研究中主要得出汉、藏中学生在数学学习总体元认知、元认知知识和元认知体验上差异显著。张燕华（2007）总结出了适应西藏高中生数学学习能力培养的教学模式。刘江艳（2007）从教师与学生两个维度，通过自编的调查问卷，调查了拉萨地区初中学生数学学习存在的问题。牟金保（2017a）通过对西藏数学教育研究文献的统计分析发现，西藏数学教育研究已经积累了一定的研究成果，但和发达地区的基础教育相比还是存在着一定的差距，其瓶颈主要存在于研究方法和研究领域两大方面。吕世虎和格日吉（1992）经过调查抽样比较发现，藏、汉儿童的数学思维存在显著差异，特点和规律都有所不同。张定强（1999）认为数学教育肩负着藏族地区社会经济发展的艰巨责任，要想肩负好这项责任就务必客观认识到藏族地区社会本身，制订与民族地区尤其是藏族地区相匹配的数学教育方案。

傅千吉（2012）从全面而系统的角度，梳理和论述了藏族地区传统教育的诸多方面，对藏族地区教育的表象和结构模式进行了深入而系统的研究，从科学的角度分析了藏族地区的传统教育。德吉旺姆（2013）考察了现今藏区藏族教育的发展形势，他的观点主要表现为，藏区藏族人民的思想受宗教的影响非常深刻，因此教育理念中不可避免地会夹带着宗教理念，当地苯教教育的内容以及苯教中的象雄文化，都会给当地教育带来一定的影响。藏族传统的教育、文化与科技大都来自于宗教，而宗教的知识体系庞大且复杂，包括了天文历算的教育以及教学方法；还囊括了藏族传统的医学教育。牟金保（2017b）发现在藏族天文历算的演进历程分阶段发展过程中，也包括一些可用于中小学数学教育的民族数学。总体而言，这些研究都持续地促进了藏族地区的传统文化与现代教育教学课堂的有机融合，因为这些研究都曾从科学的角度分析了藏族传统教育，促进了藏族社会和谐发展，对藏区的传统教育迈向现代化的进程而言，具有十分重要的意义。

西藏自治区自全面实施新课程改革以来，由于传统应试教育的盛行和西藏经济社会发展相对比较落后，新课程实施过程中阻力相对较大，新课程实施过程中一些突出问题仍然存在，比如教育教学方法不灵活、缺乏合作观点，很多学生不喜欢学习数学、不喜欢动脑，自己的主体地位不明确，没有思考的意识，也没有创新思维，尤其是学生不喜欢动脑计算，而且学生与教师之间存在的互动问题和解决方法没有到位。针对上述几种问题，已有学者在藏区小学数学教育实践中积累经验而提出应对措施。

一直以来，党中央和国家采用了很多政策措施，以求促进西藏的教育发展，为中国少数民族及边缘地区的教育特别是高等教育事业的发展提供更好的支撑。此后，基于"新课程"的教育理念也逐渐进入了西藏的教学课堂，如何提高西藏中小学数学课堂的教学效果，成为了西藏中小学教师的教学研究课题之一。比如，西藏的小学数学教育是西藏十分重要的基础教育之一，引导学生进行创新、在西藏全面贯彻素质教育理念显得尤为重要。

刘媛(2011)认为，数学史在数学学科教育教学中的价值无可替代。但是数学的形象并不是太友好，导致学生经常觉得它枯燥乏味、理论抽象难懂，难以引起学生的学习兴趣。显然，数学教师在课堂上呈现给学生的，都是经过一代代数学工作者千锤百炼的数学知识和反复推敲的数学理论，如果照本宣科地教学，就会失去数学的生机与生命力。这种标本化、没有生命力的数学教学方式，很难使学生产生兴趣，却很容易令学生产生抽象乏味的感觉与印象。对于经济更发达、思想更解放的东部地区而言，中小学数学教育的现状其实也不容乐观，只要看看家长和教师的焦虑程度，以及学生的认知负荷，便可以发现，东部地区的中小学数学教育改革其实还任重道远。相比较而言，西藏由于升学压力带来的焦虑会相对较低，西藏的中小学数学教育可调整方向也更灵活，中小学数学教育的改革，特别是融入数学史的相关教学实践，可能更容易实现。

义务教育阶段数学新课程实施以来，我国在数学新课程实施中已卓有成效。然而在新课程实施过程中存在的各种问题都是数学教育专家和中小学数学教育工作者应当尽全力予以解决的。范力允(2015)以青海藏区黄南州某中学作为研究对象，对教师开展的教学评价与学习情况等方面进行了深入研究。

然而，藏族地区初中生数学认知的现状如何？数学教学研究的现状如何？影响藏族地区初中生数学认知发展的核心问题有哪些？刘雪强(2016)从建构主义和认知学习理论方面进行了研究，结果表明数学的非智力认知包括了数学史在内的多种内容。

中小学数学教育属于基础教育，是一个国家的社会文化现象之一，具有广泛的社会性，而这种社会性，则注定了数学教育必须与时俱进且持续又好又快地进行创新。数学教育中有很多的问题，例如教育的目标、教育的内容或者教育的技术等，都可能会随着社会前进的步伐而持续地进行变革与发展。传统意义上的应试教育这么多年来早已深入人心，特别是在藏族地区，中小学数学的教育更是跟不上新课程标准的步伐，有学者在进行现状调查之后，查找原因并有针对性地给出了应对措施。李蓟(2010)则认为，藏族地区的中学，利用汉语进行数学教学是有困难的，其中一个原因可能是存在语言障碍，还有历史背景或者其他自然条件因素的原因，当然也存在着基础薄弱、理论与实际难以结合等，也有人为主观因素成分，因此藏区藏族中学汉语文及数学等理科的教学必须结合藏区学生的人文特点。

汪爱红(2011)在甘南藏区走访调查的基础上，分析了该地区的数学教育现状，从汉语文水平、学习兴趣、教材编译和师资队伍建设等方面，提出了甘南藏区数学教育改革的建议。为了研究这些历史“弱点”的成因，谢燕(2013)认为培养“留得住、下得去”的本土化藏族数学教师，已成为驱动藏族地区中小学数学教育有效发展刻不容缓的事情。

娜珠(2011)针对川西藏区的小学数学教育，建议以单班教学模式为主。林刚(2013)对甘孜藏族自治州学前教育发展的历史沿革与学前教育的布局结构、生源结构、课程开设、教师教育以及师资队伍结构等情况进行了梳理，尝试着对该地区的学前教育发展进行了较全面的概括。

通过已有的数学教育相关学者和中小学数学教师的研究表明，研究藏区的中小学数学教师的培养方案，提高数学教师专业发展，尤其是基于数学史的专门内容知识发展，或许能为数学教师专业发展的良性可持续发展提出某些理论性的依据。例如，藏族数学文化流失越来越严重等，诸如此类现象与现状，都说明了培养藏族本土化数学教师具有必要性，这也是本土数学文化流入课堂的重要渠道(谢燕，2013)。

面对农牧区的藏族适龄儿童或学生，藏族地区县区以下地区的教学以藏语为主，汉语作为教学辅助语言。初一新生在经历了来自小学阶段的数学启蒙的学习之后，可以初步体会到学习数学的方法所带来的乐趣。虽然小学阶段数学学习成绩的好坏，可能对初中阶段数学学习成绩不一定有显著的影响，但如果小学数学学不好，初中数学要想学好并不容易。而且，小学阶段的数学有着该阶段独特的学习方法，这或许会使得不少小学生学数学时，可能因为方法不当，而导致学习成绩并不好。久米(2016)研究了西藏初中数学教学的现状，发现其数学教学的整体水平较低。

为了了解藏族地区教师角色的自我认知水平，范忠雄、陈茜与拉毛草(2016)通过访谈，进行叙事研究，采访教师，并整理被采访者所讲述的跟教育有关的故事，据此将从事藏汉双语教学的数学教师定位为双语数学教育教学研究者、持有者、策划者、指导者、具备者以及和谐师生关系创设者和双语言双文化具备者，并认为这在一定程度上将提升从事藏汉双语教学的数学教师的自我认知水平。

王大胄和李世存(2017)则认为，关于提升藏区中小学阶段理科教育质量的研究，对藏区的教育发展有着十分重要的意义，并以甘肃省甘南藏族自治州为例，依托对中小学阶段理科教育的分析，发现了一些在教师群体、教学课堂以及教科书等诸多方面相对落后的地缘性因素，从而给出了一些如何提升藏区的中小学阶段的理科教育质量的行之有效的途径，以及对策与建议。同样，王鑫义(2017)针对甘南藏区的中学数学课堂该如何教学的问题进行了教学实践，融入了不少数学史的知识，并认为这是必要可行的。

从这些关于藏族地区中小学数学教育现状的研究文献可以看出，藏区的数学教育研究经过长期的努力，虽然纵向上已经取得了一定的成果，但横向比较后发现，其与基础教育相对发达的地区的教学水平还存在差距。这种差距主要表现在研究方法与研究领域方面。究其原因，一方面是由于历史，藏区的传统教育及其模式与当地的藏传佛教的发展关系密切。古往今来，藏族传统文化主要是由当地信教群众一代代地传承下来的，形成了独特的地方与民族特色，特别是教育与宗教的融合，是十分符合当地社会发展的需要的(郑宏颖，2017)；另一方面是由于地理位置与环境，藏区的整体经济水平还相对落后，这也导致了藏区的现代教育整体起步较晚、基础较差，教师队伍建设相对滞后。

2.2 数学史融入数学教育的必要性

Brush(1989)认为，如果要增进学生对科学的了解，在科学课程中加入科学史素材，可凸显出科学的特质；同样地在数学课程中加入数学史素材，可凸显出数学的本质。而 Matthews(1994)认为将科学史融入科学课程有“附加”和“整合”两种途径。同时，这些研究也给我们启示，对于数学来讲，采用“整合”的方式实施融入数学史教学，即兼顾教学目标、课时数等因素，将数学史融入数学教材中；上课时教师通过提问及解答引导学生思考数学本质与数学定理的演进历程，增进其对学习数学内容的兴趣和了解。

目前数学教育中的教学表述方式是事后准备的，是非历史性的，这主要是由于面对象征和抽象的压力。这种压力，导致了教学内容强调方法，强调数学真理的正当性，而不是分析创建它们的过程。然而，存在能揭示数学本质的神秘面纱，即展示数学起源及其结果和应用的手段。鉴于此，一个国际非正式小组，名为数学史与数学教育关系的国际研究组鼓励全世界的数学教育者在数学教学中运用数学史的各个方面来激发兴趣，培养积极的态度，以及鼓励人们了解数学的本质、提升数学思想及展现其在文明发展中的作用。通过展示现代数学如何联系过去，揭示数学严谨性的改进，了解数学课程发展历史可以支持其教学。这种以其历史讲授数学的呼吁也延伸到不同国家对数学史的研究，以及可能由这种专门知识构成的用途研究。

自古以来，人类的发展一直符合生活所需。为了生活而引发一连串的学习动机；为了维持生命、创造出更美好的生活环境与质量，科技从而诞生了。科技能让我们更便捷、节省时间、节省能源等。但是所有科技的源头却必须以数学为基础，这也就是为何每位学生必须学习数学的原因之一。数学可以说是科技之母，这些基本的原因与常理并非是每位学生所能了解的。因此，引导学生形成正确的数学学习观念刻不容缓。但是，我们从小接触数学，一直对数学的来源懵懵懂懂，不了解为何要学习数学，也不知道数学对我们有何本质作用，更不懂如何把数学融入生活。这些问题看似难以解决，其实只要有数学史的介入就可能给我们一种新的路向，有了数学史就有了数学文化，有了数学文化就有了数学融入生活的途径。

欧阳绛(1998)认为，数学教师应该学习数学史，并用此先启发自己，再去启发学生。汪晓勤(2017a)总结了数学史融入数学教学可以通过九种不同的途径和方法。

数学教育及心理学家 Skemp(1971)针对数学学习的症结，提出了一些见解，比如当代学者需要面对的并不是历史上的初始史料，而是大众教材中早就经过重新编排的新资料系统。这样做可能会对学生有较大的帮助，因为聪明的学生能够在一年之中，学习完人类几个世纪才发展起来的知识；但这样做会让学生无法自发学习，只能由数学教师进行教学。如 Richard Skemp 所指，我们今日的数学学习必须是有来源、有脉络可循的；换句话说，就是要有历史背景。没有历史背景，就无法形成文化。

而后，简苍调(1978)认为，从数学发展史来看，数学的发展是为了满足人类生存上的需要，其在于解决实际问题，而实际问题又促进数学更新发展；如此循环往复、相辅相成，逐渐形成今日精深的数学理论与方法。在这些真知灼见之下，能够看到融入数学史对数学教学的重要性。笔者有针对性地走访了西藏部分初级中学数学老师，发现他们针对初中生学习数学方面有一些困惑与障碍。学生由起初对数字产生好感到数数可以朗朗上口，进而到能对学校中的公式进行背诵与学习；但中间会因教师的教学态度与数学知识点本身难度的双重压力，许多学生对数学望而却步，更别提令其感受学习数学的美妙之处了。言已至此，那些被访谈的中学数学教师认为，在教学多年之后，发现传统数学的教法已不能满足他们内心的要求，数学之美、数学的人文素养并非都能让学生所能欣赏，外界对民族地区产生的各种客观压力更是令学生除公式定理以外再不敢涉及其他方面，这颇令人感到惋惜。大部分学生对于学习数学的恐惧与焦虑依然存在，数学成为了多数学生学习的“拦路虎”，且无法引起大部分学生的学习兴趣。学生经常把数学看得很神秘，认为数学与真实世界和其他科学之间没有什么关联；这也难怪，因为从没有任何科目能和自己的历史分开，了解一门学科首先必须了解其历史。

因此，Bishop(1991)鼓励教师在中小学数学教材里，在每一个可能的教学时机中加入数学史的元素，利用数学家的传记与故事、数学公式与定理的来龙去脉以及每个数学知识点背后数学家的不懈努力等，通过附加、复制、顺应以及重构的方式来使数学课程更通俗化、人性化和可视化；更有学者认为，我们应该创造出更多的、属于各个文化本身的数学教学方法和教材，使学生学到的数学能带有文化气息，克服有知识没文化的尴尬局面。

然而，数学课程受教材的影响较大，不但现代大部分的教材和教辅资料都努力遵循定义、定理、推论、例题、习题的方式叙述和呈现数学知识，而且教学大纲甚至也是统一的，数学史在数学教材中都只作为注释出现，只达到了了解一点数学史的目的。有些地区，教师和学生为了升学考试总是不重视数学史，从而使得数学史的地位受到贬低；有些课堂，找不到像样的数学哲学，充其量只有数理逻辑，结果显示出数学的严密性比其本身意义更重要的错误印象。本研究中所指的 HPM 干预更具针对性，主要帮助职前数学教师建构基于数学史的专门内容知识，以 MKT 和 HPM 理论为主要依据，并从教育的视角探讨 HPM 干预对职前数学教师的教学所产生的积极影响。

既然有这么多的研究肯定数学史对于数学教学的促进作用，那么通过HPM干预来研究西藏职前初中数学教师基于数学史的专门内容知识也很必要，这样的想法促使了本研究的进行。例如，方根的概念与计算是许多学生学习数学的一大挫折知识点。而Klein(1945)曾提到直观几何需要无理数概念的产生。方根为初中阶段需要学习的一个新的概念，也是学生接触无理数的开始，对于学生往后的学习占有关键地位。掌握方根概念及运算是初中生应具备的数学基本能力之一，也是初中生学习难点且容易犯错的知识点之一。

曹亮吉(1991)在其《数学导论》一书的序文中感叹道，现在朋友们在一起，可能会谈音乐、论文学、聊美术、探讨哲学、闲聊电影……，会有人谈数学吗？……我们不能像谈文学那样天南地北地谈数学吗？当然，数学家在一起时常以数学为话题，但那是属于专家之间的讨论，……要是有一天，数学也成为朋友间经常谈论的话题，谈数学成了一种心智活动，那么数学也就成了文化的一部分。诚如曹亮吉的有感而发，藉此研究，笔者拟将数学史带入西藏的数学教学当中，设计让学生为了学习数学而彼此合作的教学环节，模拟与数学家一样的对谈、思考、讨论等方案，试图给学生在无聊枯燥的学习课程中添加一些学习的乐趣，引发学生对学习数学的兴趣。预期研究成果将给学术界提供有价值的参考；同时，也将帮助学生在学习数学的过程中感受到一丝人文气息，架起人文与数学的桥梁，让学生了解数学其实也是一种艺术。

早在19世纪，就已经有不少西方数学家认识到了HPM的重要作用(汪晓勤等，2006)。例如Fauvel(1991)表述了在数学教学中运用历史的原因，区分了在数学课堂上运用历史和在数学教学中运用历史这两个观点，并根据他自己的经验和观察总结出十五条将数学史融入数学教育的原由。数学史融入教师培训，在20世纪的大部分时间里一直是国际社会关注的主题之一；许多国家为培训各级教师而采取的做法及其使用的案例，都足以给我们提供经验教训，并通过改良做法和持续进行研究等工作来评估其效果，从而向前推进此项研究进展。

另外，Fauvel和Maanen(2000)系统研究了数学史融入数学教育的问题，他们首先讨论了数学史在教学中的地位，然后针对中国、挪威、阿根廷、意大利、奥地利、英国、巴西、日本、丹麦、法国、新西兰、希腊、以色列、荷兰、波兰和美国分别做了调研，发现中国的数学史教育相对落后。可见，与世界发达国家相比，我国的数学教育体系还有待提升和完善，而地处高海拔地区的我国西藏，更是因为观念和教育理念相对滞后、经济不发达，对数学史融入数学教育的思考不够深入、不够具体。这一问题，目前引起了越来越多数学教育工作者的重视。

但是，尽管数学史融入数学教育的重要性得到了广泛的认可，在中小学实际数学教学中，真正花时间去融入数学史的教师并不多，“高评价、低应用”的现象仍然存在。黄友初(2013)认为一个最重要的原因就是教师本身的水平与知识积累不够，也就是教师基于数学史的专门内容知识部分缺失。笔者想起自己上初中时，数学老师偶然提到哥德巴赫猜想，他告诉我们：“现在已经证明了1+2=3，而1+1=2，到目前也没有人能够证明。”这个“典故”困惑了我很久，直到上高中时，在一本数理科普类的书上看到哥德巴赫猜想的介绍，才知道真正的、完整的内容，才发现这个猜想并不是要证明1+2=3或1+1=2，而是要证明1+1的素数组合问题。更让笔者记忆犹新的是，在初中学习三角形内角和定理的知识点时，班上一位数学成绩好的同学问老师：“从地球仪上看两条经线和一条纬线构成的三角形内角和好像不等于180°，为什么？”这个问题老师当时也没有回答上来。李伯春(2000)，包吉日木图(2007)，李渺、喻平和唐剑岚等(2007)，李国强(2010)的众多文献都共同指向身处教学一线的中小学数学教师在数学史方面的知识储备十分匮乏这一现象，这在某种程度上也可以说是教师专门内容知识水平不高。他们既缺乏相应的知识储备，也在教学理念上更偏向于传统的为教育而教育的想法，也许他们也承认数学家的生平或者数学定理、概念和公式的发现源头是较重要的知识，但由于不恰当地应用或者没有多余的课堂时间等原因，导致此类知识不能提高学生学业成绩，从而被片面地理解为升学考试中并不考这些内容，因此没有教师愿意在这上面花时间。

数学史融入数学教育的必要性得到了很多数学工作者的认同，但不可否认的是，数学史在课堂教学中的应用却难以令人满意，国际和国内情况大体一致。例如，Clark(2006)也认为在实际教学中，数学史还是会被很多教师所忽视。

综合上述文献资料的研究结果可知，目前在全国中小学的数学教育工作中，数学史的融入仍然是“高评价，低应用”的局面。这其中的主要原因是中小学数学教育工作者本身的观念没有转变过来，没有意识到数学史对于提升教师专业发展，尤其是专门内容知识方面的重要性，以及对增进学生理解数学本质的必要性。也可能是他们自身缺乏相应的知识储备，不能很好地驾驭数学史料，惧怕有适得其反的结果。因此，需要数学教育工作者进一步系统化基于数学史的数学课堂教学体系建构研究。再进一步深究可以发现，中小学数学教师的知识主要来自两方面，一是职前教育，二是职后培训。这方面也有不少相关的研究成果，如李大博和赵雪(2014)认为要注重职后的定期培训。付军、刘鹏飞和徐乃楠等(2012)认为在职教师培训成为教师教育改革中需要思考的主要问题之一。肖皓月(2017)编制了两套问卷,调查后发现,职前和职后数学教师在教学知识方面存在差异。

但在国内,职后培训多以短期培训为主,而且主要培训内容是关于教学技巧或知识巩固、升级的,对数学史的要求很少,没有发挥出数学史在课程培训体系中可操作性强的优势。只有将数学史贯穿职前教育与职后培训当中,形成合力态势,才能使职前教育与职后培训相辅相成,二者缺一不可。

在数学课程中,试着为数学史寻求一个定位(洪万生,1989)是一个几十年数学史研究的老问题,国际数学教育会议中专门设立小组负责研讨这一主题。如今,"数学史与数学教学"已自立门户成为了一个国际性的 HPM 研究团体。在香港,早于 20 世纪 70 年代已有专家学者在数学教育中运用数学史,并做了不少具有推广性的工作。如列志佳(1996)做过"在数学教育中运用数学史的初步调查研究",受访的 360 位数学教师中,有 19%修读过有关数学史的科目,57%阅读过有关数学史的资料,只有 24%阅读过有关运用数学史于数学教育的资料,其研究结果认为香港中学数学教师很少运用到数学史。

Rogers(1974)注意到,数学史的研究一直局限在欧洲和北美的传统数学观点之中,而忽略了其他国家文化的数学史,因此鼓励其他国家发掘其本身的数学史也是一件要务。

在初等教育中,一般所使用的数学史,都只是让数学家更人性化,数学本身依然显得生涩冷漠。因此,我们要通过数学史以辅助数学教育,应该将重点放在数学定义和定理的叙述,数学定理的证明、问题、解法、解的过程、概念,以及数学分支等相关的历史上。萧文强(1992)曾给出数学史融入数学教学的六个方面的理由。洪万生(1984)也认为数学史在数学教育中扮演着重要的角色,其主要体现在塑造数学教育理想和评估数学课程教材的恰当性上;特别在"数学史与数学教育"中,也提到了"数学教育的理想"。杨淑芬(1992)认为,从现代的角度看,数学史在数学教育中的价值被愈发强调。除了理解学生的思想,更重要的是在今天的大环境中强调科学和数学的人文方面;此外,论述概念的数学史可以提供丰富的信息,有助于合理安排课程、提升概念教学和激发学生的兴趣。

很多数学史的题材,是参考借鉴的活水源头,值得我们重视。比如,以函数概念发展史为切入点,最大化凸显出数学史的好处在于使数学有生命、有前瞻性。整合数学史与数学教育及教学,是弘扬数学文化的重要途径,如果在数学教育与教学中忽略了数学史,可能会导致学生对数学是什么这一概念变得模糊不清(Flegg,

1975)；Mcintosh(1984)继续引用了这一观点。Gazit(2013)以不同的方式(关于数学史的概念、主题和人物)研究数学教师和教师培训生的知识，调查结果表明，参与者对所审查的大多数主题缺乏了解，只有大约40%的参与者知道计数系统的起源，了解关于平面几何的基础——欧几里得的参与者则约为83%；另一个有意义的发现是得分最高的群体为针对中学教师的独特培训计划的数学教师受训者，约为65.7%，得分最低的小组是小学数学教师，约为19.3%；Cazit认为，需要进一步加强对教师的培训力度和在职教师高级研究对数学史的认识。Fauvel(1991)表示，在世界各地，很多数学教师已经发现了数学史是一个很有用的资源，其有助于他们的课堂教学以及个人对数学的理解；他提出了在数学教学中运用历史的原因和在数学课堂上运用历史的方法。

如此看来，研究数学史融入数学教学的理由各有不同，但对于其重要性来说，持肯定的正面态度的学者是占绝大多数的。对于学生而言，他们中的大多数会认为，不应该接受在公设前提下证明来的定理，因而驱动了起源式教学法这一方法的逐渐兴盛。因此，Maxwell(2012)建议学生去阅读学科的历史档案。

德国数学家菲利克斯·克莱因(Felix Klein)(1845—1925)持有一种数学教育理念，即主张数学史密切关联数学教育与教学，他在*Elementary Mathematics*(《初等数学》)(1945)中，始终从历史发展的视角出发，引介了多种新概念。此外，法国数学家Poincare(1913)在*Science and Method*(《科学与方法》)中认为科学史应该成为科学技术在前进道路上的灯塔。科学史为思维发展的向导，类推至数学史，我们也可以说，数学史为思维发展的向导，故其对于数学教学的影响重大。这使我们产生一个困惑，为什么大多数的文献探讨肯定了数学史融入数学教学，但数学史融入数学教学却没有被大多数教师运用到课堂教学中呢？因此，有些学者研究数学史融入数学教学的教育价值和教学成效，结果表明，数学史融入数学教学成效评鉴的瓶颈在于数学史的引入往往涉及学生对数学看法潜移默化的改观，而潜移默化的改观并不是短期之内所能见效的，同时也没有一个特定的标准可作为评鉴。这或许是国内目前在数学史融入数学教学的教学成效方面相关数据较少的原因。

数学是所有科学的基础，数学的内容常建立在理论架构上，虽然不一定能全然以科学史的方式呈现数学史的教学活动(例如："复制过去科学家的实验"可以改成"欣赏过去数学家的想法"等方式呈现)，但仍可将科学史的呈现方式作为融入数学史教学做法上的参考。Jones(1957)强调，在数学教育中融入数学史，从而借助数学史的运用可以达到相应的教学目的，而不是单纯地为展示数学史而融入数学史。

欧阳绛(1998)建议数学教师把数学教材中的教学内容放到数学史的框架内,这样能更好地理解它。但数学史融入数学教学怎样被数学教师运用到数学课堂,来帮助学生更好地理解数学内容呢?萧文强(1992)认为在课堂教学中补充一些数学家的奇闻轶事、日常言行,也可以利用原著或者其他数学文献对课堂教学联系进行设计,在教学内容中融入历史唯物主义的发展观点、用数学史作为引领思想,再对整体的课程进行设计,这样能更好地讲授基于数学史的数学课。

Klein(1945)认为,如果学生在数学学习上建立起一个宏伟的结构之前,就能认识到数学家的奋斗、挫折和努力,那么教师不仅可以将数学知识传授给学生,而且可以培养学生学习数学的勇气。另外,学生也不会因为自己的不完美而颓丧。洪万生(1984)也表示,从历史上来看,初等数学从来都不是孤立的一门学问;它是因生活而产生。例如:求面积、体积的数学公式,乃至牛顿、莱布尼茨发明的微积分等,都是为了解决实际的科学或应用问题而产生的。因此,在课堂教学中教师强化学生解题演练能力固然可以加深印象,但是对学生而言,印象是抽象的、没有生命力的。其次,数学史可以告诉学生,数学并不是一下子变成这样。历史显示一个科目的发展必须集各方面的成果慢慢累积而成,有些重点概念可能需要几十年,甚至几百年才得已被发掘。可想而知,在这些重点概念还未出现时,数学家所遭遇的挫折和煎熬。但是,这些数学家的精神都在教科书所重视的逻辑形式的包装下消失了。学生潜意识以为数学家是天才、超人,所以将课程中的定理推理视为理所当然,殊不知这可能是数学家们历经大半个世纪的成果。因此,通过融入数学史可以向学生展示数学知识一步步的演化过程,体现数学之用,凸显文化内涵。

数学史的运用可让学生将数学与生活相联系。Jones(1957)也说明,数学史可以视为一种教授"为什么"的重要工具。适当地运用此工具,可以将现代抽象数学知识与生活应用连接在一起。Jones 将"为什么"分成三个类别。第一类是因时间演进所产生的"为什么"(Chronological whys),指的是在时间发展下数学知识的变化,如:几何上的点,随着时间的推移,其意义已不再局限于欧几里得在几何原本中的意思,取而代之的有可能是一个坐标位置。第二类是逻辑上的"为什么"(Logical whys),指的是一般演绎推理或定理描述的先例。在一般教学中,都没有将数学史发展放入演绎推理或定理描述的先例,这是违背学生的认知发展的。事实上,数学发展史可以为学生提供大量的逻辑洞察能力,也较能厘清学生在演绎上的迷思。第三类是教法上的"为什么"(Pedagogical whys),它提供一种在问题中如何抽丝剥茧来解题的方法。藉由历史中数学家解决问题的方法来帮助学生了解解题思路以减少错误。如:圆面积公式是通过近似长方形面积推导得来的;圆周率也是通过多边形取近似值的。这样的方式,会让学生觉得合情合理,而不是"天外飞来一笔"。

Kline(1956)认为数学教学中最应该注意:(1)历史上数学家所遭遇的难题,同样会发生在课堂中的学生身上;(2)学生学习数学的认知历程和数学家发展历程相似。Keller(1983)也提出了针对激励学生兴趣的策略:(1)采用新颖的、相互矛盾的、存在冲突的事件,以求唤起学生的注意力;(2)使用轶事把情感元素加入纯知性或程序性的材料中;(3)让学生有机会学习更多有关他们已经知道的事情的背景;(4)使用相关模拟运算使陌生的公式定理变得熟悉。Brophy(1987)鼓励提升学生的内发(兴趣)动机,其策略有以下四点:(1)教学活动宜与学生兴趣或日常生活相关;(2)激发学生好奇心;(3)寓教于乐,以游戏或生活情境带动学习;(4)擅用新奇与熟悉,如果教材是学生不熟悉的、抽象的,宜设法与学生以前的经验取得相关。

从上述三位学者的论述可以发现,利用数学史辅助教学可以达到Brophy(1987)的策略效果。因为数学家所遭遇的问题都是在当时的生活环境中萌生的,因此学生在生活中也会遇到相似的问题,如果能将数学史置入教学中,就可以使数学与学生的生活做连接,并且进一步让学生好奇古代的数学家们是如何解决问题的。Furinghetti(2007)也认为,如果数学课堂中能有数学史的点缀,可以达到激发学生兴趣和帮助达成数学教学目标两个效果。综上所述,学者们认为数学概念可以用故事的方式串起来,让现实生活与数学概念产生结合进而让学生发现其实数学与生活是息息相关的。因此笔者决定采用数学史辅助教学来达到提高课堂教学效果的研究目的。

数学史辅助教学的可行做法有许多方式,以下为四位学者所提供的方法。Fauvel(1991)提出运用数学史于数学教育的方法:(1)在授课时适时地将数学家的趣闻纳入课堂,例如:在讲授平面直角坐标系时,可以加入笛卡儿的数学故事;(2)在讲授数学概念时可以利用数学史介绍该概念的背景,例如无理数概念的产生背景;(3)利用数学名题串联数学课堂教学,例如二元一次方程组的教学可以利用数学史上的数学名题来辅助;(4)利用数学文献来设计学习单元,例如几何图形单元的教学可以利用欧几里得的《几何原本》来设计学习单元;(5)让学生制作数学史相关专栏、特辑。因为数学史应生活所需而生,因此课程内容中最好能将数学史当作主轴来设计,以达到学生可以感受数学历史的发展、更愿意亲近数学的目的。洪万生(1989)建议采用历史花絮、历史文献、数学史的原始文献以及练习题、历史上的出名的悖论、历史上出现的著名问题、历史上出现的各种各样的画图工具等多种方法，甚至可以使用电影。

李正银(2006)认为，数学史融入数学教学必须注意结合理论联系实际，依据一定的教学目的，对数学史数据进行有效的筛选、组合与加工，使学生更容易理解和接受知识，比如可以采用形式多样的策略。王凤蓉(2012)利用HPM领域的最新成果，在初中阶段数学课堂上尝试融入数学史与数学文化，把数学史当作数学教育的一部分。吴骏和赵锐(2014)曾对统计知识从基于HPM的课堂教学需要方面进行了调查研究。

陈慧玲和王雄(2007)进一步提到教师必须选择适当的数学史内容来辅助教学，其内容的基本选择有以下三种。(1)针对性：明确选择中学数学教材内容所需要的部分，以提高学生兴趣，而不是进行史料考察。(2)连贯性：在某一体系的介绍时保持完整性，而不是将史料按时间顺序呈现给学生。(3)目的性：不能为了教数学史而教数学史，而是通过数学史来达到数学教学目的，激发学生的数学学习兴趣。另外还提到数学史与数学教育在课堂上的结合方式可从三个方面入手：将数学史作为引入背景、在课堂上进行展示、直接与教学结合。

在《国际数学教育手册》的影响下，很多数学工作者开始了新时期意义下的思考，世界各国都在为适应新的时代潮流而努力；显然，要想发展科学，数学基础是必不可少的，而数学教育为数学基础的关键环节，如果结合大众数学，则可提高大众的数学及数学文化的修养水平。刘尧(2000)认为，人类文化的组成部分有很多，其中数学文化是十分重要的一部分，数学课程要想融入人类文化，必须要反映数学本身的文化内涵，所以数学教育应着眼于传承数学文化，增强民众与数学教育相关的理念。终于，在国际数学教育大会(ICME)和《国际数学教育手册》的双重影响下，数学教育逐渐跳出了纯数学的条条框框，数学史的融入开始崭露头角。这也引来了很多数学教育工作者对其开展研究。

王青建(1995)不但概述了我国数学史教育的实际现状，而且分析了存在的现实问题，同时对HPM提出了建设性建议。而徐五光(1997)则着眼于数学史能够促进数学教育的现实意义，提出了一些个人看法。林永伟(2004)选取和中学数学教学内容高度相关的史料，探讨了重要的数学史的内容、数学知识的结构以及数学的思想内涵，而且也对数学教学如何更好地融入课堂做了试验和评估。

从本质上而言，数学跟很多其他学科一样，可以作为数学文化的有机载体；数学史是很多学科的基础，与其他学科存在着密切的关系，数学的应用在其他学科领域存在着大量而具体的实例。学者们提出了基于HPM的数学课堂进行教学实践的模式和策略，从而总结了基于 HPM 的各种各样的研究方法，如迁移性研究、问卷调查、相似性研究，以及优秀教师基于个人的教学个案的研究等。当然，融合数学史和数学教育存在必要条件，包括认识论与资源、IT 技术等多个方面。但不管怎样，数学史对于数学教学的教育价值，是数学教育界整体都认同的事实，只是以何种方式融入教学才能更好、更巧妙地发掘出它的教育价值，是一个值得长期研究的课题。

蒋永红和陈侃(2005)建议要深入到数学学习当中去，找到能够连接数学史以及数学思想如何发展的结合点，该结合点能够连接学生数学学习的过程，如果不这样做，他们认为无法体现数学史所具有的数学教育价值。而张楠和罗增儒(2006)认为，数学史的资料如何应用是一方面，另一方面是在数学教育教学的过程中如何发挥应有的作用，如数学史的资料对于理解数学的发展有用吗？数学史的资料对学生更好地掌握数学思想有用吗？数学史的资料对学生数学思维的培养有用吗？数学史的资料对数学课堂教学的效果提升有用吗？

冯振举(2007)通过对融入数学史的数学教育的历史、方式、因由及路径进行了分析，研究了 HPM 教学法的功能，特别是那些能对学生思维发展有效促进的功能，他也探讨了整合数学史与数学教育的有效方法，比如数学史的资料怎么使用？原始文献或二手文献怎么利用？还讨论了加工数学史料，以使得它们能在课堂教学中能更有效地被使用。

2018 年，挪威的奥斯陆城市大学于 7 月 20 日—24 日举办了第八届数学教育中的历史与认识论欧洲暑期大学，继续研讨了数学史与数学教育的关系，发力进行历史研究，考虑其在现实环境中的应用；着眼于本体知识，并且将 HPM 的研究主题具体化、细致化。会议的讨论成果和精神，对于如何更好地处理 HPM 在教学中实践和理论框架或模型中的研究等问题有显著的引领作用(孙丹丹 等,2018)。

数学史不但可以帮助学生增强学习数学的兴趣，又可以理解整体数学概念、背景，因此将数学史融入数学教学是必要的。数学对于学生是一门重要且抽象的学科，如果能将数学发展与人类发展联系起来，将使数学更“平易近人”。数学教育中如果能够充分利用数学史进行教学，使学生的数学知识学习建立在真实的数学史料基础之上，让学生了解历史上数学家们如何将现实世界数学化，让学生养成严谨的科学态度和求真务实的科学精神。近年来，数学史融入职前数学教育的必要性也得到了充分的肯定。特别是师范大学，针对数学类的职前师范生开设了教师教育类相应课程，如数学史与数学教育类课程，并结合 HPM 与专业课程做好培养计划顶层设计工作，在师范类专业认证大背景下凸显数学史融入数学教学的内在意义。

2.3 HPM研究的现状

HPM研究的现状主要从HPM理论、ICME之HPM卫星会议以及HPM案例研究三个方面进行论述。

1. HPM理论

HPM是外来词，被译为数学史与数学教育，核心任务是提供教育取向的数学史资源，顺其自然地把数学史运用到数学课堂中去，最终达到数学教学的目标。HPM绝不是数学史与数学教育的简单叠加，其基本原理、主要问题、研究目标、研究内容、结果呈现，既不完全是史学范式的，也不完全是教育范式的，甚至很多方面是二者所没有的，任何实质的突破和进展都不容易。汪晓勤的《HPM：数学史与数学教育》一书于2017年5月由科学出版社出版，张奠宙先生为该书题写序言。在序言中，他评价该书是数学史全面融入数学教育的历史性标志，将把"为教育的数学史"研究引向更高的层次。我们从HPM的发展历程视角去考察该书，就更能看到其重大的突破和创新之处，不仅彰显了自己的研究特色，而且开启了HPM研究的新时代。该书作为历史性标志的主要表现：(1)走出单向渗透，实现双向整合；(2)走出散点研究，实现系统建构；(3)走出学宅，实现共同发展。

汪晓勤(2017a)对数学史教育价值分类模型进行了实证研究，提出了具有我国特色的数学史融入数学教学理论。起初，HPM理论框架可以用"一个视角、两座桥梁、三维目标、四种方式、五项原则与六类价值"来概括。后来，在立德树人的大背景下形成了更加完整的中国特色HPM理论框架。如图2-1所示。

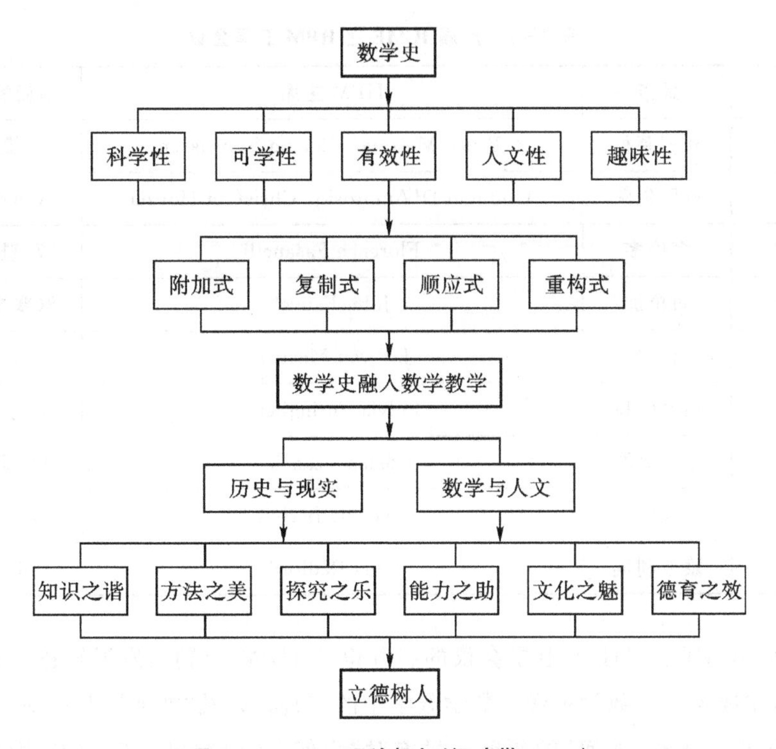

图 2-1　HPM 理论框架(汪晓勤,2019)

2. ICME **之** HPM **卫星会议**

一直以来,主导数学史与数学教育(HPM)的世界性机构是成立于 1908 年的国际数学教育委员会(ICMI)。HPM 于 1972 年在 ICME-2 上成立,1976 年开始隶属于 ICMI,这标志着 HPM 成为了数学教育的重要组成部分。值得一提的是,1980 年在美国举办的 ICME-4 中,中国派遣了五位数学家出席,分别是中国科学院的华罗庚教授、北京师范大学的丁尔升教授、北京大学的丁石孙教授、华东师范大学的曹锡华教授以及华南师范大学的曾如阜教授,其中华罗庚教授和丁尔升教授做了大会报告。对新数运动的深刻反思是 ICME-4 的主题,会议的内容涵盖了小学阶段到大学阶段的数学教育的话题,从数学课程、数学内容到数学教学方法,还有数学师资的培训等。此后参加 ICME 的中国学者越来越多。ICME-5 开始举办 ICME 之 HPM 卫星会议,如表 2-1 所示。

表 2-1 历届 ICME 之 HPM 卫星会议

时间	地点	HPM 主席	相应的 ICME
1984	阿德莱德	Bruce Meserve, Roland Stowasser	5(墨尔本)
1988	佛罗伦萨	Ubiratan D'Ambrosio, Christian Houzel	6(布达佩斯)
1992	多伦多	Florence Fasanelli	7(魁北克)
1996	布拉加	John Fauvel	8(塞维利亚)
2000	台北	Jan van Maanen	9(东京)
2004	乌普萨拉	Fulvia Furinghetti	10(哥本哈根)
2008	墨西哥城	Costas Tzanakis	11(蒙特雷)
2012	大田	Evelyne Barbin	12(首尔)
2016	蒙彼利埃	Luis Radford	13(汉堡)

历届 ICME 之 HPM 卫星会议的召开也给 HPM 勾勒出发展轨迹。对 HPM 的研究,主要聚焦于数学史融入数学教学中的“为何”以及“如何”,其中对“为何”的系统研究要早于对“如何”的研究。目前对“为何”的研究已比较成熟,因此对“如何”的研究开端就标志着理论与实践相结合的开始,也是实现双向整合和系统建构的必经之路。

国内 HPM 研究虽然起步较晚,但发展迅速。在 1998 年,张奠宙以 ICMI 执行委员的身份参加法国马赛 HPM 特别年会,开启了中国 HPM 这块尚未充分开发的沃土。时隔 7 年,2005 年全国首届 HPM 会议在西安西北大学成功举办。此次会议,虽然主办方是数学史学会,但却不是数学史一家独唱,会议吸引了众多的数学教育专家和一线教师,形成了 HPM 的基本共识,确立了 HPM 的研究方向,开启了组织化、专门化的研究进程。随后年会两年一届,理论研究和实践研究齐头并进,有关论文逐年增加,在众多高校出现了多个研究团队,HPM 学术交流也不局限于数学史年会,在全国各类数学教育会议上也逐渐成为专题,或者设有 HPM 小组、HPM 工作坊等研讨形式。相较而言,研究系统深入、成果硕硕的是华东师范大学汪晓勤 HPM 团队,其不仅深化理论探究,建立了中国特色的 HPM 理论框架,还与中小学校建立联系成立了 HPM 名师工作室,通过一线教师参与、师资培养等多种方式,开展了大量的 HPM 实践活动,并连续发布《上海 HPM 通讯》等内部刊物,目前在一定范围内已形成有口皆碑的影响。如今,HPM 研究已经跨出数学史的界限，转变为包容数学史、数学教育、数学哲学、数学文化等众多学科，基于历史认识，提升教育质量，建构中国特色的 HPM 理论体系和教学实践的独特领域。华东师范大学的 HPM 研究，不仅引领了国内 HPM 的发展，还向国际展示了中国的独特成果。当中国学者在丹麦哥本哈根(2014)和法国蒙彼利埃(2016)的国际会议上作报告的时候，表明我国用了 20 年的时间赶上了国际 40 年的研究步伐，这也是我国 HPM 的骄傲。

3. HPM 案例研究

HPM 的实践研究，重在数学史在数学教育中的应用，既包括历史研究，也包括教学研究。这是一个完整的教学研究过程，通过梳理某一数学对象的历史发生，找到清晰的教学路线和关键的认识资源，形成具有指导和借鉴的教学案例。HPM 案例研究的亮点在于能适应数学教师的实践需要，能为其提供形式多样的数学史料和可用于课堂实践的成熟教学案例。这些数学史料和数学教学案例，教师可以直接使用，也可以根据实际需求和授课对象接受程度适当按需改造、再开发再实践，做到更加完美。案例开发有基本一致的思路，一般是以设计研究和行动研究为主要方法，只要教师对 HPM 感兴趣，就可以沿此思路，自己动手做案例。实践证明，HPM 的实践研究不仅提升了数学课堂教学质量，还驱动了教师的专业知识发展。

随着 HPM 优秀案例的大量开发，HPM 实践受到更多人的关注。《教育研究与评论》以及《中小学课堂教学研究》相继开辟了 HPM 教学案例专栏，《上海 HPM 通讯》主要发表 HPM 相关研究。虽然越来越多的中小学教师对 HPM 产生兴趣，但对大多数教师来说，HPM 还是一个陌生的领域，远未被普及。实际上，对教师来说，HPM 研究的困难主要存在于两个方面：一是缺乏数学史修养，挖掘史料难；二是缺乏数学史设计的方法和经验，融入课堂难。高校与中小学合作的方式可以解决这两方面存在的困难，第一步主要发挥高校研究者的优势，第二步主要发挥中小学教师的优势，而成果和发展则由双方共享。这样，HPM 实践就从早期的个体参与、单打独斗，走向集体开发、共同发展，形成了 HPM 共同体的良好局面。这样，中小学数学教师的成长就非常快，不仅自己可以发表论文，获得奖励，还形成了个人教学风格，能享受到由 HPM 带来的成就感，从“知之到乐之”，带动更多的教师实现更大的发展。注重学术团队建设，与数学教学一线发生关联，HPM 教学案例也为 HPM 普及提供了很好的思路。

针对具体的教学内容，很多学者基于 HPM 的视角进行了多角度、更深入的持续性研究。如汪晓勤和杨一丽(2003)研究了融入数学史的数学教学视角下的等比数列该怎么教的问题。汪晓勤(2006)认为,一元二次方程的研究源远流长,历史资料与文化信息十分丰富,一元二次方程问题曾广泛出现于古埃及文明、古巴比伦文明、古希腊文明、古印度文明,当然也出现于中国古代文明;但是,可能部分初中数学教师对有关的历史文化知识缺乏足够丰富的了解,因此教师在课堂上很少利用这些历史上的问题,汪晓勤在 HPM 视角下针对一元二次方程概念,进行了教学设计。除此之外,汪晓勤(2007a)对二元一次方程组消元法的教学进行了探讨;汪晓勤(2007b)针对一元二次方程的概念,设计了教学资料,并以此为基础,对融入数学史的一元二次方程求解的教学材料的设计做了相应的讨论,但没有考虑拓展和探索部分的内容。

雷晓莉和曹海春(2007)在融入数学史的数学教育的视角下对两个不同角的和与差三角公式教学做了个案研究,并进行了四次教学实践,调整了相应的教学内容。刘超(2008)认为,著名的数学问题在研究数学教育和 HPM 上具有重要价值,并提出了在 HPM 的视角下解决教学问题这一主题,在数学教学中运用并比较分析各种数学思想方法,使学生了解数学的思维方式和不同的文化背景;其目的是培养学生的数学认识,灵感来自于数学思维方法,促进数学思维能力的形成,在数学的教学实践中力求尽可能实现多元文化关怀。

陈雪梅和王梅(2011)利用“正表征”的概念,提出了教学法的表征。该文章在上海(及其他地方)引发了高中数学教师对归纳法这一知识点教学的广泛讨论,也促使了王科和汪晓勤(2013)基于数学史的基础对数学归纳法的实践教学进行了研究,并结合某个名为 DNR 的系统开展了数学归纳法的教学资料的设计。

沈志兴(2014)针对二元一次方程组的求解方法中涉及的如何自然地引出加减消元法,给出了可供参考的方案,这一方案主要是基于下述问题:(1)所选的主题是否具有可行性?(2)所选的主题是否具有必要性?比如,如果我们学会了代入消元法,还有必要学习加减消元法吗?

汪晓勤(2014a)搜集了角平分线的历史资料和文化素材(包括它的起源、如何(尺规)作图,以及知识点的推广和应用等方面),在趣味性、新颖性等五个原则的基础上,采用重构式等四种方式,对“角平分线”这一被选中的知识点进行了数学史与数学教育视角下的课堂教学实践的设计。

唐秋飞(2015)认为,沪教版“三角形内角和”的相关内容中存在着发现、证明的方法不自然、不丰富,以及忽略人文元素等缺陷;故其尝试从 HPM 的视角进行

Thales 拼图活动的教学设计，为的是再次展示三角形的内角和及其发现过程，如此一来，学生能够得到学习的灵感，通过添加辅助线等方法，了解历史上各种证明方法。

孙冲(2015)基于 HPM 的视角，重构了均值不等式的证明的教学。黄深洵(2017)后来也进行了类似的教学尝试。刘东升(2016)通过融入 BBC 记录片《数学的故事》(第 1 集)中一段关于毕达哥拉斯定理的介绍，重构勾股定理起始课，并加强了各个教学环节之间的关联、呼应，同时特别注意基于单元教学的整体构思，在课尾把勾股定理的逆定理也推介出来。

岳秋和张德荣(2016)针对沪教版教材“平面直角坐标系”并未顾及学生从一维到二维转变过程中的认知困难的设计，尝试从 HPM 的视角入手，从学生对数轴的认识出发，引导学生展开充分的探索交流。

汪晓勤(2017b)认为椭圆概念的教学要从数学史与数学教育的角度进行设计，并认为教师需要回答这样一个历史问题：到两点的距离等于定值这样的定义究竟从何而生？崔静静和赵思林(2018)为了让数学课堂富有科学发现精神和数学文化气息，依据 HPM 理论研究了对数定义的教学设计。

牟金保和岳增成(2017d)利用数学史设置列方程解相遇问题串联复习，课堂实践表明此方法不仅能够使学生深入自主探究，也能帮助学生更好地理解相遇问题的数学本质。牟金保(2018)研究了乔治・萨顿的科学史论著并分析其思想精髓，而后提炼其学术思想及其对 HPM 的研究价值。杨勇(2019)基于数学史与数学教育的视角，利用数学史融入课堂教学，针对“数系扩充”进行教学实践。

Tzanakis 和 Arcavi(2000)结合数学和物理在数学教育中的密切关系，从数学物理历史发展的角度，提供了一些关于方法论和认知论的综述，从不同方面总结了数学史对数学教育教学的支撑、丰富以及改进等作用。蔡群(2017)结合实际的教学情况，总结了包括典故法在内的多种方法。张晓拔(2009)首先将数学史分为三个层次，按一定比例添加入数学的史料；其次开设选修课甚至必修课，选讲数学史与数学文化；最后，将历史上曾经真实发生过的涉及思想和方法的数学事件，融入日常课堂中。

随着对 HPM 的研究越来越深入，数学史融入数学教育教学，或者说 HPM 必须理论结合实践并走到前端，数学工作者也要看重对 HPM 的可行的探索。刘超(2011a)认为数学史融入数学课堂教育教学是数学教育教学的重要课题之一，之所以这样做，是因为数学史融入数学教育存在着理论基础以及哲学基础，也符合心理学的观点。刘超(2011b)发现,数学史也好,数学教育教学也好,是不可割裂的,即HPM作为一个综合性的学术领域,它的研究目标是通过利用数学史来提高数学教育教学的水平的,而且这个综合性的学术领域应关注更多的内容,例如数学文化的多元化、发生教学法、数学学科与其他学科或科学的关系、数学史与认知的发展等。

汪晓勤(2014b)认为,现在的数学课堂教育,“四重四轻”现象严重,如何在让学生获得理想的考试分数的同时也获得真正的数学教育,数学史的融入是一个可参考的方向。2017年8月,近现代数学史与数学教育国际会议(第四届)在成都举行,来自国外不同国家和地区的18名专家以及西北大学的曲安京教授和四川师范大学的张红副教授做了邀请报告。此次学术会议内容丰富,报告内容涵盖了如下选题,如:近现代数学专题研究、近现代数学史研究范式、数学家传记研究、数学文化、数学传播和数学交流以及数学教育等课题(张红 等,2017)。

为了更加客观地述评HPM现状部分,笔者特向徐伯华老师就现状部分进行了交流,也将徐老师的中肯述评补充进该部分,使得HPM现状部分更加具有逻辑性。总之,从HPM理论、ICME之HPM卫星会议以及HPM案例研究三个方面能够很好地刻画HPM的研究现状。

2.4 学科内容知识的研究

在职前数学教师大学阶段获取的学科内容知识当中,SCK是很重要的一部分。为了有效地教授数学,教师需要通过SCK了解数学本质,但过去试图为明确教师的数学知识与数学教学之间的关系所做出的努力在很大程度上是不成功的。虽然很多人不承认这一点,但这种现象确实存在,原因是什么呢?通过重新审视“理解数学”的含义,以及这种理解在教学中所扮演的角色,可以明白这一直觉上无可争议但经验上未经验证的教学要求。

教师的学科知识与他们对教与学、对学生、对情境的假设和明确信念之间会发生相互作用,从而形成了他们教授学生数学的方式。这一论点的发展可分为三部分。首先,分析以往关于教师SCK在数学教学中的作用的调查;其次,对数学教学中SCK的概念进行分解,并举例说明教师课堂教学的知识所涉及的SCK内容;最后,可通过教学案例,分析每位教师在教学中对SCK的理解情况。大部分关于SCK理论的研究,基本是这种结构。

SCK被描述为理解数学教学所需的特有数学内容知识。教师在探索对数学概念的理解前，他们首先必须对数学和思想之间的关系有深刻的理解。教师要建立这些联系，就需要对这些知识进行分解，进而使用简化、容易被学生接受的知识进行教学(Hill et at.，2008)。因此，Bair 和 Rich(2011)以 Ball 和 Bass(2003b)的 MKT 为例，采用案例法，跨越三年，对 MKT、特别是 SCK 做了案例研究，他们认为，SCK 至少应包含：能设计出有利于学生理解且对学生有用的数学上准确的解释；能够剖析数学知识如何提高学习者的理解能力；能够使用数学上恰当的易于解释的定义。在数学教学中，教师可能会把各种各样的知识和信念编织在一起，这包括学生的知识、学生的学习方式、教师的角色、教育学以及他们所教的科目。他们的行为是由对环境的考虑和他们在特定环境下做特定事情的倾向所决定的。他们的知识、技能和性格在不同程度上是他们作为学生所经历的、他们接受过的专业培训以及他们作为教师的经验的产物。在职教师、教育工作者和政策制定者们致力于帮助教师提高其实践能力，他们必须考虑如何最有效地影响这个由思想、理解和习惯组成的复杂网络，从而塑造教师在课堂上的实际行为。在有限的时间和资源条件下，考虑到对教学和教师学习的了解，教师知识和实践的哪些方面能最有成效地达成目标？本书主要关注的是职前初中数学教师教育基于数学史的专门内容知识，会涉及职前教师教育中基于数学史的专门内容知识以及 HPM 干预对职前数学教师基于数学史的专门内容知识的影响。针对数学教育，方方面面的研究都可以成为切入点，但重要的问题是，教师是如何通过 HPM 干预从职前数学教师对数学本质的理解发展到对数学教学的实践。这一直是值得研究的数学教育热点问题之一。

Lortie(1975)认为在“观察学徒制”(学徒制)中，职前教师在幼儿园到高三的整个教学过程中观察教学，然后为教师准备课程。因此，他们对教学的要求形成了自己的概念。而 Feiman - Nemser(2001)认为，这些观念影响着职前教师的学习，因此其将学习教学的工作界定为四个主题：学习像教师一样思考，学习像教师一样了解，学习像教师一样感受，学习像教师一样行动。第三和第四个主题，学习成为一名教师，显示了职前教师对他们个人职业的承诺，当教师对自己的工作和学生的成功有着深刻的个人责任感时，他们就会学着像个教师；当教师在培养技能、策略和常规，以及决定何时使用这些技能、策略和常规时，他们要学会像教师一样行事。Feiman - Nemser(2008)指出，学习像教师一样思考包含了教学的智力工作。教学不仅仅是向学生单方面传递信息，教与学的工作将教学与学生的成果联系起来，教学包括对课堂情境的即时反应能力，对实践的反思能力，以及调整实践以满足学生需求的能力。

很多学者认为，教学知识是数学教学的重要组成部分，教师需要知道他们所教的内容，也就是必须知道学科内容知识(Feiman - Nemser，2001；Fennema et al.，1992；Hill et al.，2007；Hill et al.，2008)。Shulman(1986)对教师需要知道的主题进行了识别并扩展了教师对学科内容知识探究的本质；在所有对数学教学有贡献的事物中，最常被认为是理所当然也是最容易被忽视的是教师自己的专门内容知识。

教师的数学知识和对学科本质的理解似乎会影响所选任务的类型和提问的水平，如果教师把数学看成是一组记忆的事实，那么他就会对死记硬背的任务或对概念的描述做出反应。然而，如果教师把数学看成是探究、猜想和证明的一门学科，那么他就有可能组织数学课程来引出这些数学活动。此外，教师对本质的理解可以决定概念的发展方式和程度。(Feiman - Nemser，2001；Shulman，1986；Shulman，1987；Simon，1994；Simon et al. 1999)。

相反，数学知识是一个综合的知识体，包括推理和产生知识的方法(Boaler，2002a；Ball et al，2003a；Ball et al. 2003b)。这包括使用具体的书面的表示法的能力、检查案例的能力、概括的能力，以及在"正式和非正式，分析和感性，严格和直观"数学思想之间工作的能力。数学知识包括过程的知识和过程起作用的原因和方式，概念的知识以及表示和谈论这些概念的方法，数学结构的知识，定义、公理、属性和定理的构造和使用，以及探索数学的知识、思考数学并产生新数学思想的知识的途径(Boaler，2002b)。

鉴于数学知识的广泛性，数学知识对教学具有重要意义。Ball 和 Bass(2003b)调查了一名教师在工作中的扩展数据集，该数据集用于向三年级学生教授数学。他们在这项工作中列举了与数学家的工作相一致的四个特点。第一，Ball 和 Bass 强调了与学生之间的互动，及他们如何倾听、回应和提问；第二，他们呼吁关注记录和呈现数学的公共工作；第三，他们强调了三年级课堂中创造数学的数学文化，明确了教师定义知识的重要性，以及如何在与学生一起做数学作业的过程中使用定义；第四，他们讨论了数学语言对学生教学的重要性。他们声称，语言是建构数学知识的核心，因为它提供了开发、制造和证明数学知识的资源。数学语言必须清晰和精确，以表达概念、说明问题和解释过程。

正如数学知识被定义为在标准化考试中取得好成绩所需要的数学知识一样，回顾数学教育文献可以发现，教师的数学知识也是以同样的方式被定义的。一些学者将教学所需的数学定义为在大学课程中学习的数学,并使用已完成的大学数学课程数量或标准化考试成绩等指标来衡量教师的数学知识(Rivkin et al,2005)。由于一些研究者对于将数学知识定义和测量作为一种定义和测量教师教学数学知识的一般意义上的方法感到不满,使得教育工作者寻求新的方法来思考、定义和测量这些知识。这为发展一个不同的知识领域SCK铺平了道路。

大多数人认为教师知道他们应该教的"知识",提问是帮助学生学习的另一种方法。一些人认识到教师自身的理解可能是薄弱的或扭曲的,但他们相信,改变他们对学习的看法,或给他们提供更好的呈现材料的方式,将会产生最重大的变化。还有一些人不重视学科知识在教学中的作用,而把更多的注意力放在教学技巧上,如合作分组、有效教学、提问和讨论策略等。迄今为止,对课堂教学的研究大多集中在教师提问上,很多研究都试图将教师提出的问题的特点与学生的成绩联系起来,通常是学生的成绩或对问题的态度。如Gall(1970)认为中学期间教师经常提问,提问在教学过程中十分重要;Gall(1984)论述了背诵教学法在美国的普及情况、教师提出的问题的类别,以及教师提问对学生的影响。课堂教学中提问实践是一种具有启发性和驱动力的教学行为,如Winne(1979),Wilen和Clegg(1986)从五项主要综述中确定了与成就正相关的11项提问实践,并辅以个别研究的抽样结果。

针对等待时间这一问题的研究同样关注教师提出的问题,以及教师提问后的等待时间对话语离散特征的影响,如Rowe(1974)处理了一个她称之为"等待时间"的元素,这个元素对应于从教师停止说话到教师回答或教师恢复说话之间的等待时间,这个理论适用于所有的教师,所有的学科,所有的教育水平。等待时间是指在言语交流过程中,将话语分开的停顿时间。Tobin(1987)回顾了涉及不同学科领域和年级水平的等待时间的研究,发现当平均等待时间大于阈值3秒时,能观察到教师和学生话语的变化,小学、初中和高中学生可以获得更高的认知水平成就,数学成绩也有所提高,等待时间似乎通过给教师和学生提供了额外的思考时间来促进更高的认知水平的学习。

Shulman(1986)最初发起的呼吁引起了后来学者们的努力,SCK一词自那时起就被学者们广泛接受和使用。然而,学者们对这一术语的定义不同,涉及用于教学的主题知识的不同方面,而导致了歧义的增加,并限制了它的适用性。如Ball、Thames和Phelps(2008)认为这还需要更多的研究,Mason(2008)以及Graeber和Tirosh(2008)认为,事实上人们对数学知识对于教学的必要性以及其他因素在多大程度上影响教师的 MKT 还缺乏详细的了解。

Grossman(1990)是 Shulman 研究小组的成员之一，她试图找出有效教学所必需的学科知识领域。她的理论框架是基于对 6 名中学一年级英语教师的案例的研究。为了探索英语教学内容知识的来源和性质，她选取了 3 名初任英语教师和 3 名五年制师范教育专业毕业的教师。通过对这两组教师的对比，Grossman 试图将教师知识用于教学。根据她的研究，Grossman 将 Shulman 定义的七个类别重新组织成四个主要类别。

如图 2－2 所示，Shulman(1987)和他的同事定义了相同的组成部分：内容知识、学科的句法结构和实质结构。Grossman(1990)将 Shulman 课程知识的第三个组成部分归入教学内容知识范畴，并称其为课程知识。与 Shulman 及其同事后来的工作相一致，信念成为了教学知识库的一部分。Grossman 的“与信念相关的成分”被列为教育学内容知识的一部分。

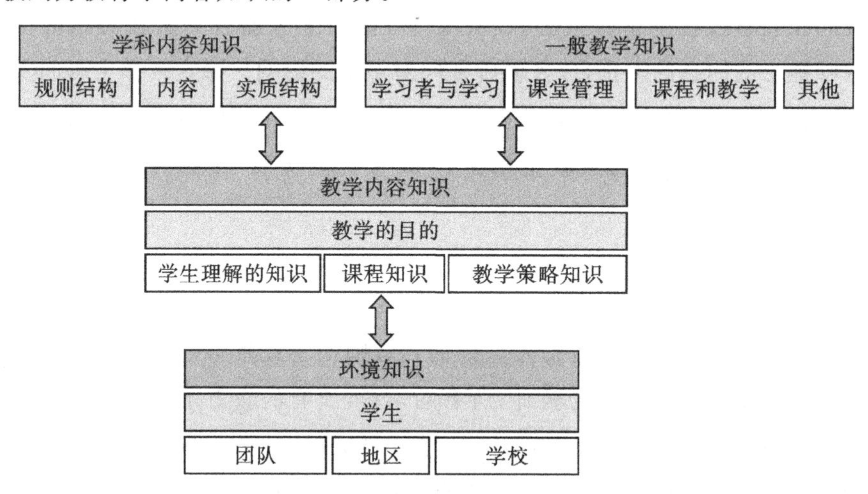

图 2－2　Grossman 关于教师知识的模型(Grossman，1990)

与 Grossman 不同的是，Leinhardt 和 Smith(1985)探讨了 8 名四年级数学教师(其中 4 名为专家级教师、4 名为刚从业不久的职初教师)的学科知识与学生课堂行为的关系。分数知识(Fraction knowledge)是通过广泛的访谈、分类和视频转录，在自然教学环境中进行的深入探索；反映学生分数知识的语义网是针对个体学生的，这些语义网的比较表明学生对分数知识的认知差异较大。然而，在专家中，各学科知识水平存在差异；一些学生表现出相对丰富的分数概念知识，而另一些学生则依赖于精确的算法知识；最引人注目的结果之一是一些学生表达算法的能力与他们是否对基本数学概念缺乏理解之间并不存在联系。Leinhardt 和 Smith(1985)用教师的经验作为对比点来确定用于教学的数学知识的维度，这项深入的研究包括 3 个月的数学观察笔记、10 个小时的录像课程，以及对几个主题的采访、录像课程；比较两组教师的分数知识后发现，专家级教师更受学生青睐；两组教师的分数知识与他们的课程覆盖面相似。对这些教师行为进行进一步分析，发现他们对学生陈述的细节是不同的。Leinhardt 和 Smith (1985)认为“概念、算法操作、不同算法过程之间的联系、所使用的数字系统的子集、对学生错误类别的理解和课程演示”等都包括在主题知识之内。后者包括计划和运行课程顺利，并提供明确的解释所涵盖的材料。他们的研究将数学思想分解成小的组成部分，这可能导致他们忽略了对数学的整体理解(Fennema et al. ,1992)。

其他一些学者也试图确定教师数学知识的组成部分，如 Marks(1990)介绍了数学教学内容知识的描述，通过对五年级教师的访谈构建新的描述。Fennema 和 Franke(1992)在他们的著作《数学教学研究手册》的评论章节里，提出自己的数学知识模型，如图 2-3 所示。此外，教师知识的四个组成部分相互影响。该模型的另一个重要特征是教师知识的每一个组成部分都存在于课堂环境中。

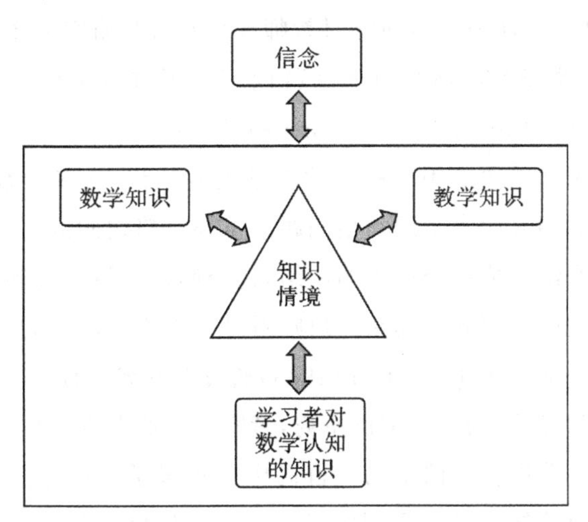

图 2-3　关于教师知识的模型(Fennema et al. , 1992)

在图 2-3 中，方框内左上角，第一部分即数学知识，它包括概念知识、程序知识、解题过程相关的内容领域；也就是说，数学知识包含了应用于过程的概念、概念之间的相互关系，以及将这些概念与程序应用于各种各样的解题当中去的方法

(Fennema et al. ,1992)。

有些研究认为,以新的方式教学、以注重理解的方式教学,高度依赖于教师自己对主题的理解和概念。如 Lampert 和 Magdalene(1986)重点介绍了多位数乘法的结构和过程,以及数学知识理论、数学知识的类型、数学知识类型与教学问题的关系。Hashweh 和 Maher(1987)为了描述学科教师关于特定生物学和物理学主题的知识,并追踪这些知识对他们的教学计划和模拟教学所产生的影响,针对 6 名经验丰富的中学教师(其中 3 名专攻物理、3 名专攻生物)进行研究,使用自由回忆、概念图线标记和排序任务,评估每位教师关于生物学和物理学主题的知识,一小部分图式描述了每位教师的主题知识;教师根据研究者提供的教材章节内容,规划生物和物理主题的教学;教师原有学科知识对教学的影响主要表现在对教材内容的修改和解释性表述的运用上,模拟教学由关键事件技术组成,通过教师使用评价结构和对关键事件的反应,主题知识的效果在这里很明显。Shulman(1987)以"理解与推理""转化与反思"为教学理念,为教学改革奠定了基础,他讨论了:(1)教学知识的来源;(2)教学知识这些来源的概念化;(3)教学推理和行动的过程;(4)对教学政策和教育改革产生的影响。Wilson 和 Wineberg(1988)探讨了 4 名新历史教师(包括人类学、政治学、美国研究和历史学)的学术背景是如何影响他们的课程规划和教学风格的,并研究了该研究对教师教育及教学研究的意义。

Ball(1989)对数学教师所具有的学科内容知识进行了分析,探讨了数学知识和关于数学的知识。Carpenter、Fennema 和 Peterson 等(1989)调查了 40 名小学一年级教师对儿童加减法应用题解答的教学内容知识,大多数教师都能辨别出设置的问题和孩子们用来解决不同类型问题的主要策略之间的许多关键区别;但是,这些知识通常没有组织成一个连贯的网络,这个网络将设置的问题、儿童的解决方案和问题难度之间的区别联系起来。教师对学生能否解决不同问题的认知与学生成绩显著相关。Howey 和 Grossman(1989)通过对 6 名初任英语教师(其中只有 3 名毕业于师范教育专业)的对比案例研究,考察了专业课程工作对英语教学内容知识发展的影响。在美国历史课上为一群高中三年级学生设定一项有价值的任务,需要对历史和历史认知方式有深刻的见解。由一位拼写和标点都很精确,而且认为学生一次能写出一篇字迹工整的故事的教师开设的写作课,不太可能帮助学生发展他们在写作中有效表达自己的能力。很难想象一个对于数学教育只专注于规则和算法的教师,能够帮助学生解开潜在的含义,并参与数学论述(全国数学教师委员会,1989 年)。Cohen 和 David(1987)探讨教育政策、教学实践与教学创新之间的关系,为教育改革的缓慢步伐提供了解释,并对尝试以冒险方式教学的教师提出了很高的要求。冒险方式教学建立在更加不确定和混乱的知识观之上,并将教学责任更加明确地放在学生身上,其试图改变教学的方向,如此直接地违背教学和文化传统,无法预知主题知识在使教师改变他们所做的事情方面能起到什么作用(Ballt 和 McDiarmid,1990)。

Mosenthal 和 Ball(1992)详细介绍了两个在职项目,一个侧重于数学,另一个侧重于写作;这两个在职的项目旨在帮助小学教师发展建构主义教学实践,解释项目的主题和主题知识被分配的角色相对于其他类型的知识和技能在帮助教师学会教授数学、写作的方式完全不同的原因;分析表明,课程改革主义教育学是建立在学科基本概念的基础上的,但发展教师的学科知识并不是一个明确的目标,有效的建构主义教学是否依赖于教师学科知识的深度,还有待研究。

Even(1993)分析了 152 名职前中学数学教师的问卷调查,其中 10 名教师接受了访谈,讲述他们对功能概念的了解;结果表明,许多人都不了解现代的 SMK 功能概念,这种限制影响了他们的教学方法。其实不单单是数学,其他专业也一样,教师在课堂教授知识时,专门内容知识都是必不可少的。Hashweh 和 Maher(1987)追踪了特定生物学和物理学的专门内容知识对于对应教师的教学计划和模拟教学的影响。

Rowland、Martyn 和 Barber 等(2001)调查了英国职前小学教师的数学学科知识,以及其与课堂教学表现的关系;该项目于 1997 年在英国政府政策的背景下启动,该政策将主题内容知识作为英格兰合格教师身份授予的“标准”;他们结合了定性和定量方法,回顾了一些关于受训者难以找到的主题的发现,并探索了早期迹象,表明他们的主题知识的范围和安全性与他们的教学能力有关。张奠宙(2012)研究了初中数学教学中经常用到的学科内容知识。张怀明(2014)形成了可供其他数学老师参考的学科内容知识生成途径,比如研究教材和题目、阅读进行专题研究和写作等。

不论是进行研究还是进行教学,数学的地位都无法被取代。因此,李彦峰(2012)认为,数学教学内容知识(MPCK)可能是新形式的知识点,地位十分重要,表现形式有话题 MPCK、课堂 MPCK。理论界对数学教师专业知识的认识经历了由数学知识向 MPCK 转变的过程。王宏和史宁中(2015)认为 MPCK 的相关理论需要以实践型的教师教育为基石,该研究也成为了数学教育领域研究的热点问题之一。郭内(2015)通过文献研究法、实证研究法等方式完成了数据的收集,研究了新手教师初登讲台的前几年主要积累了什么知识,这些知识对于他们今后的发展具有怎样的作用。该研究建议给职前数学教师开设数学教学理念方面具有实用性的教师教育类课程。

数学教学知识无疑是将教学和学生联系起来的重要纽带(郭衎 等,2017)。苏建烨和张国玲(2017)曾经着眼于中学阶段的数学教师,去关注他们到底是如何发展并提高他们自身的 MKT 的。段志贵和陈宇(2017)从数学教育教学的课程知识、内容知识和数学教育教学的方法论三个方面进行研究,认为关于数学课题中知识点的分布和分数的变化较稳定,但在课程教学中存在基础知识严重不足、数学文化和数学知识的历史体现得不足够充分的问题。

随着信息技术的不断发展,各种网络教学平台和计算机辅助教学手段应运而生。但目前存在教育教学资源共享源主要是各种各样的知识库和网络信息,现有资源重复、概念描述不统一,以及知识表示和知识库知识等相关一系列问题,如何解决好知识表示、推理和共享,直接影响到教学质量和学习质量。知识地图可以通过内容分析、自然语言处理、机器语言处理等方法来加以利用,如果能通过高度相关的所见即所得的工具的使用,一定能更好地展示数学学科知识的重点与整体结构之间所存在的关系,抓取互联网上关于初中数学学科的知识,完成初中数学学科知识地图构建;这样既可以提高学习效率,也可以让学习者掌握知识的层次结构和知识之间的关系(钟亮,2018)。素质教育一直都在被关注和推进,新课标对全体中小学生的要求比以前更多、更高,强调教育的重点应着眼于学生综合能力的提高和知识的积累。鉴于此,针对初中数学,分析初中生培养综合能力和积累知识的价值,并提出相应的培养策略很有必要。綦春霞和何声(2019)搭建“智慧学伴”平台,通过有针对性地改进,实现数学问题的准确介入,力求能够不断地追踪学习的过程,及时地反馈学习中遇到的问题,并精准地推荐学习资源。王爱玲(2018)以数学师范生为研究对象,探讨其 SCK 的增长是否与教师效能感的变化产生关联,利用回归分析处理数据和问卷访谈后,她发现师范生在经过教学论的学习和实习后,SCK 得到了增长;但是教师效能感不能有效预测 SCK 的增长。

目前国内外对研究教师教学知识的文献较多,但是从数学史视角研究教师专门内容知识的文献相对较少,从实证方面探索数学史对教师专门内容知识的影响,以及如何通过数学史发展教师专门内容知识的研究文献也相对较少。一些学者从教师专业化的视角、教师的课堂教学的视角对数学史与教师专门内容知识进行了探讨,这些研究中涉及了一些数学史与教师专门内容知识联系的内容。目前,关于西藏教师专门内容知识的文献研究成果不多,关于西藏地区的 HPM 视角下的教学实践的研究成果也很少，因此关注西藏教师基于数学史的专门内容知识研究意义重大。

2.5 HSCK 理论框架的研究

HSCK 理论框架研究的述评应该从 SCK 水平划分的提出谈起，与 Ball 团队(2003a，2003b，2008)通过能力来刻画专门内容知识一样，Bair 和 Rich(2011)对 SCK 所包含的四个成分内涵进行了五级水平划分，如表 2-2 所示。

表 2-2　Bair 和 Rich(2011)提出的 SCK 的水平划分

主要类别	水平	主要指标
解释推理能力	水平 0	学生只能呈现步骤不能具体解释步骤，不能阐释此种方式更为恰当的原因
	水平 1	学生只能阐释所做的，不能详细阐释这么做的原因，不能涉及问题细节
	水平 2	学生能呈现所做的，在解决数学问题后能详细阐释这么做的原因，但通常只是在他们完成解决过程之后。除此之外，在解决数学问题后，学生能建立相关联系并给予理由
	水平 3	学生在解决数学问题过程中就可以阐释这么做的原因，并且给予相关理由
	水平 4	学生能够对需要解决的问题和任务进行分析，并给出没有解决的数学问题所涉及的知识点或概念
多种表征能力	水平 0	学生有时能将问题转化，但表征不一定标准，不一定恰当
	水平 1	学生能进行单一的表征，但不能将问题转化
	水平 2	学生能进行多种表征，但在独立解决数学问题时，只能进行单一表征，另外学生能将问题等价转化
	水平 3	学生能使用多样化表征方式以及相互关联方法，但不能应对不标准的表征
	水平 4	学生可以对本人各种各样的表征进行评价，并且可以回应非本人的不标准的表征

续表

主要类别	水平	主要指标
概念相似问题之间关系的运用能力	水平 0	数学问题间的模式不能被学生识别
	水平 1	模式可以被学生用来解决数学问题，但是不能推广模式
	水平 2	学生对结构较小变化的问题可以推广，但对存在较大变化的问题推广困难
	水平 3	学生可以对概念相似而结构不同的问题进行推广，并给出可行方案
	水平 4	学生可以在无提示条件下推广方案、任务或问题，并给出一般模式
问题提出能力	水平 0	学生不容易提出问题，在问题变化时，无法判断其是否合适
	水平 1	学生既能提出问题，又能应对部分问题的变化
	水平 2	学生能很容易提出问题，但不能对问题结构进一步变形，不能根据已有问题提出相关问题
	水平 3	学生不但可以提出不同结构、相同概念的问题，而且可以发散原有问题，只是对问题发散的程度把握不当
	水平 4	学生能提出具有内在联系的问题，提出的问题不但具有针对性而且适合教学需要，且提出的一系列问题对于数学概念之间关联的理解有很大帮助

黄友初(2014)在 Ball 提出的 SCK 的基础上重新诠释了 SCK 的内涵，给出了五级水平的划分，如表 2-3 所示，分别是对 SCK 内涵的重新诠释及五级不同水平的具体表现。

表 2-3　黄友初(2014)提出的 SCK 的水平划分

水平	主要指标
水平 0	对怎么教不太清楚，对于解决数学问题的详细过程不能进行解释
水平 1	只能用单一数学方法解释，不能准确剖析学生常见错误和原因
水平 2	至少能用一种数学方法解释，并且能准确剖析学生常见错误和原因，但不能深入剖析
水平 3	能用多种数学方法解释，能深入剖析学生常见错误和原因
水平 4	能深入剖析学生常见错误和原因；对于教学设计、表征选择、教学程序以及数学解题提供多样化解释

章建跃(2016)提出理解数学、学生以及教学这三个概念,可能会被业内认为是数学教师进行专业化教学的重要前提。通过对 Ball、Thames 和 Phelps(2008)、Bair 和 Rich(2011)以及黄友初(2014)的研究论述进行对比可以发现,SCK 同属于 HPM 理论与 MKT 理论的范畴。由于本书的研究主要是针对西藏职前初中数学教师基于数学史的专门内容知识,因此有必要在 SCK 基础之上进一步探讨 HSCK,并进行相关研究述评。本书主要参考齐春燕(2018)的框架,利用模糊 Delphi 法来建构与论证具有民族特色西藏特点的西藏职前初中数学教师基于数学史的专门内容知识理论框架(PT-HSCK)。

通过理论来指导实践,再通过实践来促进理论研究,这是最理想的状态。但在教育领域,这通常是脱节的,由于研究中小学教学的很大一部分是大学老师,他们不在中小学一线教学,他们的理论无法直接被应用到课堂,因而通常是采用案例教学的方式;案例教学通常并不持久,因此到底能产生什么效果,往往并不被期待。而中小学老师由于教学压力大,工作繁重,大多数都没有时间整理自己的教学成果。这种现状,就导致我们不得不面临着理论有用还是无用的问题。

一个理论,如果能被成功应用并取得好的成效,就可以被认为是一个好的理论。但如果仅仅这样评价,那是有失偏颇的。因为应用理论的人,在水平上也有很大差距。给小孩子一把屠龙刀,他拿都拿不动,自然会认为屠龙刀没用;但如果给到关公,关公就可以发挥其威力了。因此,一个理论好不好,不能仅仅因为应用是否有成效就下定论。那该怎么评判呢?

一个"好"的理论至少能够满足以下几点:(1)能对教与学进行预测;(2)能对研究提供模型或理论框架;(3)能解释复杂的教育现象并应用于情境;(4)有助于引发对复杂现象的思考;(5)能作为数据分析的工具;(6)能提供交流观点的语言(Hiebert,1998;Dubinsky,1994)。不难看出,这些论述都具有某种程度的主观性,主观性则意味着可操作性很大。主观性的好处是更容易找到共性。比如说一个苹果和一个梨,作为客观性的存在是不好找到共性的,但是作为主观性的存在,它们都是水果。

许多教学研究都带有强烈的主观经验成分,西藏的初中数学老师跟北京、上海、广州地区的初中数学老师,上课时列举的案例是有差异的。如果不对主观经历先有一个预设性的了解,那是无法理解其主观经验的。因此,Kilpatrick、Swafford 和 Findell(2001)认为,数学与心理学结合应用的话,可以对数学教育研究产生本质影响。也有不少学者认为，数学理论是在感知、行动和反思的循环反复中产生的，行动和感知的中间变量就是环境，如图 2 - 4 所示。

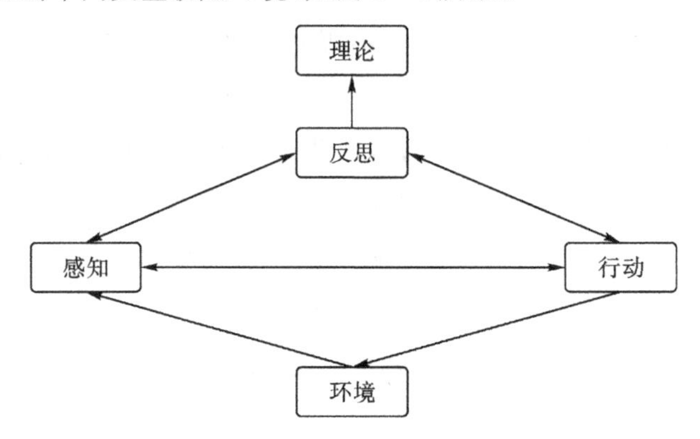

图 2 - 4 理论建构的流程图(Tall et al. ,2001)

在建立针对高中数学老师的 HSCK 理论模型之前，齐春燕(2018)提出以高中三角学序言课为主题对教师的 HSCK 进行研究。通过对高中数学教师的调查问卷、课堂观察以及访谈等，齐春燕(2018)在 Ball、Thames 和 Phelps(2008)和 Bair 和 Rich(2011)基础上提出了高中教师 HSCK 的六个成分内涵：

(1)回应与解释知识(KRE)；

(2)探究与运用知识(KIA)；

(3)表征与关联知识(KRC)；

(4)编题与设问知识(KPP)；

(5)评估与决策知识(KAD)；

(6)判断与修正知识(KJR)。

这六个基本成分与 Ball、Thames 和 Phelps(2008)和 Bair 和 Rich(2011)提出的 SCK 理论内涵是相一致的。因此，齐春燕将自己开始构想的五角模型进行完善，在前人工作的基础上，提出了针对高中数学教师 HSCK 的六角模型理论框架，包括 KRE、KIA、KRC、KPP、KAD、KJR 这六个基本成分，如图 2 - 5 所示。

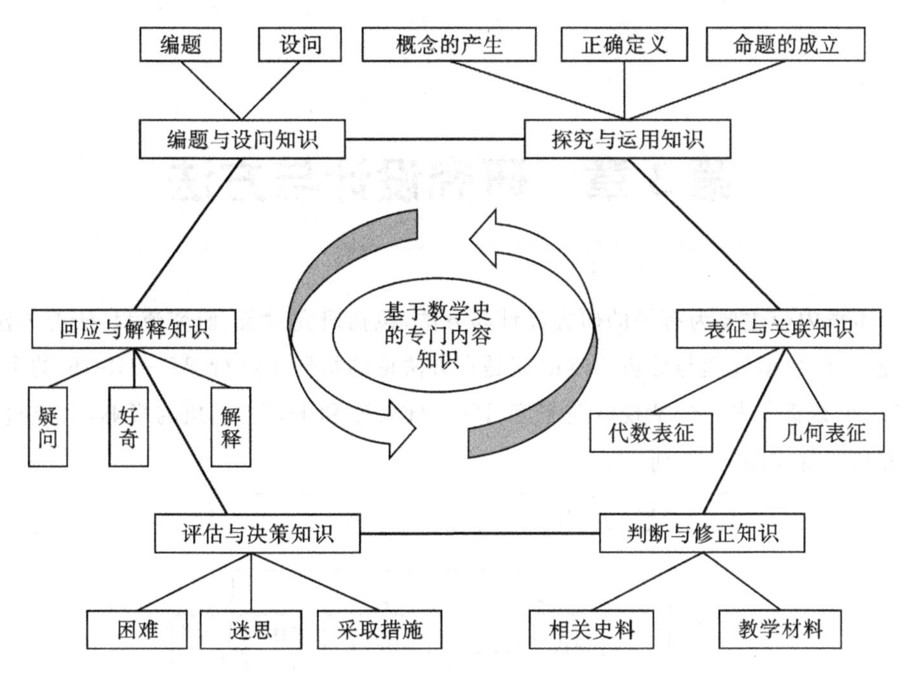

图 2-5　高中数学教师 HSCK 的六角模型(齐春燕,2018)

第3章　研究设计与方法

本章内容主要为有关的研究设计与方法，包括研究对象、研究流程、研究方法、研究工具、数据处理与分析。本研究是在方法论的指导下进行 PT－HSCK 的个案研究，个案研究内容包括现状与态度、PT－HSCK 和 HPM 干预的影响，研究过程及方法图解如图 3－1 所示。

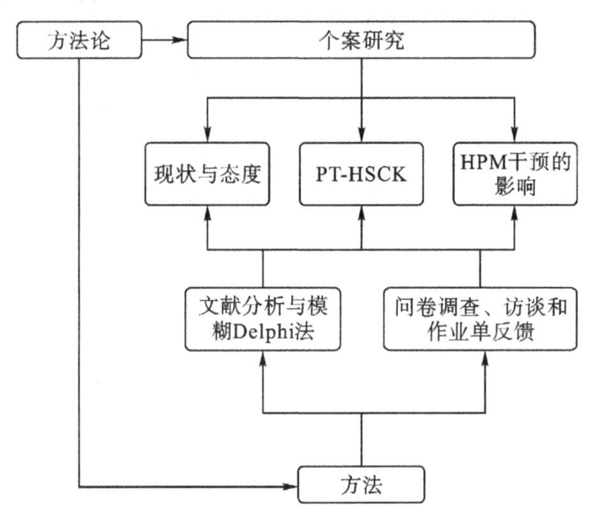

图 3－1　研究过程及方法图解

3.1　研究对象

本书的研究对象分为现状与态度调查研究对象和个案研究对象。现状与态度研究对象包括基于西藏数学史融入数学教学现状的初中学生、基于西藏数学史融入数学教学现状与态度的在职教师、基于西藏数学史融入数学教学现状与态度以及 PT－HSCK 现状的职前初中数学教师；个案研究对象为从 PT－HSCK 现状调查对象中选取的 12 名西藏职前初中数学教师。

3.1.1 现状与态度研究对象

为了避免调研的片面性，将西藏数学史融入数学教学现状的调研对象分为学生组和教师组，笔者综合分析他们的反馈。问卷的内容主要集中在融入数学史的数学教学这一现状。具体问卷内容分别见附录 1[西藏初中阶段数学史融入数学教学现状问卷(学生用)]和附录 2(西藏初中阶段数学史融入数学教学现状问卷(教师用))。在调研对象的学生中，约 30%的学生来自于拉萨和那曲的某两所初中(前期由笔者到校集中收集)，约 70%的学生来自于拉萨和那曲以外的地市(后期由笔者助手收集)；教师组的基本情况前期由笔者到校集中收集和后期由笔者助手收集的占比基本相当。详细情况如表 3－1 与表 3－2 所示。

表 3－1　初中生数学史融入数学教学现状调查基本情况表

特征	分组	样本容量($n=311$)	样本占比
性别	男生	142	45.66%
	女生	169	54.43%
年级	初一	87	27.97%
	初二	122	39.23%
	初三	102	32.80%

表 3－2　在职教师数学史融入数学教学现状与态度调查基本情况

特征	分组	样本容量($n=125$)	样本占比
教龄 x 年	$0<x\leqslant 2$	14	11.20%
	$2<x\leqslant 5$	22	17.60%
	$5<x\leqslant 10$	46	36.80%
	$x>10$	43	34.40%
学历	大专	51	40.80%
	本科	72	57.60%
	研究生	2	1.60%

续表

特征	分组	样本容量(n=125)	样本占比
数学史修养	自以为不足	67	53.60%
	自以为尚可	45	36.00%
	自以为丰富	13	10.40%
数学史教学经历	没有融入过数学史内容	17	13.60%
	偶尔讲过数学家的故事	35	28.00%
	偶尔讲过数学家的故事，且偶尔融入数学史问题	52	41.60%
	经常将数学史融入教学过程	21	16.80%

关于西藏职前初中数学教师，主要是调查数学史融入数学教学态度与 PT－HSCK 现状，如表 3－3 所示，有效样本容量为 307，这个样本是本书的主要样本，本书的个案研究对象就是从中选取，针对 PT－HSCK 现状的总体分析、HPM 干预的前测和后测，都是来源于这一样本。由于西藏高校培养的师范生是西藏教师队伍的主力军，因此就把他们定义为西藏职前教师，而数学类师范生就是西藏职前数学教师。有鉴于此，笔者先针对西藏的三所大学进行抽样，其中这些职前数学教师都是按照数学教育方向的培养方案进行培养的，而且都是定向有意愿去西藏做初中数学老师，西藏也提供了相应政策支持，比如免学费、住宿费以及提供生活补助等。由于追踪及时、沟通良好，因此样本有效率达到了 100%。

表 3－3 职前初中数学教师数学史融入数学教学态度调查基本情况表

特征	分组	样本容量(n=307)	样本占比
来源	A 校	224	72.96%
	B 校	62	20.20%
	C 校	21	6.84%
性别	男性	152	49.51%
	女性	155	50.49%

续表

特征	分组	样本容量(n=307)	样本占比
数学史修养	自以为不足	83	27.04%
	自以为尚可	211	68.73%
	自以为丰富	13	4.23%
接受数学史融入教学课堂情况	不接受数学史融入教学的课堂	29	9.45%
	偶尔接受在课堂上讲一些数学家的故事	134	43.65%
	偶尔接受在课堂上讲一些数学史问题	105	34.20%
	经常接受数学史融入教学的课堂	39	12.70%

3.1.2　个案研究的对象

为研究初中数学教师基于数学史的专门内容知识的变化情况，笔者从 307 位西藏职前初中数学教师的样本中选定专业方向为初中数学教育方向的 12 位数学师范生为个案研究对象。这些研究对象主要需要依次完成以下任务。

(1)认真学习与无理数的概念、二元一次方程组、平行线的判定、平面直角坐标系、全等三角形应用以及一元二次方程(配方法)等六个知识点相关的数学史资料。

(2)按要求完成调查问卷。

(3)学习“数学史”“HPM:数学史与数学教育”“数学课程教学论”“数学教学设计与案例分析”等课程。

(4)选定无理数的概念、二元一次方程组、平行线的判定、平面直角坐标系、全等三角形应用以及一元二次方程(配方法)等六个知识点，接受六个知识点所形成的 HPM 干预案例从史料阅读到 HPM 讲授，再到 HPM 教学设计的三阶段 HPM 干预过程。

(5)接受研究者的访谈。

(6)完成作业单。

在整个研究过程中，这 12 名西藏职前初中数学教师都能够本着自愿的原则积极参与到研究中来，出色地完成了以上六大任务。为了区别与保护隐私，笔者对参与研究的职前教师进行编号，分别为 H1、H2、H3、H4、H5、H6 和 Z1、Z2、Z3、Z4、Z5、Z6，编号的规则是基于他们对数学史掌握的程度来确定的，掌握程度越好，则编号越靠后；研究对象中，男性共计 6 人(50.00%)，女性共计 6 人(50.00%)；这些参与者都来自西藏某大学数学类师范生中学数学方向的在校本科学生，其中 H 系列来自区外班，Z 系列来自区内班，他们都是面向西藏初中数学教师方向来进行培养的，基本信息如表 3 - 4 所示。

表 3 - 4　12 名研究对象基本信息表

编号	Z1	Z2	Z3	Z4	Z5	Z6
性别	男	女	男	男	女	女
综合成绩	合格	合格	中等	中等	良好	优秀
数学史素养	一般	一般	一般	良好	良好	好
编号	H1	H2	H3	H4	H5	H6
性别	男	男	女	男	女	女
综合成绩	合格	中等	中等	中等	良好	优秀
数学史素养	一般	良好	良好	良好	良好	好

本书的研究渗透在培养方案之中，他们参与研究的过程也就是完成培养方案中“HPM:数学史与数学教育”“数学课程教学论”“数学教学设计与案例分析”等课程的过程。本研究的 HPM 干预也贯穿于培养计划之中，来提升数学史融入数学教育教学的效能和 PT - HSCK。因此，在 HPM 干预研究 PT - HSCK 的变化中，他们具有较好的代表性。根据中学数学教育方向专业本科培养方案，他们所接受的培养方案如表 3 - 5 所示。

表 3 - 5　个案研究的初中职前教师培养方案

项目	内容
培养目标	培养具备当代教育理念，具有良好的师德素养，具有自主发展意识和创新能力，有较为扎实、系统的教育学专业的基本理论和实践能力，同时有深厚的数学教育的知识与能力，热爱民族教育事业，扎根西藏基础教育战线，能够胜任西藏中学数学课程及相关工作的专门人才
主干学科	数学、教育学

续表

项目	内容
核心课程	数学分析,高等代数,概率论与数理统计,数学课程与教学论,初等代数,初等几何,常微分方程,数学史与数学教育
教学观摩和参观考察	以教学观摩和参观考察为主,学生必须做好相应记录,事后写出相应报告或召开座谈会相互交流
专业见习	第2～6学期安排每学期2周的专业实践,在校内外或前往实践基地进行专业实践活动。开展参观学习、实地观察和模拟教学等专业实践
社会实践	利用寒、暑假每学年至少进行1次有关人文社会科学类的社会实践(调查)
专业实习	每学期完成1次教育实践观察
毕业实习	第7学期安排9周毕业实习。实习结束后,学生应写出实习报告或总结,并针对本专业的课程设置、教学质量、培养模式等提出意见或建议

3.2 研究流程

本书是以西藏职前初中数学教师为研究对象,重点从PT-HSCK理论框架的角度来研究HPM干预对西藏职前初中数学教师基于数学史的专门内容知识的影响,研究流程图如图3-2所示。

根据研究问题,笔者采用量化研究和质性分析相结合的方式进行研究。量化研究流程图与质性分析流程图分别如图3-3与图3-4所示。

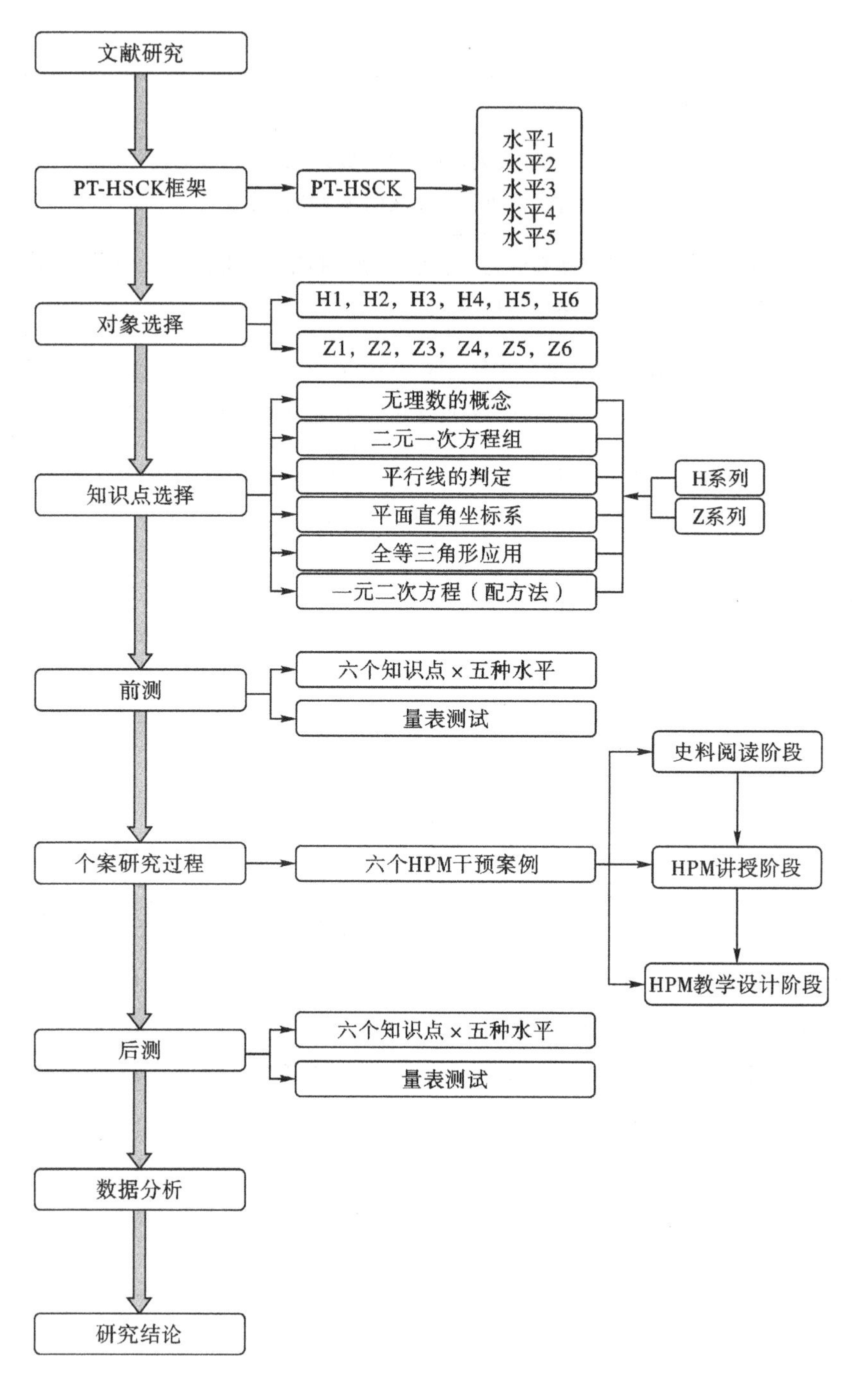

文献研究
PT-HSCK框架
PT-HSCK
水平1
水平2
水平3
水平4
水平5
对象选择
H1，H2，H3，H4，H5，H6
Z1，Z2，Z3，Z4，Z5，Z6
知识点选择
无理数的概念
二元一次方程组
平行线的判定
平面直角坐标系
全等三角形应用
一元二次方程（配方法）
H系列
Z系列
前测
六个知识点×五种水平
量表测试
个案研究过程
六个HPM干预案例
史料阅读阶段
HPM讲授阶段
HPM教学设计阶段
后测
六个知识点×五种水平
量表测试
数据分析
研究结论

图 3－2　研究流程图

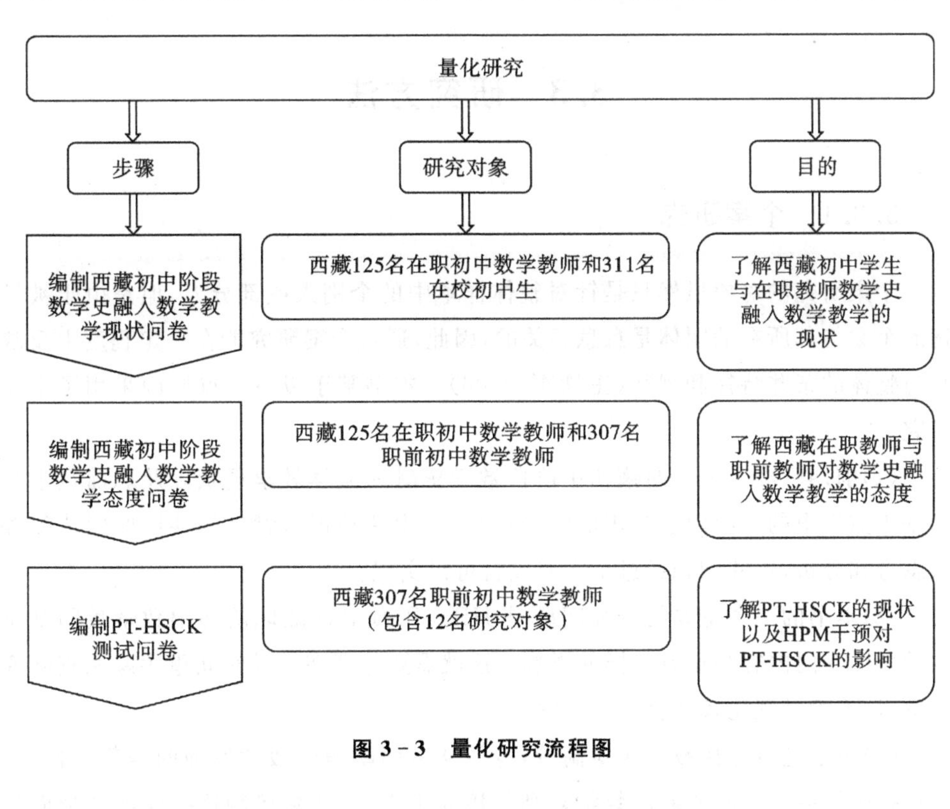

图 3－3　量化研究流程图

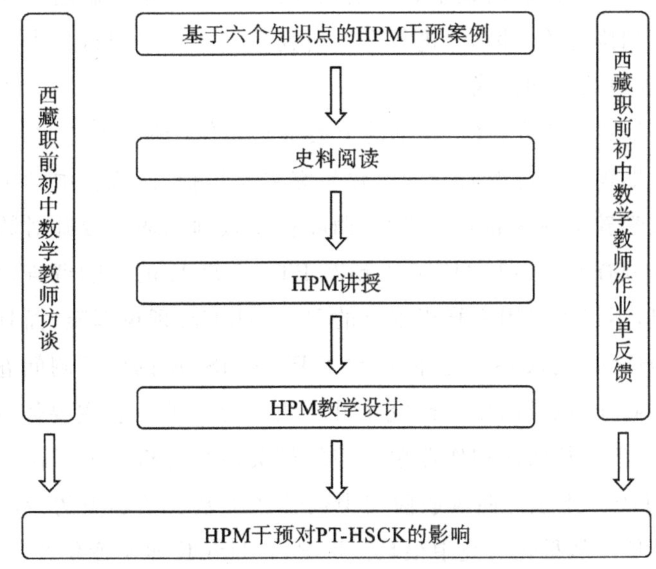

图 3－4　质性分析流程图

3.3 研究方法

3.3.1 个案研究

个案研究的对象虽然只是针对整体样本中的个别人或部分人，但是由于被挑选的个案与其所在的团体是息息相关的，因此，通过个案研究能在一定程度上反映它与整体的某些特征和规律（王铁军，2006）。本书基于以下三点原因采用了个案研究。

(1)前期已经了解到西藏初中阶段数学史融入数学教学现状以及职前数学教师基于数学史的专门内容知识的大概情况，产生这种现状背后的共性原因值得深入思考和分析，这些问题通过个案研究就可以实现。

(2)本书的一个重要的研究问题是 HPM 干预对西藏职前初中数学教师基于数学史的专门内容知识有怎样的影响。这就需要笔者在较长时间里跟踪调查研究对象，该连续过程比较适合进行个案研究。

(3)由于笔者正执教于西藏高校，专门从事西藏职前数学教师的培养工作，其中包括中学数学方向的职前数学教师的培养工作，会频繁接触这些职前教师而且参与其培养计划修订等。因此，进行个案研究有利于在培养过程中持续跟进和干预，方便及时收集数据和访谈。

为了更好地达到研究目的，本书的个案研究既有质性研究方法，也有量化研究方法。其中前期现状与态度研究的量化研究主要包括：西藏初中学生与在职教师数学史融入数学教学现状的调查研究、西藏在职教师与职前教师对数学史融入数学教学的态度调查研究以及 HPM 干预对 PT－HSCK 的影响调查研究。基于这一现状的调研，不仅可以用来修正本书的 PT－HSCK 理论框架，而且能使笔者坚定建构 PT－HSCK 的决心。此外，编制了 PT－HSCK 的前后测问卷。该问卷既可以用来研究共性，也可以用来研究个性。质性分析的内容主要体现在 HPM 干预后，对研究对象进行访谈和作业单反馈的相关内容分析。由于在本书研究问题中，需要了解 HPM 干预对西藏职前初中数学教师基于数学史的专门内容知识有怎样的影响。单纯从量化研究中很难分析 PT－HSCK 水平变化背后真正的原因，而且在本研究中，笔者全程参加 HPM 干预的过程，获得了质性分析的第一手资料，这就凸显出质性分析在本书研究中的必要性。在本研究中，笔者选取了 12 名西藏职前初中数学教师作为个案研究对象，对他们进行了问卷调查并跟踪访谈、回收作业单，尽可能对他们的整个过程进行全方位衡量，并在 HPM 干预框架的指导下，将史料阅读、HPM 讲授以及 HPM 教学设计三个阶段贯穿于整个 HPM 干预过程当中。

3.3.2　问卷调查

调查研究法一般被定义为通过考察了解客观情况直接获取有关材料，并对这些材料进行分析的研究方法，也是教育研究的常用方法。调查研究的形式多种多样，本书主要是问卷调查。问卷调查是指通过问卷对某一预先设定的主题进行调查。问卷中的题项可以是问句，也可以是陈述句，但一般都是封闭式的，通常采用李克特多点式问卷，本书附录 1～3 的问卷采用五点问卷，附录 4 的问卷采用五水平问卷。例如，问题“老师讲课所准备的数学史内容丰富多样”是一个陈述句，选项分为“非常不同意”“不同意”“没意见”“同意”“非常同意”，分别对应 1、2、3、4、5 分，请在您认为合适的分数方格内打“√”。如果采用问句，则可写成：“你认为老师讲课所准备的数学史内容丰富多样吗？”之所以采用问卷调查法，是因为这一方法具有很大的优势。根据问卷的统一设置，调查的规则很简单，易于跟参与者沟通，哪怕是全权委托其他人实施也不会出现差错；而且，由于答案是标准化的多点式，所以结果的统计很便捷。因此，社会学、教育学和心理学的相关研究，都广泛采用这一方法。本书的问卷可以分为两大类。

第一类是西藏数学史融入数学教学的现状与态度调查，这一部分针对职前、在职初中数学教师和初中生进行调查。这一部分由三个问卷组成，分别是西藏初中阶段数学史融入数学教学现状问卷（学生用表）、西藏初中阶段数学史融入数学教学现状问卷（教师用表）、西藏初中阶段数学史融入数学教学态度问卷（在职教师和职前教师用表）。

第二类是针对 HPM 干预前后西藏职前初中数学教师基于数学史的专门内容知识（PT－HSCK）的调查问卷，这一部分主要是研究西藏职前初中数学教师在 HPM 干预前后的 PT－HSCK 水平变化。

针对问卷调查所获取的数据，笔者首先采用结构方程模型的处理方法，对本书所采用的问卷结构进行了验证；其次，采用了模糊 Delphi 法进行数据处理，根据专家的选择，对 PT－HSCK 的理论框架实施了适度检验；最后，结合访谈和作业单反馈对个案数据的变化情况进行分析。

3.3.3 访谈

为了进一步挖掘和考察关于西藏职前初中数学教师基于数学史的专门内容知识内在问题，访谈更加注重获取被访谈对象在情感、意念和态度方面的变化，更加关注被访谈对象在 HPM 干预过程中发生变化的内在原因等重要信息价值挖掘。

虽然量化分析的信息量较大且精确度较高，但不能对研究对象复杂的心理变化过程进行量化。由于本研究需要考察 HPM 干预对西藏职前初中数学教师基于数学史的专门内容知识的影响情况，会涉及以上相关因素，因此也进行了访谈。本研究的访谈结合研究内容和研究目的拟定访谈主要线索并对研究对象进行访谈，同时根据访谈实际情况可以对访谈中提出的问题进行相应调整。

首先，为了得出本书针对西藏职前初中数学教师的研究流程和 PT - HSCK 理论框架的要素，笔者对 15 位专家进行了访谈，并利用模糊 Delphi 法，针对五类要素指标，进行了三个步骤的筛选，最终得到了本书的理论框架、知识点以及干预指标等。

其次，本书为准确获取西藏职前初中数学教师基于数学史的专门内容知识变化情况，在 HPM 干预后对 12 名职前数学教师进行访谈并收取作业单，进一步考察 12 名职前数学教师在 HPM 干预过程中基于数学史的专门内容知识的具体变化。

针对参与个案教学研究的职前数学教师，笔者的访谈主要集中于以下问题(也不全部拘泥于以下问题)：

(1)您认为关于无理数的概念的 HPM 干预能帮助你们更好地理解该知识点的专业方面知识吗?(与 PT - HSCK 对应)

(2)您认为关于二元一次方程组的 HPM 干预能帮助你们更好地理解该知识点的专业方面知识吗?(与 PT - HSCK 对应)

(3)您认为关于平行线的判定的 HPM 干预能帮助你们更好地理解该知识点的专业方面知识吗?(与 PT - HSCK 对应)

(4)您认为关于平面直角坐标系的 HPM 干预能帮助你们更好地理解该知识点的专业方面知识吗?(与 PT - HSCK 对应)

(5)您认为关于全等三角形应用的 HPM 干预能帮助你们更好地理解该知识点的专业方面知识吗?(与 PT - HSCK 对应)

(6)您认为关于一元二次方程(配方法)的 HPM 干预能帮助你们更好地理解

该知识点的专业方面知识吗？(与PT-HSCK对应)

3.4 研究工具

本研究所采用的量化研究的问卷主要包括数学史融入数学教学现状与态度问卷和PT-HSCK测试问卷。

3.4.1 数学史融入数学教学现状与态度问卷

针对西藏的初中生、在职初中数学教师和职前初中数学教师，关于数学史融入数学教学现状与态度的问卷设计了3个问卷，分为西藏初中阶段数学史融入数学教学现状问卷(学生用)、西藏初中阶段数学史融入数学教学现状问卷(教师用)以及西藏初中阶段数学史融入数学教学态度问卷，分别见附件1~3。

针对附件1~3采用五点李克特量表计分方法，分别用1、2、3、4、5表示非常不同意、不同意、没意见、同意、非常同意；就均值而言，大于3表示正向态度，小于3表示反向态度。问卷充分考虑专家学者的建议编制而成，同时也进行了信度和效度的论证。

3.4.2 PT-HSCK测试问卷

本问卷的知识点确定为无理数的概念、二元一次方程组、平行线的判定、平面直角坐标系、全等三角形应用以及一元二次方程(配方法)，每个知识点拟编题角度分别从以下几点进行(不拘泥于以下要点)。

(1)无理数的概念：发现无理数的过程、无理数的定义、无理数在实数中的地位、无理数在现实生活中的例子、无理数名称的由来、无理数的证明。

(2)二元一次方程组：二元一次方程组的史料、特征、四大类型、符号表示以及必要性。

(3)平行线的判定：平行线的定义、判定、性质以及认知起点，平行线符号的发展。

(4)平面直角坐标系：直角坐标系的先驱及其表示方法、单轴与负坐标、坐标系的出现、定位问题。

(5)全等三角形应用：泰勒斯测量方法的推测、角边角定理、边角边定理、边边边定理、现实情境的模拟。

(6)一元二次方程(配方法):一元二次方程的史料、一元二次方程的配方法必要性、一元二次方程的几何图解、用配方法求解一元二次方程的数学本质理解。

为了提高问卷题项的适用性、合理性和针对性,笔者访谈了多位进行过相关研究的专家,也结合了一些相关的文献,主要从“为什么学”“学哪些内容”“怎样学”三个角度去设置问题。通过深度理解课程标准对无理数的概念、二元一次方程组、平行线的判定、平面直角坐标系、全等三角形应用以及一元二次方程(配方法)等知识点内容的要求进行分析;再通过对西藏初中一线几名资深的专家型数学教师的访谈,了解西藏当地师生的实际情况和西藏职前初中数学教师对这六个知识点的掌握程度,力求所编题目有针对性。

一切准备就绪,开始构思问卷题项。该问卷第一稿总共设计 30 个题目,前 24 个题目为选择题,后 6 个题目为简答题。选择题中,每个知识点 4 题;简答题中,每个知识点 1 题。每个选择题各有 5 个选项,这些选项本身没有对错之分,只有合适与否、理解与否。例如:

题目:推动数域从有理数到实数的原初问题是(　　)。

A. 测量问题　B. 几何问题　C. 代数问题　D. 作图问题　E. 数域缺陷

这个问题本身,可以说没有一个答案是错的,就看个人对史料的熟悉程度和理解程度,这也是为什么会有水平差异之分的根本原因。

本研究的前后测问卷详细内容见附录 4:PT－HSCK 测试问卷。问卷的每一道题,都按照 PT－HSCK 的九种知识成分维度设计而成,而且,由于笔者要考察职前教师的五种水平划分,因此每一个客观题的选项都有五项。

笔者从结构方程的角度,对 PT－HSCK 测试问卷信效度进行了验证。将 307 份有效样本分为 153 份(用于探索性因子分析)和 154 份,其中x_1、x_2、x_3、x_4、x_5、x_6分别表示笔者选定的六个知识点,按顺序依次为无理数的概念、二元一次方程组、平行线的判定、平面直角坐标系、全等三角形应用以及一元二次方程(配方法);而x_{ij}表示知识点x_i下面的第 j 个问题,主观题不纳入结构方程内。

本研究共进行了两次探索性因子分析,第一次分析后,发现问题x_{23}和x_{31}的载荷系数较低,因此重新设计了这两题;接着针对 154 份样本进行验证性因子分析,发现载荷系数全部符合要求。因此,笔者确定了问卷初稿。

整个模型具有较好的信效度;各知识点作为主维度的克隆巴赫系数依次分别为 0.853、0.806、0.857、0.802、0.865、0.835,总问卷的克隆巴赫系数为0.969,折半信度为0.974;折半后,前一半与后一半的克隆巴赫系数分别为0.934和0.947。

为进一步确定问卷,笔者利用LISREL 8.8对后154份样本数据再次进行计算,其结构效度拟合指数表明,$\chi^2/df<2$,符合良好水平;RMSEA<0.08,在可接受的范围内;NFI>0.9,NNFI>0.9,CFI>0.9,都在拟合良好的范围内。因此,笔者确定了最终问卷。

3.5 数据处理与分析

数据的处理主要是针对量化数据、访谈和作业单反馈的编码等。

3.5.1 数据编码

问卷回收后,笔者对参加现状调查问卷和态度调查问卷(附录1～3)的在校初中生、在职初中数学教师和职前初中教师的问卷进行编码,一人一码,一卷一码,符合唯一性。针对PT-HSCK水平测试的问卷(附录4)也是如此编码。

编码的规则尽量简单,最好能够很快识别出其所代表的意义。根据这一原则,学生用现状问卷的编码为S-XZDC-001,最后三位依次按人数排序;在职初中数学教师用现状问卷的编码为T-XZDC-001,最后三位依次按人数排序;在职初中数学教师态度问卷的编码为T-TDDC-001,最后三位依次按人数排序;职前初中数学教师用态度问卷的编码为P-TDDC-001,最后三位依次按人数排序;职前初中数学教师用PT-HSCK测试问卷的编码为PT-HSCK-1-001,倒数第二栏的1表示前测(前测、后测各一次,故后测取值为2),最后三位依次按人数排序。

3.5.2 量化数据及其分析

量化分析包括对西藏初中阶段数学史融入数学教学现状问卷(学生用)、西藏初中阶段数学史融入数学教学现状问卷(教师用)、西藏初中阶段数学史融入数学教学态度问卷以及PT-HSCK测试问卷数据的分析。将量化数据从结构方程的角度,对信效度尝试进行测算,再经由Microsoft Excel 2019整理后,选用有利于数据分析的方法,进行统计分析。

(1)现状调查与态度调查问卷的分析。对西藏初中阶段数学史融入数学教学现状问卷(学生用)进行初中学生现状调查的均值与标准差分析;对西藏初中阶段数学史融入数学教学现状问卷(教师用)进行在职初中数学教师现状调查的均值与标准差分析;对西藏初中阶段数学史融入数学教学态度问卷进行在职初中数学教师态度调查的均值与标准差分析;对西藏初中阶段数学史融入数学教学态度问卷进行职前初中数学教师态度调查的均值与标准差分析。

(2)PT - HSCK 测试问卷分析。主要包括:PT - HSCK 各成分不同水平人数分布分析;各种知识成分的五种水平分布比较分析;PT - HSCK 各成分不同水平人数累积分布分析、干预前后 12 名研究对象总体变化分析、藏族职前数学教师变化分析、汉族职前数学教师变化分析以及藏汉职前数学教师前测和后测的对比分析等。

3.5.3 质性数据及其分析

质性研究包括“访谈”和“作业单反馈”的研究,实施对象都是本书的个案研究对象。数据的编码及整理如下。

(1)访谈。本书的访谈包括两方面:一方面是访谈数学教师(职前和在职),该访谈是与数学教师做有目的的谈话,借以了解访谈对象的真实想法;访谈内容以 HPM 干预对研究对象更好地理解该知识点的专业方面知识影响为主要内容,希望可以了解 HPM 干预对西藏职前初中数学教师基于数学史的专门内容知识影响的内在原因和具体变化。另一方面是访谈专家,该访谈主要是基于模糊 Delphi 法的 PT - HSCK 理论框架建构以及问卷设计前期阶段的访谈。

(2)作业单的反馈。作业单的反馈是个案研究对象在每个知识点经 HPM 干预之后提交的,作业单主要是围绕知识点的本身和研究对象在 HPM 干预之后对理解知识点的专业方面知识影响变化所列出来的一系列问题。

第 4 章 PT－HSCK 理论框架的建构

Ball、Thames 和 Phelps(2008)提出的 MKT 理论由 SMK 和 PCK 构成，其中 SCK 又是 SMK 的一个重要组成部分。近年来，SCK 被描述为教学所需要的特有数学知识。数学教师作为数学知识的传授者，其主要任务之一就是要完成将数学知识进行输入、分解、加工、内化再到输出通俗易懂的数学知识这一过程(Hill et al.,2008)。而针对 HSCK 理论模型，齐春燕(2018)将 HSCK 分为六个基本知识成分，按从易到难分为四种水平等级，这给本书的研究和针对西藏职前初中数学教师的理论框架建立给予了很大启发。

4.1 PT－HSCK 理论框架建构的动机

HSCK 是数学史与 SCK 公共部分，同时兼具数学史和 SCK 的数学教育价值，笔者建立本书的 PT－HSCK 理论模型的动机也是源于这一出发点。Ball、Thames 和 Phelps(2008)将 MKT 分类为 SMK 与 PCK，而 SMK 又分类为 CCK、HCK 以及 SCK。而后，Bair 和 Rich(2011)利用扎根理论从代数推理和数论中提出 SCK 的四个成分内涵，并把它们划分五种水平等级。而针对 HSCK 理论框架，齐春燕(2018)针对高中数学教师，将 SCK 分为六个知识成分和四种水平等级。总结已有的研究成果可以发现，HSCK 模型的建立是层层递进的，它能够对教与学的过程和结果进行预测，也可以为研究提供理论框架。

数学史融入数学教学的早期研究可以追溯到 1911 年，近百余年来一直都有学者在研究，也有一线教师在进行实践(Cajiri,1991)。汪晓勤(2017a)甚至还给出了具体的流程图。但由于种种原因，绝大多数的中小学数学教师没有或者无法实施融入数学史的教学实践，这其中除了教师自身的能力不足外，很大一部分原因是 HPM 理论的缺失。已有研究表明，HPM 可以有效地促使教师的专业能力与素养得到发展，而数学史在教科书中的运用方式如表 4－1 所示(汪晓勤,2012)。

表 4－1　教材中运用数学史的方式

方式	主要指标	作用
点缀式	插图	图文相辅相成
附加式	附录、注解	补充、辅助
复制式	直接融入问题、解法、证明	再现古人智慧
顺应式	改编问题、简化解法与证明	创设探究情境
重构式	重构数学史	帮助理解数学本质

例如，在美国普林斯顿 Hall 版代数教科书中，有一则介绍中国元代数学家朱世杰的阅读材料（见图 4－1），这类阅读材料就属于附加式。

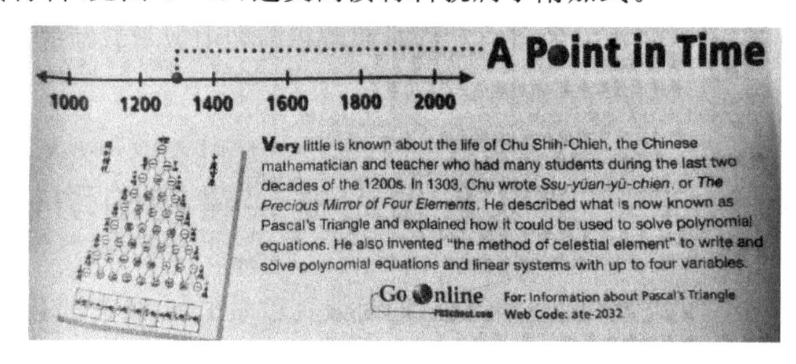

图 4－1　普林斯顿 Hall 版代数教科书中的阅读材料

法国初中数学教科书用 16 世纪德国绘画作品《几何学家测量》作为“泰勒斯定理”一章的章头图（见图 4－2），即属于点缀式运用数学史。

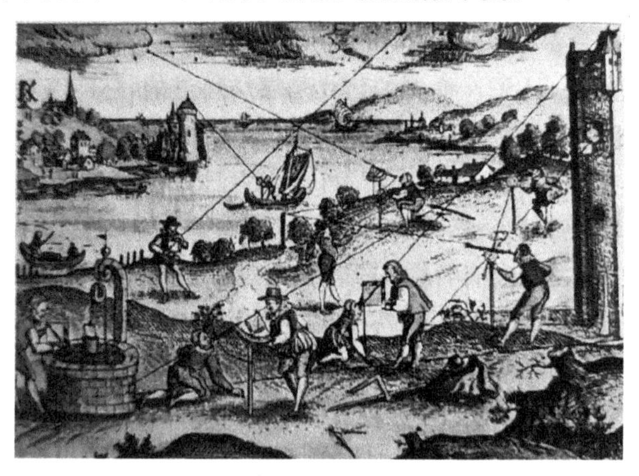

图 4－2　法国 Berlin 版初中数学教科书中的插图

而在美国普林斯顿 Hall 版几何教科书中，有一道练习题(见图 4 - 3)是根据古希腊数学家埃拉托色尼测量地球周长这则史料，提出有关平行线性质的问题，这类材料属于顺应式的。

31. History About 220 B.C., Eratosthenes estimated the circumference of Earth. He achieved this remarkable feat by using two locations in Egypt. He assumed that Earth is a sphere and that the sun's rays are parallel. He used the measures of $\angle 1$ and $\angle 2$ in his estimation.

a. Classify $\angle 1$ and $\angle 2$ as alternate interior, same-side interior, or corresponding angles.

b. How did Eratosthenes know that $\angle 1 \cong \angle 2$?

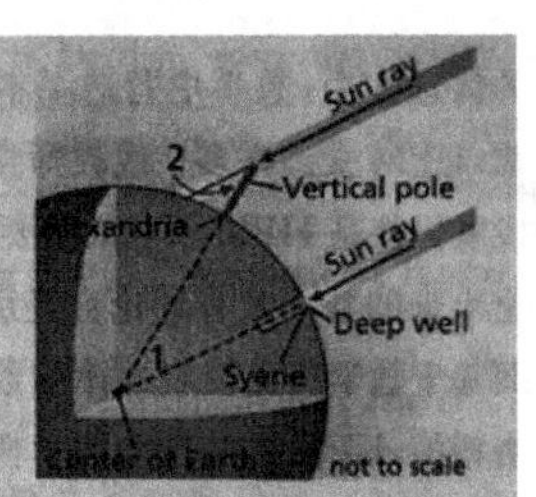

图 4 - 3　普林斯顿 Hall 版几何教科书中的一道练习题

很多学者认为，学科史对学科知识的掌握，具有促进作用。当学习了数学史之后，似乎确实提升了自身对数学的兴趣与热爱。但是，数学专业知识到底得到了多大程度的促进，其实没办法简单说清楚。纵观已有文献的研究，至今还没有建立起一种有效的方法来评价西藏教师的专门内容知识，更没有针对西藏职前数学教师的评价与建构方法。其实，仅仅是通过调研或者访谈的方法，很难界定职前初中数学教师的专门内容知识的具体变化，只有利用相应的理论和干预框架才可以搞清楚具体变化和影响，笔者在本研究中就建立了 PT - HSCK 理论框架并且介入了 HPM 干预框架。

HSCK 是如何影响教师的，除了齐春燕(2018)针对高中数学教师做过研究外，其他都还是空白状态。因此，笔者在齐春燕的做法基础之上，以西藏职前初中数学教师为研究对象，拟选择六个知识点，尽量客观地刻画西藏职前初中数学教师基于数学史的专门内容知识。基于前期的文献分析和访谈结果分析，笔者开始在 HSCK 理论框架基础之上，针对西藏职前数学教师的特点，拟通过模糊 Delphi 法来构建 PT - HSCK 的理论框架，并拟通过借助六个知识点的 HPM 干预研究其对 PT - HSCK 的影响变化。

起初，笔者采用的是齐春燕(2018)知识成分的分类方法，即将 PT - HSCK 知识成分按照六个方面进行刻画。但通过初步对相关专家、西藏初中数学教研员、西藏初中一线教师以及西藏职前初中数学教师进行访谈之后，笔者发现这种知识成分的分类方法对西藏而言缺乏适切性，为了进一步深入探讨 PT - HSCK 理论框架的适切性，笔者先从 Ball 和 Bass(2003b)，Ball、Thamest 和 Phelps(2008)以及 Bair 和 Rich(2011)说起。Ball、Thames 和 Phelps(2008)以 Ball 和 Bass(2003b)的数学教学知识模型以 MKT 为例，描述了数学教学知识体系的发展过程；Bair 和 Rich (2011)根据扎根理论对多个案例数据进行了分析，将用于代数推理和数论内容教学的深层次、相互关联的数学内容知识划分为四个类别，并认为 SCK 内涵应诠释为八部分，如图 4 - 4 所示。

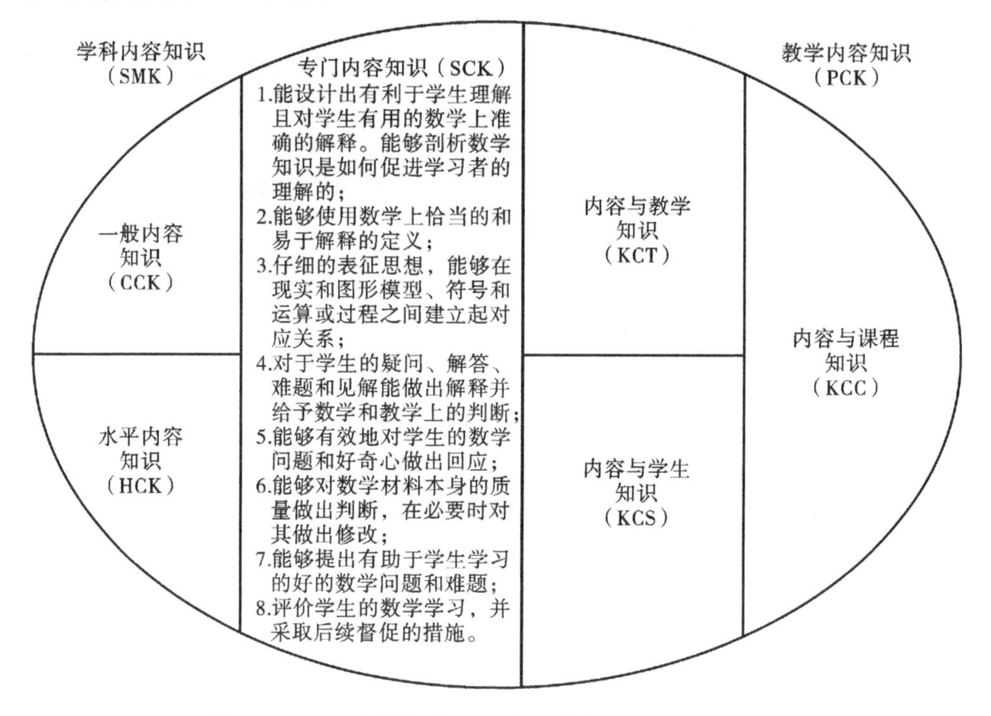

图 4 - 4　MKT 划分图中 SCK 内涵诠释(Bair et al. ,2011)

诚然，如齐春燕(2018)所述，Bair 和 Rich 的论文中没有考虑 HPM 的因素，因此齐春燕在他们的基础上做了改进。齐春燕(2018)针对高中数学教师建立的基于数学史的专门内容知识的“六角模型”，将这一类知识分为六种基本成分，并将 HSCK 的六种基本成分根据内涵划分为四种等级水平。

笔者对已有文献进行分析并对照西藏实际情况进行考量之后发现，针对西藏的职前初中数学教师，简单套用齐春燕(2018)的“六角模型”是不合理的。一方面，职前初中数学教师的专门内容知识和在职数学教师本身就存在差异；另一方面，在培养方案中就充分体现出了研究对象是面向西藏的中学数学教师的，这就跟其他地区大学生的数学专门内容知识又会有所差异。有鉴于此，笔者在文献分析基础之上，决定采用模糊 Delphi 法来构建本书的 PT - HSCK 理论框架。

4.2　基于模糊 Delphi 法的 PT－HSCK 理论框架建构

4.2.1　评估指标

根据本书的研究需要，笔者参考了已有文献的做法，并结合西藏的实际情况，初步拟定需要评估的指标体系如下所示。

(1)文献指标：SMK、SCK、HSCK、HPM。

(2)知识点指标：无理数的概念、二元一次方程组、平行线的判定、平面直角坐标系、全等三角形应用、一元二次方程(配方法)以及三角形中位线定理。

(3)干预指标：史料查找、史料阅读、HPM 讲授、HPM 教学设计。

(4)知识成分指标：筛选与反应、重现与设计、评判与应用。

(5)水平划分指标：三水平分为低(水平 1)、中(水平 2)、高(水平 3)；四水平分为低(水平 1)、中偏低(水平 2)、中(水平 3)、高(水平 4)；五水平：低(水平 1)、中偏低(水平 2)、中(水平 3)、中偏高(水平 4)、高(水平 5)。

然后，笔者通过对西藏相关教育专家进行访谈，进行初步分析，将上述指标及其内涵指标进行修正，并假设成变量后，设计如表 4－2 所示。

表 4－2　待进行的评估内容汇总

指标	项目	变量假设	下属内容	变量假设
A－文献	SMK	A_1	SMK 的概念	A_{11}
			SMK 的划分	A_{12}
			SMK 的应用	A_{13}
			SMK 的评论	A_{14}
	SCK	A_2	SCK 的概念	A_{21}
			SCK 的划分	A_{22}
			SCK 的应用	A_{23}
			SCK 的评论	A_{24}
	HSCK	A_3	HSCK 的概念	A_{31}
			HSCK 的划分	A_{32}

续表

指标	项目	变量假设	下属内容	变量假设
A-文献	HPM	A_4	HPM 的概念	A_{41}
			HPM 的应用	A_{42}
			HPM 的评论	A_{43}
B-知识点	代数	B_1	无理数的概念	B_{11}
			二元一次方程组	B_{12}
			平面直角坐标系	B_{13}
			一元二次方程(配方法)	B_{14}
	几何	B_2	平行线的判定	B_{21}
			全等三角形应用	B_{22}
			三角形中位线定理	B_{23}
C-干预	干预	C_1	史料查找	C_{11}
			史料阅读	C_{12}
			HPM 讲授	C_{13}
			HPM 教学设计	C_{14}
D-知识成分	筛选与反应	D_1	选择与引入知识	D_{11}
			比较与设计知识	D_{12}
			回应与解释知识	D_{13}
	重现与设计	D_2	探究与重演知识	D_{21}
			表征与关联知识	D_{22}
			编题与设问知识	D_{23}
	评判与应用	D_3	评估与决策知识	D_{31}
			判断与修正知识	D_{32}
			解决与运用知识	D_{33}

续表

指标	项目	变量假设	下属内容	变量假设
E-水平划分	知识成分把握程度	E_1	三水平	E_{11}
			四水平	E_{12}
			五水平	E_{13}

4.2.2 专家反馈资料之适度检验

通过专家访谈后，确立评估指标及其内含项目，参考 Sourani 和 Sohail(2015)，利用模糊 Delphi 法实施论证，其受测样本属性及信度、K－S 检验，分别叙述如下。

1. 样本属性

由于本研究内容具有很强的专业性、地域性和民族性，故样本容量不宜过多，根据模糊 Delphi 法对样本容量的基本要求，最终确定 15 位专家，其个人属性的分布状况如下。

(1)性别：男性 10 名(66.67%)，女性 5 名(33.33%)。

(2)年龄：30 岁以下 1 名(6.67%)，31～45 岁 8 名(53.33%)，45 岁以上 6 名(40.00%)。

(3)工作年限：5 年以下 1 名(6.67%)，5 年以上且 10 年以下 6 名(40.00%)，10 年以上 8 名(53.33%)。

(4)最高学历：大学本科 4 名(26.67%)，硕士 5 名(33.33%)，博士 6 名(40.00%)。

2. 信度及 K－S 适度检验

本次评估内容共涉及 36 个指标，各指标主干如表 4－2 所示，被访谈专家根据对应内容，以自身教学经验、专业知识及其必备程度进行回答，可以只是简单地回应是否赞同。其填答数据内部一致性克隆巴赫值为 0.970，显示出专家填答数据信度达到十分可信的程度。

然后，针对样本获得的数据，以 K－S 检验法进行常态性检验，针对实际次数分配与理论分配之间是否配合适当，来进行适度检验，如表 4－3 所示。

表 4-3 评估专家问卷 K-S 检验表

指标	下属内容	变量假设	均值	标准差	K-S(Z 值)	K-S(P 值)	常态分配
A-文献	SMK 的概念	A_{11}	9.133	0.640	0.316	0.302	√
	SMK 的划分	A_{12}	7.733	0.799	0.287	0.449	√
	SMK 的应用	A_{13}	6.133	0.743	0.238	0.449	√
	SMK 的评论	A_{14}	8.267	0.884	0.315	0.010	×
	SCK 的概念	A_{21}	8.133	0.834	0.251	0.819	√
	SCK 的划分	A_{22}	8.400	0.986	0.329	0.053	√
	SCK 的应用	A_{23}	8.600	1.121	0.373	0.004	×
	SCK 的评论	A_{24}	9.067	0.258	0.535	0.001	×
	HSCK 的概念	A_{31}	7.333	0.488	0.419	0.302	√
	HSCK 的划分	A_{32}	6.800	1.082	0.293	0.247	√
	HPM 的概念	A_{41}	9.333	0.488	0.419	0.074	√
	HPM 的应用	A_{42}	7.667	0.724	0.288	0.247	√
	HPM 的评论	A_{43}	8.933	0.594	0.345	0.022	×
B-知识点	无理数的概念	B_{11}	7.867	0.743	0.238	0.449	√
	二元一次方程组	B_{12}	8.067	0.961	0.200	0.413	√
	平面直角坐标系	B_{13}	7.800	0.775	0.249	0.549	√
	一元二次方程(配方法)	B_{14}	9.133	0.640	0.316	0.074	√
	平行线的判定	B_{21}	8.200	0.676	0.283	0.165	√
	全等三角形应用	B_{22}	7.467	0.516	0.350	1.000	√
	三角形中位线定理	B_{23}	5.200	0.862	0.258	0.172	√
C-干预	史料查找	C_{11}	6.400	0.632	0.295	0.091	√
	史料阅读	C_{12}	8.733	0.458	0.453	0.118	√
	HPM 讲授	C_{13}	8.600	0.910	0.270	0.215	√
	HPM 教学设计	C_{14}	7.933	0.799	0.212	0.819	√

续表

指标	下属内容	变量假设	均值	标准差	K－S(Z 值)	K－S(P 值)	常态分配
D－知识成分	选择与引入知识	D_{11}	7.600	0.632	0.295	0.091	√
	比较与设计知识	D_{12}	8.400	0.632	0.295	0.091	√
	回应与解释知识	D_{13}	7.600	0.632	0.295	0.091	√
	探究与重演知识	D_{21}	7.667	0.724	0.288	0.247	√
	表征与关联知识	D_{22}	7.733	0.704	0.251	0.247	√
	编题与设问知识	D_{23}	9.133	0.640	0.316	0.302	√
	评估与决策知识	D_{31}	8.333	0.900	0.371	0.074	√
	判断与修正知识	D_{32}	7.933	0.799	0.212	0.819	√
	解决与运用知识	D_{33}	8.600	0.632	0.295	0.091	√
E－水平	三水平	E_{11}	9.133	0.516	0.402	0.004	×
	四水平	E_{12}	5.267	0.884	0.219	0.269	√
	五水平	E_{13}	7.733	0.458	0.453	0.118	√

注：渐近显著性(双尾；$P<0.05$)，即观察次数与理论次数达到显著性差异，表示专家群体意见未呈常态分配。

从表 4－3 数据统计结果可以得知，在 95％的置信水平之下，K－S 检验的分析结果中，显示除了评估项目 A_{14}、A_{23}、A_{24}、A_{43}、E_{11} 共 5 项满足 $P<0.05$ 且达显著性外，其余 31 项未达到显著符合常态分配。

4.2.3　初步重要的评估指标之筛选

根据 Sourani 和 Sohail(2015)与 Ameyaw、Yi 和 Ming 等(2016)，研究阈值的制订方式主要有两种，即依据实际计算结果设定或由研究者自行决定适当的阈值。后者须由研究者针对研究目标制订，当专家对于评估因子评价意见趋向较低时，若采取较高阈值，则筛选后的准则因子可能很少。因此，本研究结合考虑筛选后评估指标的整体性与合理性，决定初步重要的评估指标的筛选阈值为 6.0，即代表平均 60％的专家同意。因此，B_{23} 和 E_{12} 被筛除，最后通过初步筛选的项目如下。

(1)A 指标:A_{11},A_{12},A_{13},A_{21},A_{22},A_{31},A_{32},A_{41},A_{42}。

(2)B 指标:B_{11},B_{12},B_{13},B_{14},B_{14},B_{21},B_{22}。

(3)C 指标:C_{11},C_{12},C_{13},C_{14}。

(4)D 指标:D_{11},D_{12},D_{13},D_{21},D_{22},D_{23},D_{31},D_{32},D_{33}。

(5)E 指标:E_{13}。

4.2.4 相对重要程度之阈值

模糊理论的统计分析计算过程说明如下。

第一步,建立三角模糊数。计算全体专家问卷的极小值、极大值与几何平均值,整合全体问卷的模糊权重评估值及计算各项目重要性的三角模糊数。以“A_{11}:SMK 的概念”为例,具体计算方式可表示为

$$W_{A_{11}}=(\min_{A_{11}},\mu_{A_{11}},\max_{A_{11}})$$

式中,$\min_{A_{11}}=8$,$\mu_{A_{11}}=9.11$,$\max_{A_{11}}=10$。

第二步,计算出全体最小模糊数(a),全体最大模糊数(b),全体模糊数的几何平均值(μ),然后建立评估指标的模糊数及筛选阈值。利用简易重心法,将各评估指标的模糊权重转变为单一值 DX,其计算方式如下:

$$DX=\frac{1}{3}(a+b+\mu)$$

第三步,筛选出相对重要的评估指标。以模糊数的筛选阈值 DX 为各模糊数衡量指标,低于 DX 的则删除。

按照模糊理论的统计分析,可计算出本模糊数的筛选阈值 $DX=7.28$,故筛选情况如表 4-4 所示,其中,可选用的二级指标用符号“◎”标记,符号“—”表示在前两步就已被筛除。

表 4-4 模糊 Delphi 法筛选表

指标	评估项目		几何平均值	最小值	最大值	模糊筛选阈值	通过筛选与否	最终执行与否
A-文献	A_1	A_{11}	9.11	8	10	9.04	◎	√
		A_{12}	7.70	7	9	7.90	◎	√
		A_{13}	6.09	5	7	6.03	×	×
		A_{14}	—	—	—	—	—	×

续表

指标	评估项目		几何平均值	最小值	最大值	模糊筛选阈值	通过筛选与否	最终执行与否
A -文献	A_2	A_{21}	8.09	7	9	8.03	◎	√
		A_{22}	8.34	7	10	8.45	◎	√
		A_{23}	—	—	—	—	—	×
		A_{24}	—	—	—	—	—	×
	A_3	A_{31}	7.32	7	8	7.44	◎	√
		A_{32}	6.73	6	10	7.61	◎	√
	A_4	A_{41}	9.32	9	10	9.44	◎	√
		A_{42}	7.64	7	9	7.88	◎	√
		A_{43}	—	—	—	—	—	×
B -知识点	B_1	B_{11}	7.83	7	9	7.94	◎	√
		B_{12}	8.01	7	10	8.34	◎	√
		B_{13}	7.76	7	9	7.92	◎	√
		B_{14}	9.11	8	10	9.04	◎	√
	B_2	B_{21}	8.17	7	9	8.06	◎	√
		B_{22}	7.45	7	8	7.48	◎	√
		B_{23}	—	—	—	—	—	×
C -干预	C_1	C_{11}	6.37	5	7	6.12	×	×
		C_{12}	8.72	8	9	8.57	◎	√
		C_{13}	8.55	7	10	8.52	◎	√
		C_{14}	7.90	7	9	7.97	◎	√
D -知识成分	D_1	D_{11}	7.58	7	9	7.86	◎	√
		D_{12}	8.38	7	9	8.13	◎	√
		D_{13}	7.58	7	9	7.86	◎	√
	D_2	D_{21}	7.64	7	9	7.88	◎	√
		D_{22}	7.70	7	9	7.90	◎	√
		D_{23}	8.91	8	10	8.97	◎	√
	D_3	D_{31}	8.29	7	9	8.10	◎	√
		D_{32}	7.90	7	9	7.97	◎	√
		D_{33}	8.58	8	10	8.86	◎	√

续表

指标	评估项目		几何平均值	最小值	最大值	模糊筛选阈值	通过筛选与否	最终执行与否
E-划分	E_1	E_{11}	—	—	—	—	—	×
		E_{12}	—	—	—	—	—	×
		E_{13}	7.72	7	8	7.57	◎	√

这样，本书主要研究指标就通过模糊 Delphi 法筛选出来了，PT－HSCK 理论框架被确定为“九种知识成分维度、五种等级划分”；同时，六个知识点以及 HPM 干预阶段也被确定。

4.3 PT－HSCK 的九种知识成分

根据模糊 Delphi 法的筛选（D 指标），将西藏职前初中数学教师基于数学史的专门内容知识（PT－HSCK）划分为以下九种知识成分，并对各成分的具体内涵描述如下（以下教师均指西藏职前初中数学教师）。

（1）选择与引入知识（KSI）：教师从数学史的视角，结合西藏学生的实际情况，选择合适的数学史及基于数学史的数学教学材料并引入课堂的知识。

（2）比较与设计知识（KCD）：教师能在选定的针对西藏初中数学课堂的材料中，从数学史的视角，结合数学教学知识，设计教学材料的知识。

（3）回应与解释知识（KRE）：教师在引入新概念和概念间的关系时，从数学史视角回应学生的提问或见解，满足其好奇心，引导其对数学史产生兴趣，结合数学史解释学生的疑问或困惑的知识。

（4）探究与重演知识（KER）：教师能用学生可理解的方式，引导学生对数学知识的历史根源进行探究与重演的知识。

（5）表征与关联知识（KRC）：教师能进行基于数学史的多种表征形式，并可以在不同表征之间进行互相关联的知识。

（6）编题与设问知识（KPP）：教师能进行基于数学史材料的问题提出，并能在问题提出的基础上编制试题的知识。

（7）评估与决策知识（KAD）：教师能评估数学史料的适切性，并决策后续教学策略的知识。

(8)判断与修正知识(KJR)：教师能判断基于数学史的数学材料的质量，并根据教学需要进行修正的知识。

(9)解决与运用知识(KSA)：教师能够结合数学史解决学生提出的相关问题，并能运用数学史料解决当前的数学问题的知识。

该内涵成分和齐春燕(2018)最大的区别，是多了选择与引入知识、比较与设计知识，以及重演知识、运用知识。此外，其他的知识点笔者也根据西藏职前初中数学教师的实际情况分别做了修改、拆分、重组和扩充，比如说第九个知识成分“解决与运用知识”，其中“解决知识”是和运用重组的，而“运用知识”则是根据实际的教学情况扩充得来的。PT－HSCK 划分为九大知识成分的具体内容如表 4－5 所示。表 4－5 可以转化为一个九边形内涵框架，如图 4－5 所示。

表 4－5　PT－HSCK 成分及其内涵划分

成分	内涵	举例
选择与引入知识(KSI)	教师从数学史的视角，结合西藏学生的实际情况，选择合适的数学史及基于数学史的数学教学材料并引入课堂的知识	我国古代藏族人民对数域发展或平行线判定的贡献
比较与设计知识(KCD)	教师能在选定的针对西藏初中数学课堂的材料中，从数学史的视角，结合数学教学知识，设计教学材料的知识	基于古代藏族数学家的相关贡献设计与无理数或平行线判定有关的教学素材
回应与解释知识(KRE)	教师在引入新概念和概念间的关系时，从数学史视角回应学生的提问或见解，满足其好奇心，引导其对数学史产生兴趣，结合数学史解释学生的疑问或困惑的知识	无理数与有理数的区别是什么?
探究与重演知识(KER)	教师能用学生可理解的方式，引导学生对数学知识的历史根源进行探究与重演的知识	无理数曾经引起了数学危机，为什么? 数学家又是怎样克服的?
表征与关联知识(KRC)	教师能进行基于数学史的多种表征形式，并可以在不同表征之间进行互相关联的知识	$\sqrt{2}$的几何表征形式是什么?
编题与设问知识(KPP)	教师能进行基于数学史材料的问题提出，并能在问题提出的基础上编制试题的知识	开方根符号的历史来源是什么?

续表

成分	内涵	举例
评估与决策知识(KAD)	教师能评估数学史料的适切性,并决策后续教学策略的知识	学生对无理数概念的引入存在迷思,采用无理数发现的历史进行教学是否合适?
判断与修正知识(KJR)	教师能判断基于数学史的数学材料的质量,并根据教学需要进行修正的知识	希帕斯发现$\sqrt{2}$的历史是否属实?是否需要修正?
解决与运用知识(KSA)	教师能够结合数学史解决学生提出的相关问题,并能运用数学史料解决当前的数学问题的知识	教材中是通过反证法来证明$\sqrt{2}$是无理数的,你能采用别的方法进行证明吗?

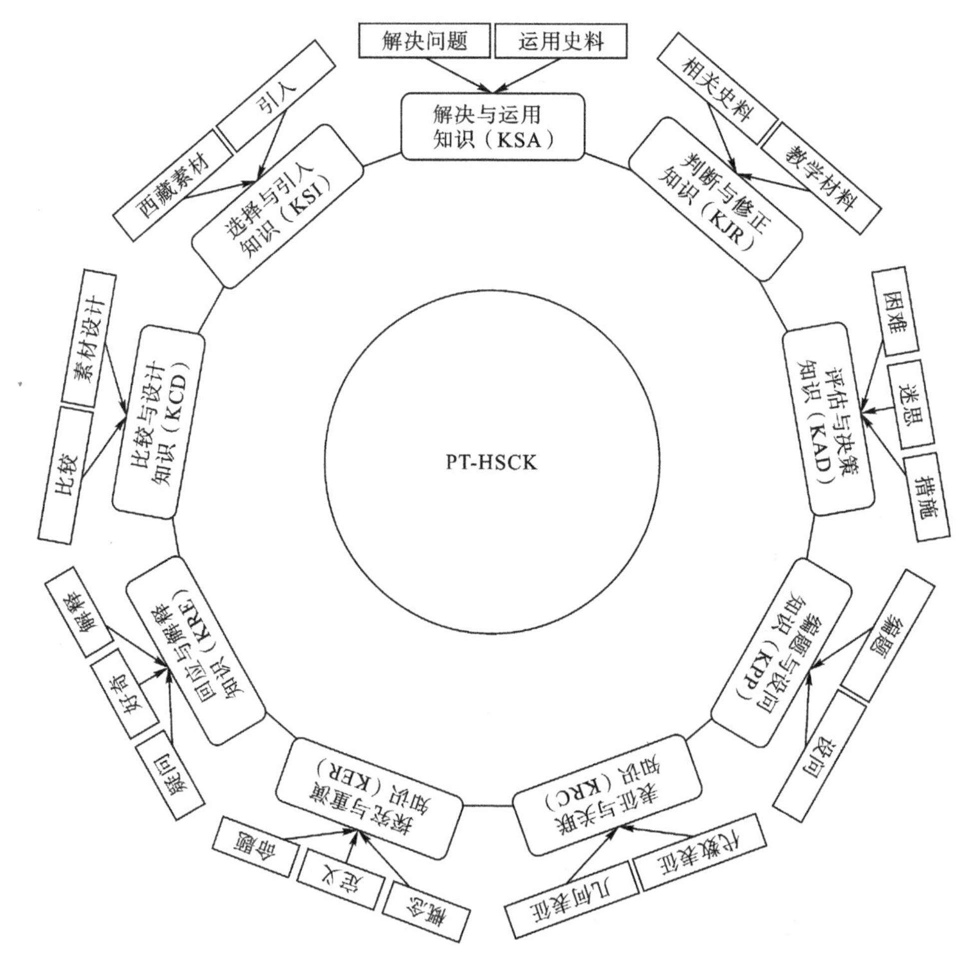

图 4-5 PT-HSCK 的九边模型

PT - HSCK 九边形模型的理论基础跟 Ball、Bair 以及齐春燕等人的研究是一脉相承的，但因研究对象实际情况不同，而使得成分划分和水平划分有所不同。

4.4 PT - HSCK 的五级水平划分

笔者在现状调查时发现，有些西藏职前初中数学教师的数学史知识相对比较薄弱，在随机访谈中，也有相当比例的人没有听说过希帕斯发现的$\sqrt{2}$故事，也说不出来笛卡儿的相关情况。此外，不同的人选择数学史料的版本或融入的方式也存在一定的差异，所以在课堂上所起到的效果也就不尽相同。由于不同的个体学习方式和学习策略本身也存在着很大的差异，因此他们在选择可用的数学史融入数学教学时，也存在着一定的差异。

因此对 PT - HSCK 九种基本知识成分进行水平划分，是十分必要的。Ball、Thames 和 Phelps(2008)以及 Ball 团队的后续研究中，主要针对的研究对象是小学生，而且他们针对 SCK 的测量没有给出具体的水平划分。Bair 和 Rich(2011)利用扎根理论针对 SCK 划分了四个知识成分及其相应的五种等级水平标准。黄友初(2014)则对 Ball 团队提出的 SCK 内涵进行了新的诠释，并给出了五级水平划分标准。齐春燕(2018)又针对高中数学教师进行了六个知识成分的四级水平划分的界定。

为此，笔者结合已有相关文献研究和根据模糊 Delphi 法的筛选(*E* 指标)，对 PT - HSCK 的九种知识成分进行了五级水平划分，详细内容如表 4 - 6 所示。

表 4-6 PT-HSCK 九种知识成分水平划分表

成分	水平 1	水平 2	水平 3	水平 4	水平 5
选择与引入知识(KSI)	对数学史或数学家的知识了解程度很有限，无法形成教学素材	知道如何选择数学史素材，但对引入过程不熟悉	知道如何选择数学史素材并熟练地引入，但引入角度不合理	知道如何选择数学史素材并熟练地引入，引入角度合理	知道如何选择数学史素材并熟练地引入，引入角度与时机合理，并且具有民族独特性
比较与设计知识(KCD)	无法辨别数学史相关知识的真伪	能辨别数学史相关知识的真伪，并能综合使用素材	能合理选择相关的数学史料，具有数学史素材设计思维	能合理选择相关的数学史料，具有数学史素材设计的思维与能力	能合理选择相关的数学史料，具有数学史素材设计的思维与能力，并能形成基于数学史的可用素材，凸显多元文化融合
回应与解释知识(KRE)	对数学史或数学本身的知识很有限，无法对学生做出有效回应	了解相关数学史，自身数学知识水平尚可，只能满足学生好奇心，但不能结合数学史解释学生的任何疑问或困惑	了解相关数学史，自身数学知识水平较高，能结合数学史解释学生的部分疑问或困惑	能从数学史视角回应学生的提问或见解，但解释得不是很全面	不但能从数学史视角回应学生的提问或见解，而且解释得全面到位，能结合民族特色
探究与重演知识(KER)	不能用任何数学史料引导学生对数学知识进行探究与重演，对数学知识本质理解得不到位	能用学生难于理解的数学史料引导学生对部分数学知识进行探究与重演，对数学知识本质理解得不深刻	能用学生难于理解的数学史料引导学生对所有数学知识进行探究与重演，对数学知识本质理解尚可	能用易于学生理解的数学史料引导学生对部分数学知识进行探究与重演，对数学知识本质理解到位	能用易于学生理解的民族数学文化和数学史料情景，引导学生对所有数学知识进行探究与重演，对数学知识本质理解深刻且到位

续表

成分	水平 1	水平 2	水平 3	水平 4	水平 5
表征与关联知识(KRC)	表征形式不熟练或无法进行清晰的关联	表征形式不熟练,能给出单一表征,能进行关联	表征形式一般,能进行浅层次关联,能给出代数表征和几何表征,但不能相互转化	表征形式熟练,能进行关联,不但能给出代数表征和几何表征,而且能进行简单的代数表征和几何表征之间的相互转化	表征形式很熟练,能进行深层次关联,不但能给出复杂代数表征和几何表征,而且能进行复杂的具有民族数学文化的代数表征和几何表征之间的相互转化
编题与设问知识(KPP)	能基于数学史料提出浅层次简单问题,在提出问题的基础上只能编制改变数字的试题	能基于数学史料提出简单问题,往往是一些易于解决的问题,在提出问题的基础上能编制改变条件和数字的试题	能基于数学史料提出符合大纲要求且难易适中的问题,在提出问题的基础上能编制改变条件、数字和结构的试题	能基于数学史料提出符合大纲要求、难易适中且具有数学文化背景的问题,在提出问题的基础上能编制改变条件、数字和结构且具有数学文化背景的试题	能基于数学史料随机提出多种所需要的具有特定民族数学文化背景的问题,在提出问题的基础上能编制改变条件、数字、结构和情景且具有民族独特性的数学文化背景的试题

续表

成分	水平 1	水平 2	水平 3	水平 4	水平 5
评估与决策知识(KAD)	不能评估融入数学史料后,课堂教学是否适合学生;不能决策后续教学策略	只能评估附加和复制式低层次融入数学史料后,课堂教学是否适合学生;不能全面决策后续教学策略	只能评估附加和复制式低层次融入数学史料后,课堂教学是否适合学生;可以通过补充相关知识,全面决策后续教学策略	能评估附加、复制、顺应以及重构式高层次融入数学史料后,课堂教学是否适合学生;可以通过补充相关知识,全面决策后续教学策略	能评估附加、复制、顺应以及重构式高层次融入数学史料后,课堂教学是否适合学生;可以全面决策后续教学策略,且能选择一种培养学生创新能力的教学策略,同时该策略具有民族特色
判断与修正知识(KJR)	不能判断基于数学史的数学材料的质量,也不知道如何在修正后融入课堂,只按照课本进行授课	能判断基于数学史的数学材料的质量,但不知道如何在修正后融入课堂,只是利用附加和复制方式融入课堂	能判断基于数学史的数学材料的质量,知道如何在修正后融入课堂,能利用顺应和重构方式融入课堂	能判断基于数学史的数学材料的质量,知道如何在修正后融入课堂,能按照教学大纲意图利用多种方式融入课堂,并且根据具体情况调整教材顺序	能判断基于数学史的数学材料的质量,知道如何在修正后融入课堂,能按照教学大纲意图利用多种方式融入课堂,并且根据具体情况调整教材顺序、根据民族地区特殊性修正教学大纲

续表

成分	水平 1	水平 2	水平 3	水平 4	水平 5
解决与运用知识(KSA)	能用一种方法解决问题,但不能很好地运用	能用多种方法解决问题,但不能很好地运用	能用多种方法解决实际问题,能进行简单运用,但不能总结规律	能用多种方法解决实际问题,能进行多元运用,能总结规律	能用多种方法解决实际问题,能进行多元运用,能总结规律,能重构历史;特别能运用民族文化情景选择易于学生理解的解决问题的方法

4.5 HPM 干预框架

按照"数学史—数学史融入数学教学—立德树人"主线，已建立的 HPM 理论：一种视角、两座桥梁、三维目标、四种方式、五项原则和六类价值。根据已有 HPM 理论及四个维度的 HPM 课例评价框架（沈中宇 等，2017），遵循教育理念的自下而上到自上而下的实践检验意义而建立本书的 HPM 干预框架，其中 HPM 的干预阶段根据模糊 Delphi 法的筛选（*C* 指标）划分为史料阅读、HPM 讲授以及 HPM 教学设计三个阶段，具体干预框架如图 4－6 所示。

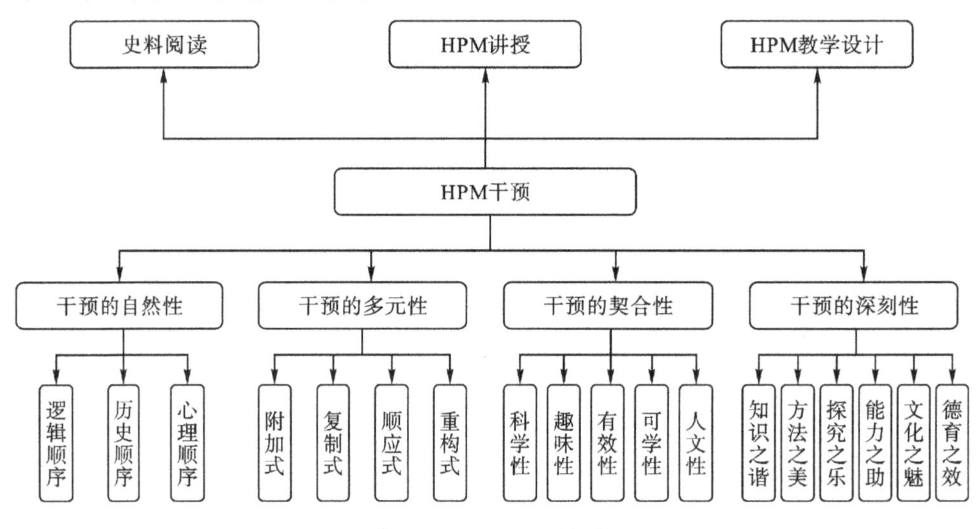

图 4－6　HPM 干预框架

根据模糊 Delphi 法的筛选（*B* 指标），本书选定无理数的概念、二元一次方程组、平行线的判定、平面直角坐标系、全等三角形应用以及一元二次方程（配方法）六大知识点，根据干预要素、具体指标以及对应知识点形成具有针对性的 HPM 干预框架指标体系，如表 4－7 所示。

表 4 - 7　HPM 干预的具体指标体系

项目	干预要素	具体指标	对应知识点
HPM 干预	史料阅读	选取符合西藏职前数学教师易于接受的数学史料，实施史料阅读阶段干预	无理数的概念、二元一次方程组、平行线的判定、平面直角坐标系、全等三角形应用、一元二次方程（配方法）
	HPM 讲授	结合西藏高校培养计划，围绕知识点教材内容分析、无理数相关教学设计研究、史料运用方式以及凸显教育价值等方面实施 HPM 讲授阶段干预	
	HPM 教学设计	从西藏初中数学教学实际出发，按照教学设计的各环节实施 HPM 教学设计阶段干预	
干预的自然性	逻辑顺序 历史顺序 心理顺序	HPM 干预要自然发生，突出表现在 HPM 视角下的数学课堂应该是顺其自然地进行，不生搬硬套，随意添加不利于理解数学本质的超纲内容。力求课堂教学次序符合西藏学生认知规律，既要符合知识点的逻辑顺序，也可以重构历史顺序，最终要和西藏初中生的认知顺序有机结合起来，逻辑顺序、历史顺序以及心理顺序三者相互依存、相辅相成，形成三者统一的有机体，充分体现 HPM 理论的两座桥梁作用，这也是 HPM 干预的总体要求	无理数的概念、二元一次方程组、平行线的判定、平面直角坐标系、全等三角形应用、一元二次方程（配方法）
干预的多元性	附加式	数学家的故事、知识点的历史、无理数的由来、平行线符号的演变、数学故事、不同国家配方法的几何解法等	无理数的概念、平行线的判定、平面直角坐标系、全等三角形应用、一元二次方程（配方法）

续表

项目	干预要素	具体指标	对应知识点
干预的多元性	复制式	不可公度证明、四大历史名题、思想方法等	无理数的概念、二元一次方程组
	顺应式	四大历史名题改编，坦纳里、希思和贝里推算轮船到海岸距离历史材料的改编，泥版 BM13901、YBC 6967 以及花拉子米的几何解法	二元一次方程组、全等三角形应用、一元二次方程(配方法)
	重构式	无理数的探究、平行线判定的探究、一维到二维的探究	无理数的概念、平行线的判定、平面直角坐标系
干预的契合性	科学性	史料来源可靠、真实有效，没有无中生有，也没有数学上的错误	无理数的概念、二元一次方程组、平行线的判定、平面直角坐标系、全等三角形应用、一元二次方程(配方法)
	趣味性	史料涉及数学背后的故事，不是为了讲美(有趣)而讲美	
	有效性	史料能够符合数学三维目标的要求，不是为了讲用(有用)而讲用	
	可学性	史料通俗易懂，符合西藏学生的认知基础，有利于理解数学本质	
	人文性	史料能够凸显人文价值，数学背后的人文元素明显	
干预的深刻性	知识之谐	能揭示无理数的概念、二元一次方程组以及平面直角坐标系等数学主题的发展过程，引导学生理解数学本质	无理数的概念、二元一次方程组、平面直角坐标系
	方法之美	能够利用古今不同的数学思想、方法发散拓展学生思维，体现不同方法的不同思维	平行线的判定

续表

项目	干预要素	具体指标	对应知识点
干预的深刻性	探究之乐	能依据无理数的概念、平行线的判定、平面直角坐标系、全等三角形应用、一元二次方程(配方法)的数学史料,为学生创设具有历史情境的多维度探究机会,最大可能让学生积累更多的数学活动经验,亲自体验知识的来龙去脉	无理数的概念、平行线的判定、平面直角坐标系、全等三角形应用、一元二次方程(配方法)
	能力之助	能够以数学核心素养为导向,尤其在培养学生的几何直观、逻辑推理、解决实际问题以及运算能力上有所帮助	二元一次方程组、全等三角形应用、一元二次方程(配方法)
	文化之魅	能借助数学史架设与人文的桥梁,用让文化扎根数学知识来让学生感受不同国家文化蕴含的多元性数学文化	无理数的概念、二元一次方程组、一元二次方程(配方法)
	德育之效	能以真实的数学史料反映知识点曲折的产生过程,在培养学生理解知识点背后的学科德育方面有成效	无理数的概念、平行线的判定、平面直角坐标系、全等三角形应用

第5章　干预前现状与态度调查研究

为使本研究内容和目标更具有针对性，摸清西藏职前初中数学教师相关现状与短板，寻找提升基于数学史的专门内容知识水平更有效的方法，为西藏职前初中数学教师教育培养方案补充新的理论和实践基础，本书在开展西藏职前初中数学教师基于数学史的专门内容知识研究之前，先对西藏数学史融入数学教学的现状和态度以及 PT－HSCK 的现状进行了调查研究，作为研究西藏职前初中数学教师基于数学史的专门内容知识的重要基础工作，力求使本书研究更具有理论和实践意义。

5.1　西藏数学史融入数学教学的现状与态度

在中国知网上，关于数学史融入数学教育的文献很多，但是笔者翻阅关联度比较高的前十几个页面，发现只有寥寥数篇论文有针对性地谈论到西部地区的初中数学教育。例如王鑫义(2017)强调了甘南藏区的中学数学课堂教学中更应融入数学史知识。吴登文(1997)就西部地区的现状，重点谈了西部地区中学数学教材的改革以及议程的设置问题，提出了教材中要安排教学思想方法、数学史的想法。陈碧芬(2010)认为要提高西藏数学教师的专业素质，促进教师学科教学知识的发展就显得十分重要，其以拉萨市城关区藏族初中数学教师(其教学对象为藏族学生)为研究对象，就如何促进教师学科教学知识有效发展进行研究。

这些论文有一个共同的问题没有解决，就是没有对西藏初中阶段数学史融入数学教学的现状和态度进行调查研究。因此，为了有针对性地摸清西藏初级中学阶段数学史融入数学教学的实际情况，笔者对西藏七地市初级中学的教师、学生以及西藏职前数学教师进行了抽样调查。

5.1.1　西藏数学史融入数学教学现状的调查

笔者参考了袁锁盘(2016)的研究成果,本想借鉴其中的问卷,后来发现扬州和西藏的地域差异性太大,于是笔者设计了针对西藏的初中数学教师的问卷。具体问卷内容分别见附录 1(西藏初中阶段数学史融入数学教学现状问卷(学生用))和附录 2(西藏初中阶段数学史融入数学教学现状问卷(教师用))。因为抽样得法,师生配合,附录 1 和附录 2 的抽样样本都是有效样本。

通过对学生与教师的现状调查可以发现,西藏数学史融入数学教学的现状不容乐观。针对附录 1(西藏初中阶段数学史融入数学教学现状问卷(学生用)),将“非常不同意”“不同意”“没意见”“同意”“非常同意”五个程度分别用数字 1、2、3、4、5 量化。附录 1 中的 15 个问题,都是根据被调查的几所学校的教学大纲并与任课教师相互沟通后而定的,比如说数学家笛卡儿的数学故事和直角坐标系的发现史、二元一次方程组相应的数学史知识、平行线的判定相应的数学史知识以及无理数的发现史等。附录 1(西藏初中阶段数学史融入数学教学现状问卷(学生用))的调查结果如表 5－1 所示。

表 5－1　初中学生现状调查的均值

问题	1	2	3	4	5	6	7	8
均值	2.34	1.98	1.23	2.06	1.56	1.76	2.21	1.47
问题	9	10	11	12	13	14	15	
均值	3.23	3.11	3.87	4.27	3.56	4.33	4.09	

数据表明,针对前 8 道题目,学生普遍打分较低。前 8 道题目中均值最高的是第 1 道题“老师讲课所准备的数学史内容丰富多样”,但均值也仅 2.34 分;其次是第 7 道题“为了更好地理解直角坐标系,老师的教学融入了笛卡儿的数学故事”,均值为 2.21 分;再次是第 4 道题“我熟悉二元一次方程组相应的数学史知识”,均值为 2.06 分;最低是第 3 道题“我熟悉平行线的判定相应的数学史知识”,均值仅为 1.23 分。这实际上表明,在这些被调研的学校中,数学史融入数学教学并不普遍,尤其像平行线的判定这样需要简单说理的知识点,大部分没有进行由距离相等到角相等这样的探究。由于这些学校在西藏具有一定的代表

性，因此可以了解到整个西藏的初中阶段的数学史融入数学教学的现状并不乐观。数学课本上既定的数学史内容，学生认为相对偏少，数学史融入数学教学在课堂上也只是偶尔才会出现，即便有一两次，融入数学史的方式也多为最简单的附加式和复制式。

而对于剩余的 7 道题目，学生的评分则显著性地高于前 8 道描述性的问题。其中，最高分是第 14 道题“老师融入数学史的呈现方式，加深了我对数学知识点的理解”，均值为 4.33 分；其次为第 12 道题“老师融入数学史的课堂气氛很活跃”，均值为 4.27 分；再次是第 15 道题“我了解了数学家对学习的态度之后，我觉得我对学习数学更有信心了”，均值为 4.09 分；最低为第 10 道题“无理数的发现过程有助于我掌握无理数的概念”，均值为 3.11 分。

上述题目回答的差异性都比较合理，因此在表中没有列出标准差的大小。标准差最大的是“我了解了数学家对学习的态度之后，我觉得我对学习数学更有信心了”这一题的回答，说明关于这一题，学生的回答差异性最大；经过深入访谈后得知，个别班级的学生深刻理解了数学家的学习态度，个别班级的学生则完全忽略数学家的学习态度，这是导致差异性的原因。标准差最小的是“我熟悉平行线的判定相应的数学史知识”这一题的回答，其对应均值也仅为 1.23；访谈发现，几乎所有的初中学生都反映，大部分数学教师在课堂上没设计过这部分内容，自己也没有主动试图去了解过。

这些论述性的问题均值显著高于描述性的题目，实际上表达了一种愿望，即学生对数学史融入数学教学的愿望。学生们虽然接受的数学史融入数学教学不多，但就是这有限的数学史融入数学教学，也令他们觉得自己通过数学史可以活跃课堂气氛，可以提升自己的注意力，可以增加数学学习效率，从而可以增强学习数学课程学习的效果。甚至有一部分学生认为，数学教学中融入数学史，使得他们对数学学习产生了不同的见解，也不再认为其是枯燥无味的。

针对附录 2(西藏初中阶段数学史融入数学教学现状调查表(教师用))，采用同样的方法，将“非常不同意”“不同意”“没意见”“同意”“非常同意”五个程度分别用数字 1、2、3、4、5 量化。附录 2 中的 15 个问题，也是根据被调研的几所学校的教学大纲并与任课教师相互沟通而定的。在这 15 个问题中，第 1～10 道题，是描述性的题目，如“我了解我国古代数学在数学史上的贡献”这一类；第 11～15 道题，是论述性的题目，如“我觉得自己可以把握数学史融入数学的课堂教学”这一类。它们的区别主要在于是否还需要后续深入访谈进行了解，前者“我了解……”类题目基本不需要再访谈，而后者“我觉得……”类题目则一般需要再访谈。附录2(西藏初中阶段数学史融入数学教学现状调查表(教师用))的量化结果如表5-2所示。

表5-2　初中阶段在职教师现状调查的均值

问题	1	2	3	4	5	6	7	8
均值	2.71	1.33	1.35	2.43	1.72	1.61	1.87	2.17
问题	9	10	11	12	13	14	15	
均值	2.98	2.01	4.76	4.01	3.02	3.83	4.39	

数据表明，针对前10道描述性的题目，教师自我评分普遍较低。前10道题目中均值最高的是第9道题“我了解我国古代数学在数学史上的贡献”，但均值也仅2.98分，随机访谈了几位数学教师，发现他们其实并不真正了解我国古代数学在数学史上的贡献，知道得比较多的都是一些比较常见的数学史，并没有深入地理解数学史本身的内涵以及可以用在课堂的数学史；其次是第1道题“我了解无理数名称的由来并融入了课堂”，均值为2.71分；再次是第4道题“我了解平面直角坐标系的发展史并融入了课堂”，均值为2.43分；最低是第2道题“我了解二元一次方程组的相关历史名题并融入了课堂”，均值仅为1.33分。这实际上表明，在这些被调研的学校中，数学教师的数学史修养普遍不算高，对于一些数学家笛卡儿、欧几里得以及高斯等的贡献了解得并不多；对于一些定理或命题的来龙去脉也了解得甚少，比如平行线的判定相关的定理或命题；还有对一些知识学习的必要性也思考得比较少，比如二元一次方程组、平面直角坐标系以及无理数的概念学习的必要性等；对于一些著名的数学发现或事件也没有系统了解过，比如第一次数学危机与无理数的关系等；对一些历史名题也没有进行探究过，比如二元一次方程组学习的历史四大名题。

而对于剩余的5道论述性问题，数学教师的评分则显著高于前10道描述性的问题。其中，最高分是第11道题“我觉得自己不注重数学史素养的提升”，均值为4.76分，这是可以想象、可以接受的，西藏中学数学教师普遍觉得自己不注重数学史素养的提升，认为自己在这方面花得时间太少，究其原因，主要是没有接触过相应的HPM理论知识，怕驾驭不好课堂教学。其次为第15道题“我觉得自己不能很好地把握数学史融入数学的课堂教学”，均值为4.39分，这似乎与得分排第一的第 11 道题是相一致的，如果不注重数学史素养的提升，就不能很好地把握数学史融入数学的课堂教学，除非进行 HPM 相关理论的培训，他们才会完全有信心去驾驭，也才有把握在课堂上进行利用。再次是第 12 道题“我觉得我融入数学史的课堂教学学生很喜欢”，均值为 4.01 分，这源于数学教师的观察和体会，他们在讲授数学史的相关内容时，发现学生的表情和积极性与证明数学定理时明显不一样，融入数学史明显效果要好得多。最低为第 13 道题“我觉得目前所采用的教材中数学史的内容偏少”，均值为 3.02 分，这表明中学数学教师对目前所采用的教材还是有些不同的看法的。

上述题目回答的差异性都比较合理，因此在表中没有列出标准差的大小。“我了解平面直角坐标系的发展史并融入了课堂”，这一题的标准差最大；经过深入访谈后得知，不同的数学教师对平面直角坐标系的发展史融入数学教学的驾驭能力完全不同，导致有些教师积极地了解数学史并融入自己的课堂，有些教师则没有；不过，这很可能与数学教师是否接触过 HPM 相关理论有关。“我了解二元一次方程组的相关历史名题并融入了课堂”这一题的标准差最小，其均值仅为 1.45；访谈发现，几乎所有被调研的初中数学教师都一致认为二元一次方程组的知识点没什么数学史可以被融入，显然他们至少忽略了凸显能力之助、探究之乐和德育之效的教育价值。

调查发现，论述性的问题均值显著高于描述性的题目，实际上也表达了一种愿望，也就是西藏初中数学教师对于数学史融入数学教学可以提高学生理解数学知识能力的愿望。目前的现状究其原因只是由于对 HPM 理论缺乏系统的了解，一旦 HPM 走进西藏，许多现状都会有所改变。

5.1.2 西藏在职初中数学教师态度的调查

经过针对学生与在职数学教师的问卷实测与访谈，结果表明，提升职前数学教师数学史教育以及基于数学史的专门内容知识的重要性和必要性。但从另一方面来看，改革或改进都不能是单方面一厢情愿的。表面上看，西藏的中学师生确实都缺乏数学史的素养，但不能仅仅因为他们缺乏数学史的素养就觉得他们需要提升数学史的素养，这样是不合理的。因此，在针对目前西藏在职数学教师的教学内容与方式提出改革建议或意见之前，笔者还必须知道西藏在职初中数学教师的数学史融入数学教学态度。

为了调查这一态度，笔者针对西藏在职数学教师和职前数学教师编制了“西藏初中阶段数学史融入数学教学态度问卷”作为附录 3。该问卷仍然采用前文同样的方法，将“非常不同意”“不同意”“没意见”“同意”“非常同意”五个程度分别用数字 1、2、3、4、5 量化。附录 3 中的 15 个问题，也是根据被调研的几所学校的教学大纲并与任课教师相互沟通而定的。在这 15 个问题中，第 1 ~ 8 道题，是描述性的题目，如“我觉得在介绍数学家的时候，可以增强教学效果”这一类；第 9 ~ 15 道题，是论述性的题目，如“目前的数学师范类专业教育应该在数学史融入数学教学内容方面做实质性的调整”这一类。它们的区别如前所述，即主要在于是否可用于后续的深入访谈，前者基本不需要再访谈，而后者一般需要。附录 3(西藏初中阶段数学史融入数学教学态度问卷)的量化结果如表 5 - 3 所示。

表 5 - 3　初中阶段在职教师态度调查的均值

问题	1	2	3	4	5	6	7	8
均值	3.43	3.83	4.36	4.11	3.72	3.61	4.07	4.13
问题	9	10	11	12	13	14	15	
均值	3.98	3.72	3.27	4.33	4.12	4.53	4.27	

数据表明，针对前 8 道描述性的题目，被调研的初中数学教师普遍打分在中等偏上水平，均值最高的是第 3 道题“我觉得在介绍数学家的时候，可以活跃教学气氛”，均值为 4.36 分；其次是第 8 道题“我觉得多介绍中国古代数学家，能提升学生的爱国主义情操”，均值为 4.13 分；再次是第 4 道题“我觉得在介绍数学定理历史的时候，可以活跃教学气氛”，均值为 4.11 分；最低是第 1 道题“我觉得数学史非常重要”，均值仅为 3.43 分。这实际上表明，在这些被调研的学校中，数学史融入数学教学特别是中学数学教学的可操作性和意义还是被多数中学数学教师认可的。被深入访谈的数学教师认为，目前数学史的内容他们既愿意多讲授一点又不敢讲授太多，主要原因是对于 HPM 相关理论了解得不多，没有过硬的驾驭能力。如果数学教师接受了相关 HPM 系统理论后真正在课堂实施，那么对学生参与学习的活跃程度与课堂效果的评估都会大有帮助，逐渐大多数数学教师都会愿意将数学史融入数学教学，发挥其真正的教育价值。

而对于剩余的 7 道论述性问题，初中数学教师的评分也是中等偏上，与前 8 道描述性的问题相比，差异并不显著。其中，最高分是第 14 道题“目前的数学师范类专业教育中完成数学教育工作所需要的数学知识结构不够合理”，均值为4.53分，也就是说，绝大多数被访谈的数学教师认为自己曾经受到的教育有所欠缺，对于自己接受的教育理念和知识结构也不太满意；其次为第12道题“我觉得数学师范类专业，专业课里应开设数学史料收集与应用的选修课或讲座”，均值为4.33分；再次是第15道题“目前的数学师范类专业教育应该在数学史融入数学教学内容方面做实质性的调整”，均值为4.27分；最低为第11道题“我觉得数学教材中，数学史内容的选择不合理”，均值为3.27分。

上述题目回答的差异性不大，因此在表中没有列出标准差的大小。“我觉得介绍中国古代数学家的时候，能增强民族自信心”这一题的标准差最大；经过访谈后得知，不同的学校对于数学教学改革的方式方法和侧重点不同，有些学校更加注重立德树人大背景下的数学学科德育渠道作用，主动渗透爱国主义教育，所以数学教师就对数学教材中的数学史所体现的德育价值考虑得更多；有些学校则更加注重立德树人大背景下的其他学科德育主渠道作用，所以主动渗透爱国主义教育就更加广泛，体现德育价值的效果就更好。“我觉得通过融入数学史的教学，可以提升数学教师的形象”这一题标准差最小，结合其均值3.61分可以发现，几乎所有被调研的初中数学教师都一致认为，通过数学史的教学，可以提升数学教师的形象。

调查发现，论述性的问题均值高于描述性的题目得分，这实际上表达了初中数学教师对数学史融入数学教学的愿望或期盼，更多地寄托于政策性的导向与大学职前数学教育专业课程的设置和引导。教师们虽然讲授的数学史内容不多，但学生的反馈已经让教师们看到了数学史融入日常数学教学活动的价值与意义。

5.2 西藏职前初中数学教师态度的调查

针对西藏职前初中数学教师的调查问卷施测的对象是就读于西藏高校的数学教育师范类专业初中数学教学方向大学生。针对这部分研究对象，笔者先利用附录3调查其当前对数学史融入数学教学的态度，再利用附录4调研其PT－HSCK的总体情况。前文曾经界定，职前初中数学教师指的是已经经过了一定时间的教师技能训练且已经进行过一些课堂教学实践的教师，但是他们并没有正式进入工作岗位，也没有经过岗前培训，是教师的“空白状态”；西藏职前初中数学教师特指数学教育师范类专业初中数学教学方向且面向西藏培养的“两免一补”类大学生。

针对西藏职前初中数学教师的数学史融入数学教学的态度、PT－HSCK的总体分析，采集的样本容量为307人。由于追踪及时、沟通良好，因此样本有效率达到了100％。

为了调查职前初中数学教师对数学史融入数学教学的态度，笔者编制了“西藏初中阶段数学史融入数学教学态度问卷”作为附录3。采用与前文同样的方法，将“非常不同意”“不同意”“没意见”“同意”“非常同意”五个程度分别用数字1、2、3、4、5量化。附录3中的15个问题，是根据被调研的几所学校的教学大纲和任课教师相互沟通而定的。在这15个问题中，第1～8道题，是描述性的题目，如“我觉得在介绍数学家的时候，可以增强教学效果”这一类；第9～15道题，是论述性的题目，如“我觉得数学教材中，数学史内容的选择不合理”这一类。它们的区别如前所述，即主要在于是否可用于后续的深入访谈，前者基本不需要再访谈，而后者一般需要。附录3(西藏初中阶段数学史融入数学教学态度问卷)的量化结果如表5－4所示。

表5－4　初中阶段职前数学教师态度的均值

问题	1	2	3	4	5	6	7	8
均值	4.56	3.64	4.02	4.51	3.14	2.77	3.04	4.21
问题	9	10	11	12	13	14	15	
均值	3.77	3.66	3.65	2.83	3.38	4.12	4.06	

数据表明，针对前8个描述性的题目，被调研的职前初中数学教师普遍打分较高，平均分最高是第1道题“我觉得数学史非常重要”，均值为4.56分；这种情况，跟在职初中数学教师完全相反，在职教师在这一题的评分，在论述题中最低。究其原因，是职前教师尚未正式进入教师岗位，对于教学还充满了憧憬，尚未体会到HPM视角下的数学教学对教师驾驭能力的要求相对较高。其次是第4道题“我觉得在介绍数学定理的历史的时候，可以活跃教学气氛”，均值为4.51，职前教师觉得这跟教学实践的场景是相匹配的。再次是第8道题“我觉得多介绍中国古代数学家，能提升学生的爱国主义情操”，均值为4.21分。最低是第6道题“我觉得通过融入数学史的教学，可以提升数学教师的形象”，均值仅为2.77。此外，职前初中数学教师对每个问题的回答的标准差相对较小，这说明职前教师的认识更趋于一致性。同时也表明随着数学史课程的逐渐被重视，在这些被调研的职前数学教

师中，数学史本身的重要性是得到一致认可的，而且数学史融入数学教学，特别是融入中学数学教学的可操作性和意义也被多数职前初中数学教师认可。

而对于剩余的7道论述性问题，被访谈的初中数学教师的评分则要高于前8道描述性的问题，但并不显著。其中，第14道题“目前的数学师范类专业教育中完成数学教育工作所需要的数学知识结构不够合理”，均值最高，为4.12分，也就是说，绝大多数被访谈的职前初中数学教师认为自己所受到的教育似乎不太适用，他们觉得“很多用不上”，可操作性差，对于自己接受的教育理念和知识结构也不太满意；其次为第15道题“目前的数学师范类专业教育应该在数学史融入数学教学内容方面做实质性的调整”，均值为4.06分；再次是第9道题“我觉得在中考的试题中，可适当增加数学史背景的考点”，均值为3.77分；最低为第12道题“我觉得数学师范类专业，专业课里应开设数学史料收集与应用的选修课或讲座”，均值为2.83分，而本题对应的方差是最高的，说明这一题的不一致性最高，且认同性最低，究其原因，是因为职前初中数学教师的自学能力、网络搜索能力、知识辨别能力等方面，都要超过在职数学教师，他们觉得很多东西自己可以通过网络搜索和自学就能掌握，而不需要学校给他们开设固定的课程或讲座。

上述各题目回答的差异性不大，因此在表中没有列出标准差的大小。“目前的数学师范类专业教育应该在数学史融入数学教学内容方面做实质性的调整”这一题的标准差最大；经过深入访谈后得知，不同的高校对于职前数学师范生培养方案中数学史融入数学教学内容方面的要求不一样，落实力度也不太一样。有些高校认为这是个人需要和自我修养的问题，即便学校培养计划没有明确要求，不开设相关课程或不开设讲座，自己也可以根据自己的意向来规划；但有些高校认为，学校应该在培养计划中明确要求，并开设一些课程或讲座，这样能起到更好的宣传与重视作用，有利于对教学内容方面进行实际性调整。“我觉得在介绍数学定理的历史的时候，可以增强教学效果”这一题标准差最小，结合其均值3.14则可以发现，几乎所有的被调研的职前初中数学教师都认为，数学定理融入相应的数学史内容，可以增强教学效果。

在职初中数学教师和职前初中数学教师两者相比较，职前初中数学教师在第1道题“我觉得数学史非常重要”上的评分要远远高于在职教师，这实际上也表达了职前初中数学教师对数学史重要性的高度认可，以及对于数学史融入数学教学的期望。此外，对于后7道论述性问题的得分方面，职前教师要都低于在职教师，这说明职前初中数学教师更倾向于从自身方面寻找问题，而不大寄希望于体制。

5.3　PT－HSCK 的现状调查

为了更好地解决研究问题，笔者针对研究对象的 PT－HSCK 进行了现状调查。由于抽样具有针对性，也就是说，笔者只针对数学类职前初中数学教师进行了抽样，因此，总体分析只做横向比较，而不做纵向比较（比如说教龄、学位以及职称等因素）。

为了实现水平分析的目的，笔者对西藏职前初中数学教师进行了现状测试，测试对象样本容量为 307 人，问卷为附录 4，由 30 道题组成，其中客观题 24 道，主观题 6 道。基于该问卷的研究对象九种知识成分对应的五级水平分布如表 5－5 所示。

表 5－5　PT－HSCK 各成分不同水平人数分布

成分	水平 1		水平 2		水平 3		水平 4		水平 5	
	人数	占比%	人数	占比%	人数	占比%	人数	占比%	人数	占比%
KSI	97	31.6	78	25.4	97	31.6	30	9.8	5	1.6
KCD	56	18.3	122	39.7	86	28.0	42	13.7	1	0.3
KRE	73	23.8	103	33.6	53	17.2	72	23.4	6	2.0
KER	79	25.7	143	46.6	44	14.3	37	12.1	4	1.3
KRC	47	15.3	156	50.8	47	15.3	55	17.9	2	0.7
KPP	77	25.1	136	44.3	77	25.1	15	4.8	2	0.7
KAD	121	39.4	36	11.7	121	39.4	26	8.5	3	1.0
KJR	103	33.6	116	37.8	57	18.5	28	9.1	3	1.0
KSA	126	41.0	131	42.7	36	11.7	14	4.6	0	0.0

从表 5－5 中可看出，307 名参与者的 PT－HSCK 中，九种知识成分所对应的维度水平大部分集中在中等偏下。通过与已有研究比较发现，KSI、KER、KPP、KAD、KJR 以及 KSA 这几种成分，实际上是跟专门内容知识息息相关的；职前初中数学教师的教学所特有的知识不足，加之还没有进行过系统的相关干预措施，是很难达到较高水平的原因之一。能达到水平 5 的寥寥无几，其中 KRE 算是最高的，但也仅有 6 人，占比只有 2.0%；KSI 和 KER 这两种成分分别为 5 人和 4 人，占比也不高。达到水平 4 的也不多，只有 KRE 和 KRC 成分的占比超过了 15%，最

低的是 KSA 成分，仅占比 4.6%。水平 3 算是中等水平，占比最高的是 KAD 成分，有 121 人，达到 39.4%；最低的则是 KSA 成分，有 36 人，占比只有 11.7%。

如图 5-1 所示，可以直观地看出九种知识成分和五种水平人数之间的对比。针对这 307 位西藏职前初中数学教师，KRC 成分的水平 2 是人数最多、占比最高的。究其原因，笔者认为这是因为职前数学教师的回答是基于自己的理解而不针对教学实践。比如说针对根号型无理数的几何表征与平行线判定的代数表征，多数参与的职前数学教师都能正确地给出某个答案(因为一题多解)。如图 5-2 所示，则是无理数的两种几何表征。

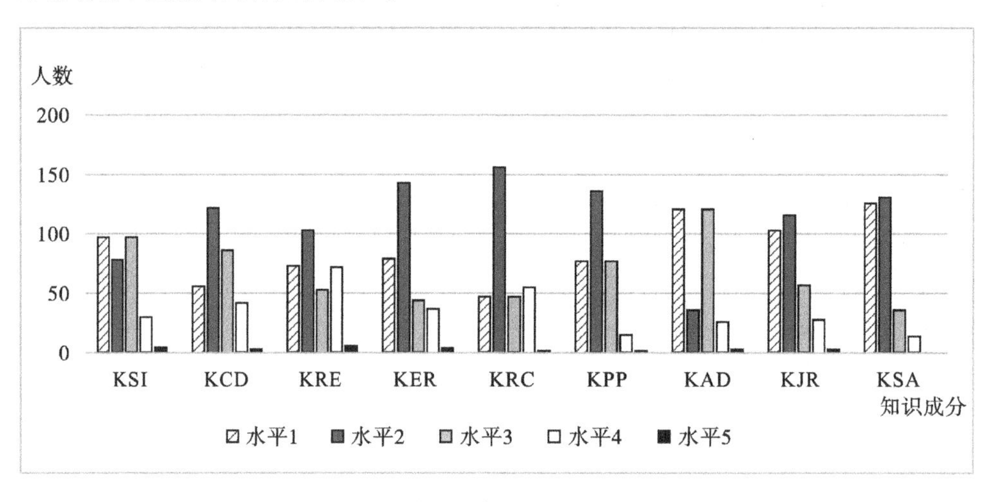

图 5-1　九种知识成分的五种水平直方图

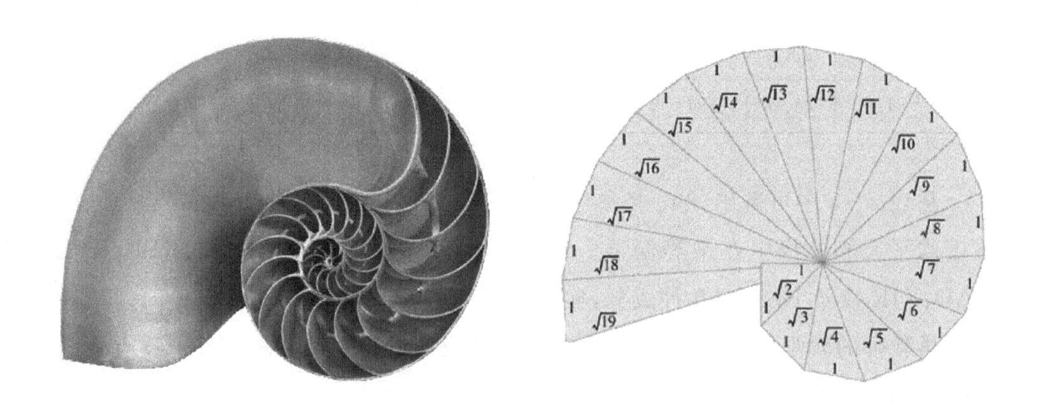

图 5-2　两种无理数的几何表征方式

而平行线判定的代数表征，由于参与的职前数学教师都知道将平面几何图形放置在直角坐标平面内，因此他们都能理解，如果两条直线或线段的斜率相同，则意味着他们是平行的，如图 5－3 所示。

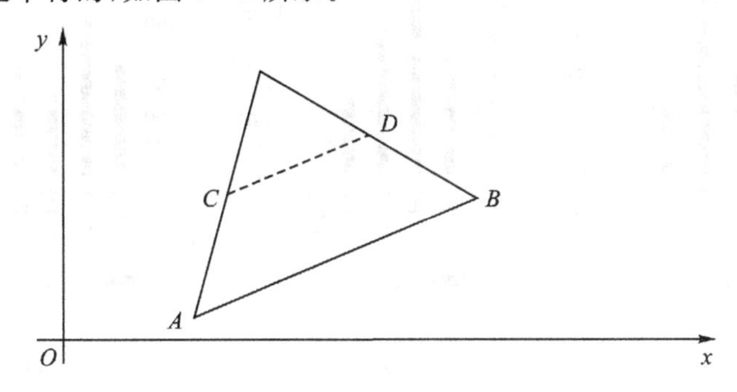

图 5－3　平行线判定的坐标化表征方式

也就是说，如果 AB 和 CD 所在的直线可以分别假设为

$$y_1=k_1x+b_1,\qquad y_2=k_2x+b_2$$

则线段 $AB//CD$ 就可以转化为 $k_1=k_2$，且 $b_1\neq b_2$。

在参与问卷调查的藏族职前数学教师中，有不少人还结合民族特色，从具体事物的角度来表征平行线，例如西藏建筑的外形或线条，如图 5－4 所示。

图 5－4　西藏建筑中无处不在的平行线

如图 5－5 所示，笔者将九种知识成分各自分开，针对每一种成分的五个水平做横向比较可以发现，任何一种知识成分，都不存在单调递增或递减的形态。其中，KCD、KER、KRC、KPP、KJR 和 KSA 的形态类似，都是在水平 2 达到最高峰，KSI 和 KAD 的形态类似，都是在水平 2 达出现第一个“波谷”；KRE 和 KRC 的形态类似，都是先增加，在水平 2 达到第一个高峰，然后递减，到水平 4 出现第二个“波峰”。

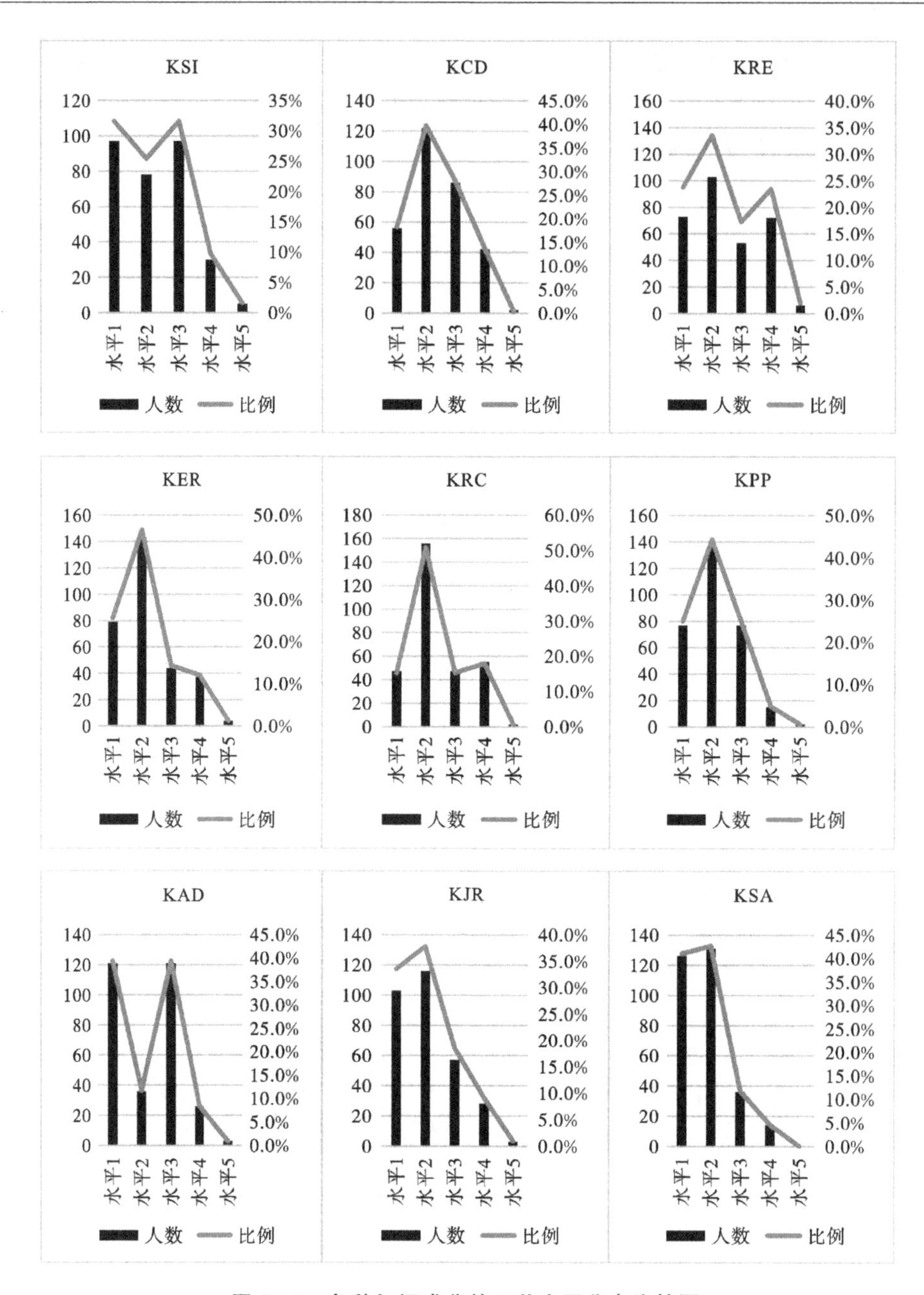

图 5-5 各种知识成分的五种水平分布比较图

以无理数的概念这一知识点为例，因为参与者都是职前初中数学教师，数学教学所特有的数学内容知识积累也不够，联系生活实际的想象力也不够丰富，导致大部分职前教师对于无理数相关问题的解决和应用都很不熟练，有些甚至不知道无理数还能如何被应用，而且证明非根号型无理数似乎也有点困难，比如关于圆周率 π 是无理数的证明，一些数学基础不好的职前初中数学教师，坦言不懂。而对于平行线的判定，很多参与者的应用都停留在实物上，似乎关于如何应用知识点和数学史都是两眼一抹黑，这其实主要体现了两种知识的匮乏：一是对数学史知识的匮乏，平行线的判定似乎没有人说得出来当初为什么而出现；二是对应用知识的匮乏，平行线说起来处处存在，但似乎都与几何应用关联不上。比如说，有参与者被调研完后补充问道："电线的架设算不算平行线的应用？"笔者回答说这当然算是一个应用，还举了一个轨道铺设的例子，如图 5－6 所示。

图 5－6　平行线的应用

如图 5－7 所示，笔者又将五种水平各自分开逐一进行分析，针对每一种知识成分做横向比较。由知识成分的五种水平分布比较图可以发现，针对任何一种水平，都不存在单调递增或递减的形态，且相互之间的差异较大。针对水平 1，占比最高的是 KSA 知识成分，最低的是 KRC 知识成分；针对水平 2，占比最高的是 KRC 知识成分，最低的是 KAD 知识成分；针对水平 3，占比最高的是 KAD 知识成分，最低的是 KSA 知识成分；针对水平 4，占比最高的是 KRE 知识成分，最低的是 KSA 知识成分；针对水平 5，占比最高的是 KRE 知识成分，最低的是 KSA 知识成分。

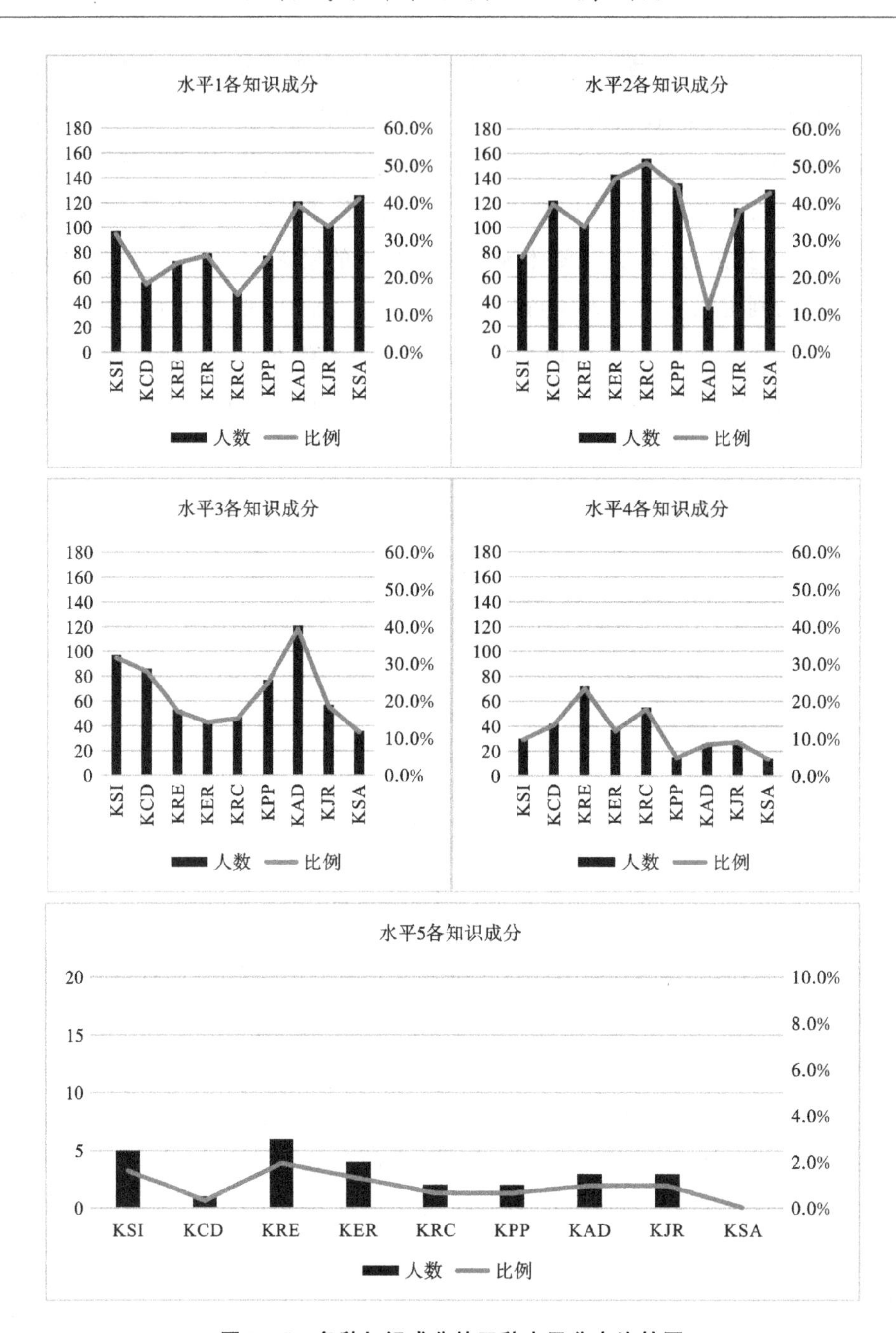

图 5－7　各种知识成分的五种水平分布比较图

为了更直观地呈现九种知识成分的整体累积水平，表 5－6 给出了 PT－HSCK 各成分不同水平人数的累积分布，图 5－8 则更直观地展示出了九种知识成分的五种水平累计人数的直方图。

表 5－6 PT－HSCK 各成分不同水平人数的累积分布

成分	水平 1		≤水平 2		≤水平 3		≤水平 4		≤水平 5	
	人数	占比%	人数	占比%	人数	占比%	人数	占比%	人数	占比%
KSI	97	31.6	175	57.0	272	88.6	302	98.4	307	100
KCD	56	18.2	178	58.0	264	86.0	306	99.7	307	100
KRE	73	23.8	176	57.3	229	74.6	301	98.0	307	100
KER	79	25.7	222	72.3	266	86.6	303	98.7	307	100
KRC	121	39.4	157	51.1	278	90.6	304	99.0	307	100
KPP	103	33.6	219	71.3	276	89.9	304	99.0	307	100
KAD	47	15.3	203	66.1	250	81.4	305	99.3	307	100
KJR	77	25.1	213	69.4	290	94.5	305	99.3	307	100
KSA	126	41.0	257	83.7	293	95.4	307	100	307	100

这样，可以更直观地看出各成分中不超过水平 3 的人数，或者说中等及以下水平的人数，KSA 成分的人数最多，累计达到了 293 人，占比为 95.4%；紧随其后的是 KJR 成分，累计为 290 人，占比为 94.5%；人数最少的是 KRE 成分，累计为 229 人，占比为 74.6%。

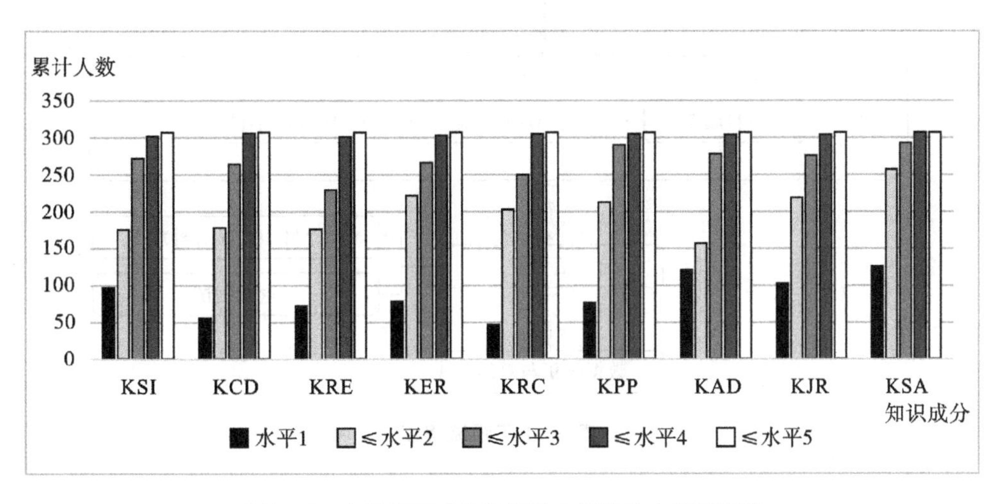

图 5－8　九种知识成分的五种水平累计人数直方图

第6章　职前初中数学教师的HPM干预

本章针对西藏职前初中数学教师，按照选定无理数的概念、二元一次方程组、平行线的判定、平面直角坐标系、全等三角形应用以及一元二次方程(配方法)六大知识点，根据HPM干预框架研究干预前后西藏职前初中数学教师基于数学史的专门内容知识的影响变化。具体HPM干预包括史料阅读、HPM讲授以及HPM教学设计三个阶段的干预，该干预主要是针对12名职前初中数学教师，借助笔者所在HPM团队已开发的相关HPM案例进行HPM干预研究，该干预的进行完全在HPM干预框架下具体实施，在12名参与者中，藏族6名、汉族6名。在研究对象的选择上，主要是选择了以后有意向从事初中数学教学的12名职前数学教师作为研究对象。

个案干预的流程如图6-1所示。

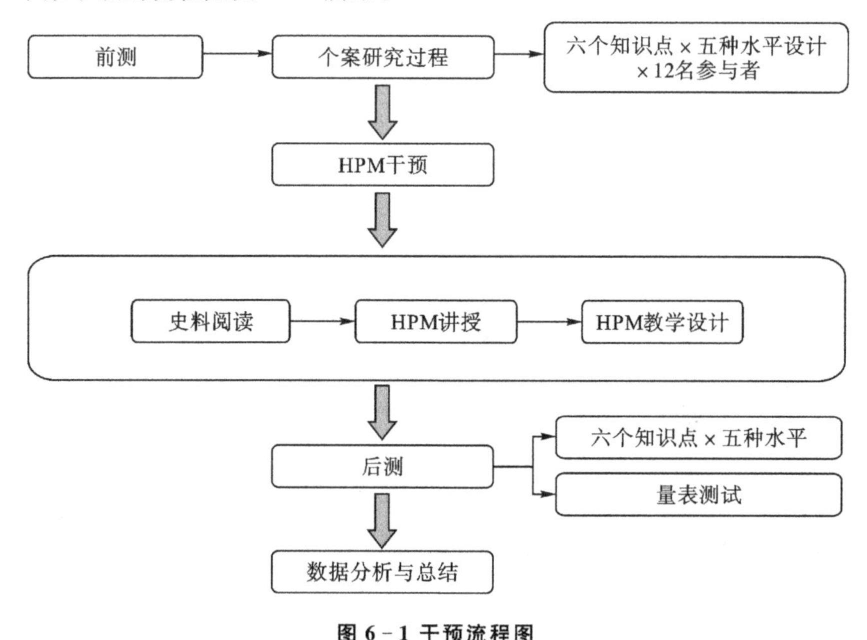

图6-1 干预流程图

6.1　HPM 干预的前期准备

根据本书的研究问题，笔者除了针对 12 名职前初中数学教师进行现状问卷调查之外，还进行了一对一的非正式访谈，重点是对 PT - HSCK 的理论框架内容进行了访谈。根据问卷前测和访谈的结果，将 12 名研究对象的 PT - HSCK 九个知识成分的五级水平分布定位如表 6 - 1 所示。

表 6 - 1　12 名参与者 PT - HSCK 成分划分与水平分布

成分	水平 1	水平 2	水平 3	水平 4	水平 5
KSI	Z2,H1	Z1,Z4,Z5,H3,H4	Z3,H2,H5	Z6,H6	无
KCD	Z1, H1	Z3,Z4,H3	Z2,H2,H4, H5,Z5,Z6	H6	无
KRE	H1	H2,H4,Z1,Z2,Z4,Z5	H3,H5,Z3	Z6	H6
KER	Z1,Z2, H1,H2	Z3,Z4,Z5,H3,H4,H5	无	H6,Z6	无
KRC	H1,Z1	H2,H3,H4,H5,H6, Z2,Z3,Z5,Z6	Z4	无	无
KPP	Z1	Z2,Z3,Z5,Z6,H1, H2,H3,H4	Z4,H5	H6	无
KAD	Z2	H1,H2,H3,H4 Z1,Z3,Z4,Z5	Z6,H5,H6	无	无
KJR	Z1,Z4,H1	H2,H3,H5,Z2,Z3,Z5	Z6,H4	H6	无
KSA	Z1,Z2,Z5	Z3,Z6,H1,H2,H3,H4	Z4,H5,H6	无	无

需要补充说明的是，H 表示汉族参与者，Z 表示藏族参与者，编号的规则是基于对数学史掌握的程度来定的，掌握程度越好，则编号越靠后。

从表 6 - 1 可以看出，12 名参与者中只有 H6 在 KRE 这个知识成分中达到了水平 5，除此之外，其他任何知识成分都没人达到最高水平；KSI、KCD、KRE、

KER、KPP、KJR 这六种知识成分，只有少数参与者能达到水平 4。

有鉴于此，笔者按照 HPM 干预流程先行准备了数学史料、HPM 相关的理论文献以及 HPM 教学案例。也就是说，在进行正式干预之前，笔者有目的地针对参加个案研究的西藏职前初中数学教师进行了相关流程规划，使得 HPM 干预的目的和价值凸显更加明确。HPM 干预前，笔者从 HPM 理论部分和 6 个知识点已有研究成果中选择具有代表性的相关文献进行分享，其中：有关 HPM 理论与应用的相关文献共计 10 篇，关于无理数概念的相关文献共计 8 篇、二元一次方程组的相关文献共计 6 篇、平行线判定的相关文献共计 5 篇、平面直角坐标系的相关文献共计 6 篇、全等三角形应用的相关文献共计 6 篇、一元二次方程（配方法）的相关文献共计 6 篇，详细文献资料目录表如表 6－2 所示。

表 6－2　干预前分享给研究对象的资料目录表

类别	文献名称	作者	年份
HPM 理论与应用的相关文献	A categorization model for educational values of the history of mathematics	Wang et al.	2017
	数学史与数学教育	汪晓勤	2014b
	HPM 与初中数学教师的专业发展——一个上海的案例	汪晓勤	2013
	HPM 的若干研究与展望	汪晓勤	2012
	初中数学教师 HPM 教学的个案研究	吴骏 等	2016
	数学史融入数学教学的实践：他山之石	吴骏 等	2014
	HPM 视角教师专业发展的研究与启示	蒲淑萍 等	2015
	教材中的数学史：目标、内容、方式与质量标准研究	蒲淑萍 等	2015
	数学史融入数学教学：意义与方式	彭刚 等	2016
	西藏初中数学教育现状调查与思考	黄燕苹 等	2012
无理数概念的相关文献	数学史对职前教师教学知识影响的质性研究——以无理数的教学为例	黄友初	2017
	初三学生关于无理数的信念的调查研究	庞雅丽 等	2009
	有理数、无理数与实数	王国俊	1998

续表

类别	文献名称	作者	年份
无理数概念的相关文献	刘徽关于无理数的论述	李继闵	1989
	怎样教好无理数	王红权	2018
	“实数的概念”:折纸、拼图中发现,计算、比较中建构	宋万言 等	2017
	初中生对无理数概念的理解	陈月兰 等	2008
	古代印度数系的历史发展	吕鹏 等	2018
二元一次方程组的相关文献	HPM 视角下二元一次方程组概念的教学设计	汪晓勤	2007c
	二元一次方程组(第 1 课时)	芦争气	2017
	还原数学本质 践行“三有课堂”:“二元一次方程”的教学实践与思考	王双	2013
	渗透数学思想方法 提升学生数学素养——以“二元一次方程”一课为例	惠波 等	2014
	寓“过程教育”于“二元一次方程”教学探索及点评	王伟 等	2014
	二元一次方程教学设计的几点建议	王红权 等	2016
平行线判定的相关文献	“平行线的判定”:基于相似性,重构数学史	牟金保 等	2017c
	HPM 视角下平行线的判定	王进敬 等	2018
	数学史对批判性思维培养的作用——以“三角形一边平行线性质定理及推论”一课为例	卢成娴 等	2019
	基于三个读懂追求自然的探究——以浙教版八上“平行线的判定”教学设计为例	李昌官	2011
	初中数学“图形与几何”的变式教学研究	黄莉	2019
平面直角坐标系的相关文献	“平面直角坐标系”:利用历史故事,实现维度跨越	岳秋 等	2016
	HPM 视角下的“平面直角坐标系”教学	杨懿荔 等	2016
	基于初中数学核心概念及其思想方法的概念教学设计研究	徐晓燕	2016

续表

类别	文献名称	作者	年份
平面直角坐标系的相关文献	动态展示 类比引出——“平面直角坐标系”教学设计	齐欣	2016
	“平面直角坐标系”教学设计	刘加红	2016
	课堂教学中如何培养学生的探究能力——以“平面直角坐标系”的教学为例	刘佳	2018
全等三角形应用的相关文献	美国早期几何教材中的全等三角形判定定理	林佳乐 等	2015
	HPM 视角下全等三角形的教学	刘帅宏	2018
	“全等三角形应用”:从历史中找到平衡	仇扬 等	2015
	HPM 视角下全等三角形应用的教学	沈琰 等	2016
	全等三角形判定定理的应用——“探究‘边边角’在部分条件下证明全等三角形”教学设计	熊莹盈	2018
	HPM 微课在全等三角形教学中的应用	陈嘉尧	2016
一元二次方程(配方法)的相关文献	HPM 视角下的一般的一元二次方程的解法(配方法)	王进敬	2019
	“一元二次方程的配方法”:用历史体现联系	沈志兴 等	2015
	数学课程标准下的数学教学——以“用配方法解一元二次方程”为例	沈健	2017
	初中生对一元二次方程的理解	姚瑾	2013
	注重思考过程 渗透数学思想——以“配方法解一元二次方程”一节课为例	王丹	2016
	展示典型失误,发挥错例价值——以“用配方法解一元二次方程”的例题教学为例	周晓秋	2017

通过准备这 7 类 HPM 干预的素材,既可以让参与个案研究的 12 名职前初中数学教师明白 HPM 的理论与应用,也可以明白相关知识点的历史脉络。对无理数的概念和平行线的判定来讲,就需要了解无理数的发现史、发展史以及融入数学教学的方式和流程,明白平行线的判定的相关数学史以及融入课堂教学的方式与流程。特别是黄燕苹、陈碧芬和宋乃庆(2012)认为生源、语言、升学以及教师影响

西藏初中数学教育发展并提出了自己的建议。而汪晓勤及其合作者(2012,2013,2014,2015,2016)的论文,更是为数学史融入数学教育指明了方向,通过对这些文献的学习,参与者更能明白为什么要将数学史融入数学教育、如何将数学史融入数学教育以及HPM教学的意义等指导思想。无理数的概念相关文献,则让参与者由浅入深地了解了无理数的发现与发展史、无理数或实数的教学方法等,特别是李继闵(1989)以刘徽的《九章算术注》中一项发现为例,更新了以往算史中的普遍观念,认为在中国古代传统数学中可以找到关于无理数的论述;而庞雅丽和李士锜(2009)针对初三学生进行的与无理数的信念有关的调研,也是十分有针对性的。

HPM干预的前期准备工作完毕后,笔者将按照HPM干预流程对研究对象按照基于六个知识点的干预案例进行史料阅读、HPM讲授以及HPM教学设计三个阶段的干预。

6.2　HPM干预案例一:无理数的概念

6.2.1　史料阅读阶段

现今,我们都知道实数包含了有理数与无理数,将有理数扩充为实数,既是数学理论发展的需要,也是人类在现实生活中针对生产实践产生的实际需要。无理数概念作为一节概念类型的课程,在关于无理数的史料干预环节中,主要是让研究对象熟悉无理数的发展历程,从源头上搞清无理数的来龙去脉。无理数的概念在数系扩充中具有重要的意义,也是初中教材中重要的概念之一。因此,本研究将无理数的概念作为个案研究中衡量研究对象PT-HSCK水平的干预案例之一。对于无理数的史料阅读阶段主要从无理数名称的由来、无理数的萌芽以及无理数理论体系形成三个方面进行具体实施。

1.无理数名称的由来

无理数名称是被晚清数学家华蘅芳(1833—1902)在翻译英国数学家华利斯(W. Wallace,1768—1843)为《大英百科全书》(第八版,见图6-2)所撰写的代数学辞条时,将“irrational”翻译成“无理的”。日本数学家又在这一译名的基础上,将无限不循环小数翻译为“无理数”。至今对于这样的翻译仍存在争议，“irrational”一词原意为“不可比的”，也就是不可公度之意，但后来由于“无理数”这一名称已被广泛应用，所以一直就没有另行更改(汪晓勤，2014b)。

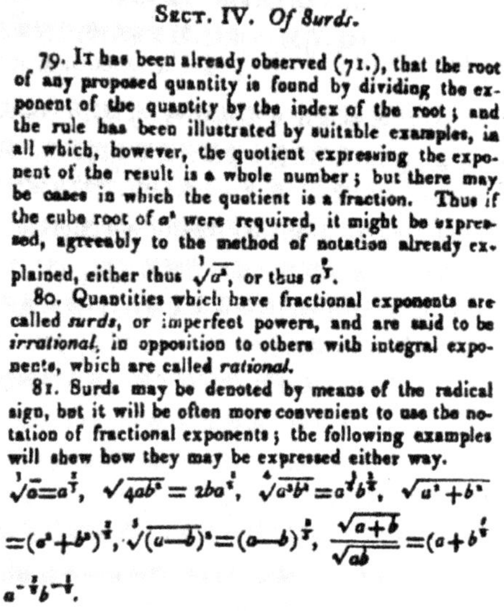

SECT. IV. *Of Surds.*

79. It has been already observed (71.), that the root of any proposed quantity is found by dividing the exponent of the quantity by the index of the root; and the rule has been illustrated by suitable examples, in all which, however, the quotient expressing the exponent of the result is a whole number; but there may be cases in which the quotient is a fraction. Thus if the cube root of a^2 were required, it might be expressed, agreeably to the method of notation already explained, either thus $\sqrt[3]{a^2}$, or thus $a^{\frac{2}{3}}$.

80. Quantities which have fractional exponents are called *surds*, or imperfect powers, and are said to be *irrational*, in opposition to others with integral exponents, which are called *rational*.

81. Surds may be denoted by means of the radical sign, but it will be often more convenient to use the notation of fractional exponents; the following examples will shew how they may be expressed either way.

$\sqrt[3]{a}=a^{\frac{1}{3}}$, $\sqrt{4ab^2}=2ba^{\frac{1}{2}}$, $\sqrt[4]{a^3b^2}=a^{\frac{3}{4}}b^{\frac{2}{4}}$, $\sqrt{a^2+b^2}=(a^2+b^2)^{\frac{1}{2}}$, $\sqrt[5]{(a-b)^3}=(a-b)^{\frac{3}{5}}$, $\frac{\sqrt{a+b}}{\sqrt{ab}}=(a+b)^{\frac{1}{2}}a^{-\frac{1}{2}}b^{-\frac{1}{2}}$.

图 6-2　华利斯为《大英百科全书》(第八版)所撰写的代数学辞条

2. 无理数的萌芽

无理数的萌芽要从毕达哥拉斯及其学派讲起，“万物皆数”的理念就是由毕达哥拉斯及其学派提出来的，认为数可以用来表达人世间的一切事物，这里的数其实指的是整数或整数之比，谓之可公度。当然，现在人们都知道这就是目前所说的有理数。希帕索斯是毕达哥拉斯学派的成员之一，在公元前 5 世纪前他发现正方形对角线比它的边长，不是毕达哥拉斯所认为的“数”。数学史料中对于希帕索斯的发现大致有两种猜测性证明，其一是他采用了亚里士多德提及的所谓的反证法，也就是假设

$$(p,q)=1,\qquad p,q\text{ 是正整数}$$

使得

$$\sqrt{2}=\frac{q}{p}$$

两边平方后变形可得

$$q^2=2p^2$$

这意味着 p,q 都是偶数，但这与$(p,q)=1$相矛盾。

因此，可得 p,q 不存在。

其二是一种几何式的证明方法。假设正方形 $ABCD$ 的边长为 s_1，对角线为 d_1，如图 6-3 所示，在对角线 CA 上截取 $CE=CD$，过 E 作 $EF\perp AC$，交 AD 于 F；然后，再作正方形 $AEFG$，并设其边长和对角线分别为 s_2 和 d_2，在 FA 上截取 $FH=FE$，过 H 作 $HI\perp AF$，与 AC 相交于 I，作第三个正方形 $AHIJ$，设其边长和对角线分别为 s_3 和 d_3……简单计算可知：

$$d_1-s_1=s_2,\qquad s_1-s_2=d_2$$
$$d_2-s_2=s_3,\qquad s_2-s_3=d_3$$
$$d_{n-1}-s_{n-1}=s_n,\qquad s_{n-1}-s_n=d_n$$

若 s_1 和 d_1 可公度，即同时能被某个长度 l 量尽；同理，l 也能量尽 $s_2,d_2,s_3,d_3,\cdots,s_n,d_n,\cdots$，当 n 足够大时，s_n,d_n 会小于长度 l。因此也导致矛盾。

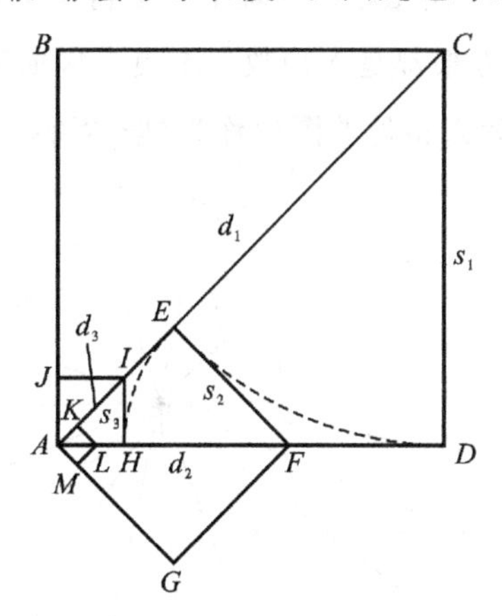

图 6-3　正方形的对角线长不可公度

当然，关于不可公度还可以用五边形作图方法表明，正五边形边长与对角线长不可公度，如图 6-4 所示。

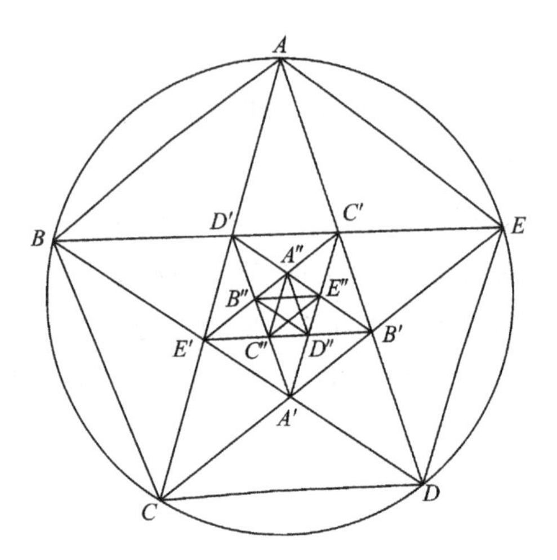

图 6-4　正五边形边长与对角线长不可公度

毕达哥拉斯学派除了希帕索斯之外，还有泰奥多鲁斯（Theodorus，公元前465—公元前398年）也首次在无理数的理论上取得了突破，证明了3、5、6、7、8、10、11、12、13、14、15、17的平方根都是无理数。泰奥多鲁斯采用如图6-5所示的作图法来呈现上述无理数后，后人将他的图形称为“毕达哥拉斯螺线”。

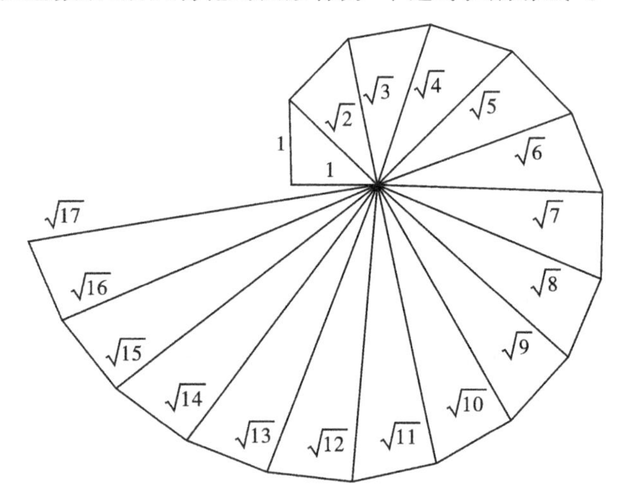

图 6-5　毕达哥拉斯螺线

之后的很长一段时间，无理数一直停留在使用上面。对于无理数到底是什么数或者是不是真正的数这一看法一直没有得到统一。由于这一时期绝大多数数学家还是没有研究清楚无理数的概念，所以这一时期可以被称为无理数的萌芽阶段。

3. 无理数理论体系形成

从 18 世纪开始慢慢步入无理数的理论体系形成阶段，经历了贝克莱（G. Berkeley，1685—1753）、欧拉（L. Euler，1707—1783）、兰伯特（J. H. Lambert，1728—1777）、柯西（A. L. Cauchy，1789—1857）、康托尔（G. Cantor，1845—1918）、戴德金（J. W. R. Dedekind，1831—1916）、魏尔斯特拉斯（K. T. W. Weierstrass，1815—1897）以及斯托尔兹（O. Stolz，1842—1905）等数学家的共同努力，使得无理数理论体系逐渐形成，无理数概念的演变如表 6－3 所示。

表 6－3　无理数概念的演变

数学家	无理数定义的贡献	是否定义
贝克莱	推动了以无理数理论为基础的实数理论的建立	否
欧拉	证明了 e 和 e^2 是无理数	否
兰伯特	证明了 π 是无理数	否
柯西	将无理数定义为有理数序列的极限	是
康托尔	定义了无理数。主要用有理数的“基本序列”，引入实数概念，证明每个基本序列极限存在，该极限若不是有理数，则定义了无理数	是
戴德金	不采用极限方法，利用直线划分的启发，采用分割有理数来定义无理数	是
魏尔斯特拉斯	利用递增有界数列定义无理数，不利用极限概念	是
斯托尔兹	证明了无理数可以表示成无限不循环小数，并接受用这种方式来对无理数下定义	是

当然，教科书中使用无理数的定义也经历了十分漫长的抉择过程，从早期美国教科书中就可以知道，19 世纪以前，人们对无理数的认识仅仅局限于“根号型”。直到 19 世纪末期，实数理论体系建立后，教科书逐渐趋向于将无理数定义为“无限不循环小数”，并从 20 世纪 50 年代开始成为主流（栗小妮 等，2017）。

6.2.2 HPM 讲授阶段

结合无理数的概念课题类型、史料特点以及学情分析等特点，HPM 讲授阶段主要在“一、二、三、四、五、六”HPM 理论框架基础之上，按照 HPM 干预框架从知识点教材内容分析、无理数概念相关研究、无理数相关史料的运用方式以及数学史融入数学教学的价值凸显等方面进行具体实施。

1. 教材内容分析

根据数系扩充的需要，认识实数是初中阶段学生必备的基础知识点之一，也是初中生认知的难点之一。在现行的人教版、北师大版、沪教版和苏科版的教材中，都有专门的章节来安排“实数”这一节内容。为了更加自然地融入数学史，设计出符合新课程标准的 HPM 视角下的课例，提升职前数学教师基于数学史的专门内容知识，在 HPM 讲授中专门对国内四种主流版本教材进行比较分析，关于这一知识点的对应章节、新课导入方式以及是否已学平方根和立方根的分析如表 6-4 所示。

表 6-4　相关教材中关于“实数”的知识点分析

教材版本	知识点对应章节	新课导入方式	是否已学平方根和立方根
人教版	七年级下册 6.3，实数	从数的分类中导出无理数的概念	是
北师大版	八年级上册 2.1，认识无理数	从用两个边长为 1 的小正方形，剪一剪拼一拼出发，导出无理数概念	是
沪教版	七年级下册 12.1，实数的概念	利用设置$\sqrt{2}$相关的问题，引出无理数的概念	否
苏科版	八年级上册 4.3，实数	从画$\sqrt{a}$引出无理数的概念	是

从表 6-4 可以看出，不同版本教材在章节安排上有一定差异，但都有教科书知识点的逻辑次序。人教版、北师大版和苏科版都是在学生熟悉开平方和开立方

运算之后才让学生介入数系的扩充。所有主流教材都能够以和$\sqrt{2}$有关的知识开始认识无理数，但人教版、北师大版和沪教版都以“无限不循环小数”的表征形式定义无理数。还有一个共同特点就是教材都涉及了$\sqrt{2}$几何表征，苏科版则在学习无理数的前一章学习了勾股定理，更注重了$\sqrt{a}$的几何画法，故以“形式定义”给出了无理数的概念。人教版、北师大版、沪教版和苏科版四个版本的教科书都在阅读材料中介绍了无理数发现的相关历史，但四个版本的教科书导出无理数的概念的方式各不相同，人教版通过多个分数和整数可化成小数的形式来定义无理数；北师大版通过计算面积为 2 的正方形对角线究竟多长来引出无理数的概念；沪教版则借助历史，引出了无理数的概念，强调了无理数和有理数的区别以及它们之间的逻辑关系；苏科版是通过在实数的分类中引出无理数是无限不循环小数的定义。

2. 无理数概念相关研究

Zazkis 和 Rina(2005)发现初中生对“无限不循环小数”的无理数概念的理解存在一定程度的困惑。Zazkis 和 Sirotic(2004)调查发现职前数学教师对无理数的概念形成缺乏整体性的理解。Cajori(1899)认为学生所遭遇的无理数概念认知和理解上的困难及无理数概念发展和探索中所遇到的实际困难相同。Smith(1900)认为在无理数的概念发现当中困扰数学家的问题也同样困扰着学习者，历史表明学习者可以通过历史来寻求类似的方式来解决类似的困难。

因此，为了让初中生进一步深刻掌握和理解无理数的本质，有必要从 HPM 视角进行相关教学设计，力求达到帮助初中生克服无理数认知上的障碍，深度理解无理数的概念，而不是死记硬背这个冷冰冰的概念。

3. 无理数相关史料的运用方式

通过表征定义无理数是“无限不循环小数”，可以从形式上让初中生掌握如何判断无理数。问题在于该方法不能让学生搞清楚“为什么”，这就需要数学教师的专门内容知识来解决这一问题，利用数学史的融入让学生理解无理数的本质。无理数的概念作为一节概念类型的课程，史料运用的方式主要有以下三种形式。

1)附加式

大多数职前教师使用的是附加式，这种形式主要是在解决相关定理、概念和公式等教学问题中，附加相关数学故事和介绍相关知识点的历史，来达到一定的教学目标。对于本知识点的教学可以讲的故事有毕达哥拉斯学派，毕达哥拉斯螺线，希帕索斯与无理数，贝克莱、欧拉、兰伯特、柯西、康托尔、戴德金、魏尔斯特拉斯以及斯托尔兹等数学家的贡献，无理数名称的由来以及根号“$\sqrt{\ }$”这一符号的由来。这些史料可以根据教学设计的需要选择性地融入课堂，不一定面面俱到，但一定要融入得自然。对于附加式的史料来讲，最有趣、直观和生动的方式就是利用微视频。

2)复制式

复制式也是职前教师比较常用的一种融入方式。这种形式主要体现在教师在相关知识点、公式和定理教学中直接复制历史上的证明方式和推导过程，也可直接运用历史上的数学问题。对于本知识点而言，主要是复制希帕索斯关于不可公度的证明。

3)重构式

重构式是数学史料运用的最高级别形式，只有具备扎实的学科内容知识尤其是专门内容知识的数学教师才会有重构的意识，专家型数学教师使用的较多，职前数学教师采用的相对较少。在本知识点中，可以利用历史上的相关证明、推导和作图的数学思维利用 A4 纸进行折纸探究，自主探究出现实生活中的“无理数”，发现无理数的客观存在。通过学生的亲自动手操作，既可以增强参与意识，又可以帮助他们加深对无理数概念的深刻理解，在无形中找到无理数与有理数的不同，理解无理数的概念的数学本质，这样就可以恰到好处地进行史料的自然重构。

4.数学史融入数学教学的价值凸显

数学史融入数学教学主要凸显六大价值，本知识点主要需要凸显以下四个方面的教育价值。

1)知识之谐

泰奥多鲁斯曾采用作图法来呈现无理数，后来人们将他的图形称为“毕达哥拉斯螺线”，他所表现的优美图形尽显知识之谐。通过历史上的相关证明和作图，突破有理数的局限，提示我们利用折纸的方式找到无理数的客观存在，在$\sqrt{2}$的估算中，发现了它不能被两个整数纸币表示，凸显出有理数和无理数的差异，在这个过程中学生理解了数系的扩充，知识之谐尽显其中。无理数导致的“第一次数学危机”出现，数学家们刚开始并不能接受无理数也是数的事实，而且这种情况持续了很多年，直到 19 世纪末期，才开始出现关于无理数严格意义上的数学定义，从而构建起无理数作为实数的一部分的理论体系。这些历史事实都可以凸显数学史的“知识之谐”。

2）文化之魅

本知识点可以从“$\sqrt{\ }$”这一符号入手来体现文化之魅，也可以通过数学故事、无理数的由来、无理数产生的历史阶段和数学史上有名的第一次数学危机来凸显文化之魅。$\sqrt{2}$的几何意义更能体现出文化元素，这些文化元素都贯穿于整个无理数概念的产生和发展的过程之中，来凸显无理数的概念的文化价值，体现数学史的“文化之魅”。

3）探究之乐

“揭示数学本质、体现数学思想”是义务教育新课标中明确提出来的（中华人民共和国教育部，2012）。本知识点可以利用初中生对“新数”出现的好奇，结合数学史料的巧妙应用，有效组织课堂探究活动，体现无理数在现实生活中是看得到、摸得着的，充分让学生体会数学源于生活的乐趣，如$\sqrt{2}$的几何意义、折纸、估算以及作图等都可以设计出自主探究的课堂实例。这些都可以通过数学史的重构营造“探究之乐”。

4）德育之效

数学史随着历史的进步而不断发展和变化，数学的分支越来越多，都蕴含着无数先哲的不懈努力。“无理数”的由来让学生了解到无理数并非是顾名思义的“没有道理的数”，一个数学概念的诞生，其背后也有数学家们美丽的失误，这才是真实的数学发展史，也是具有魅力的数学所体现的“德育之效”。

6.2.3　HPM 教学设计阶段

平方根的定义、无理数发现的相关历史、无理数的证明、方根的符号史、平方根的计算以及平方根的近似值等都和无理数的概念息息相关。学生在初学无理数的概念时，可能无法接受有理数形式以外的“新数”。因此，HPM 教学设计阶段要特别注意激发学生的学习兴趣，使学生更容易接受有理数形式以外的“新数”。HPM

教学设计之无理数的概念设计环节包括:复习旧知、新课探究、无理数概念的形成和作业单的设计。

1. **复习旧知**

到目前为止我们学过的数有整数、小数、分数、正数、负数等,其中把整数和分数又统称为有理数,如果把整数看成分母为1的分数,这样有理数就可以表示为两个整数之比的形式。在现实生活中,是否存在不能用两个整数之比来表示的数呢?

2. **新课探究**

问题1:我们熟悉的A4纸,长与宽的比是多少?(见图6-6)

问题2:已知正方形边长为1,如何求它的对角线呢?

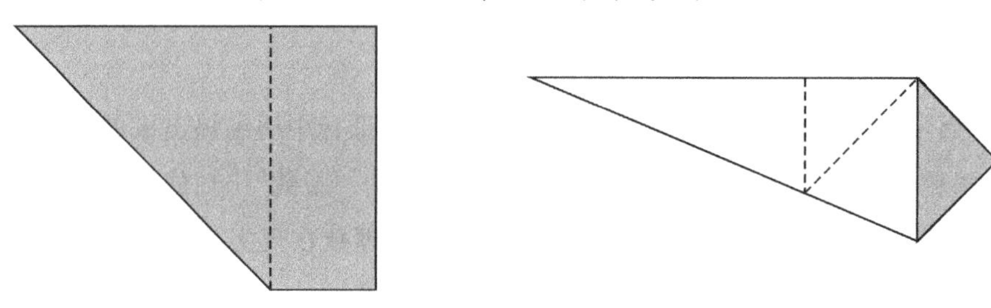

图6-6 折纸活动

思考:我们知道,已知正方形的面积,可以求相应的边长。那么,能否构造以正方形对角线为边长的正方形呢?

拼图方案之一:沿对角线剪开两个小正方形,然后将得到的四个直角三角形的直角顶点相互重合,如图6-7所示。

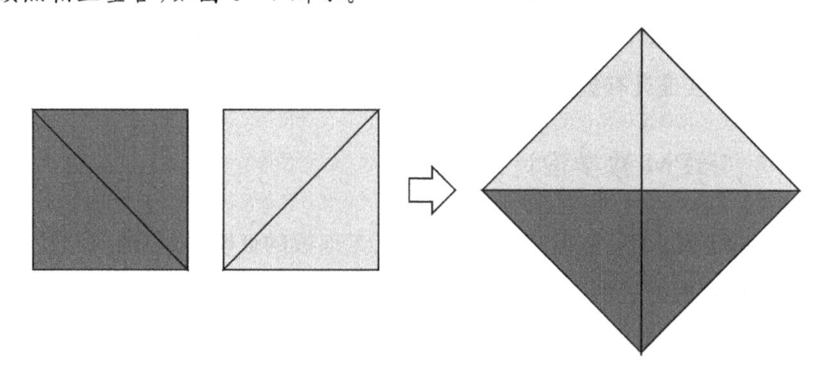

图6-7 拼图方案之一

拼图方案之二：按拼图方案之一将两个正方形裁剪成四个 Rt△，且将四个 Rt△的直角顶点作为被拼成的大正方形的四个直角顶点，如图 6-8 所示，右侧中间的小正方形就是该方法所要拼的正方形。显然，跟拼法一相比，就是将四个 Rt△分别沿斜边翻出来。

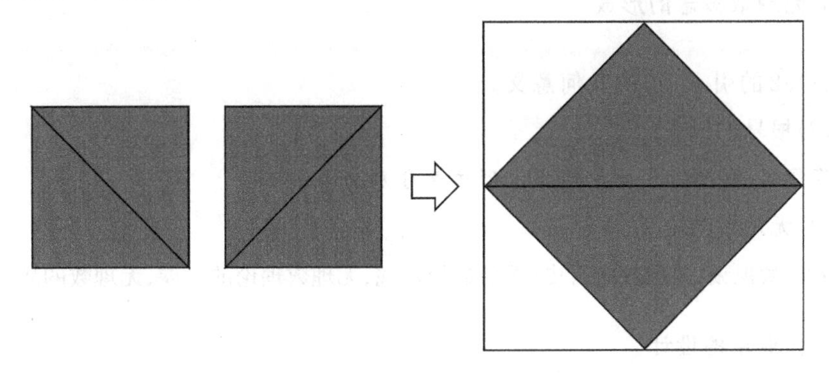

图 6-8　拼图方案之二

拼图方案之三：沿两条对角线剪开一个小正方形成为四个 Rt△，并将这四个小 Rt△的斜边与另一个小正方形的四边分别重合，拼成如图 6-9 所示的大正方形。

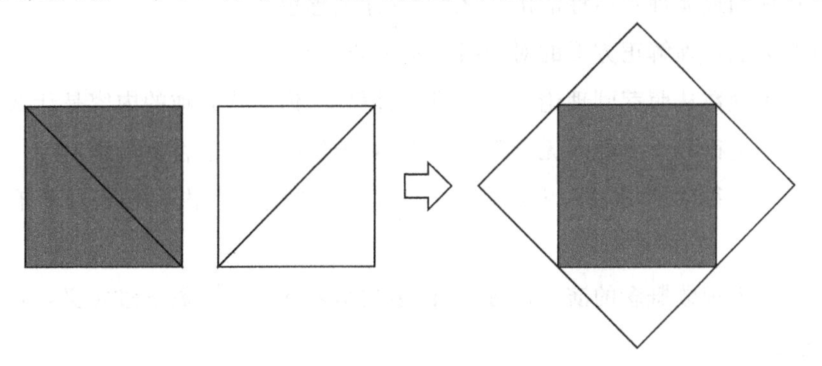

图 6-9　拼图方案之三

问题 3：如果所得到的正方形的面积为 2，其边长为多少呢？

因为 $x^2=2$，所以 x 在 1 和 2 之间

$$1.4^2=1.96$$

$$1.41^2=1.9881$$

$$1.414^2=1.999396$$

$$1.4142^2=1.99996164$$

$$1.41421^2=1.9999899421$$

$$\vdots$$

通过这组等式可以得到:找不到一个有限小数或无限循环小数表示 x。

3.无理数概念的形成

(1)$\sqrt{2}$的引入,$\sqrt{2}$的几何意义。

(2)根号的历史。

问题 4:面积为 3 和 5 的正方形边长分别为多少?

(3)无理数的定义。

播放微视频:无理数的历史(无理数的发现、无理数理论的发展、无理数的辞源)。

4.作业单的设计

作业单

学习心得与感想

(1)你知道无理数名称的由来之后,有什么感想?

(2)你能否理解正方形的对角线长不可公度?

(3)无理数从萌芽到理论体系形成的过程中,你最感兴趣的内容是什么?

(4)你觉得数学史融入无理数的教学,对于你的学习是否有帮助?为什么?

(5)你觉得数学史融入无理数的教学,对于你的专门内容知识是否有帮助?为什么?

(6)在无理数概念的演变过程中,许多数学家都给无理数下过定义,对此你有什么想法?

(7)你在初中阶段是怎样学习该知识点的?比较并说明该方式和融入数学史的教学各自的优缺点。

(8)数学史融入该知识点的亮点是什么?为什么?

问题与思考

(1)你能自己证明希帕索斯关于边长为 1 的正方形对角线长不可公度的问题吗?

(2)证明$\sqrt{2}$是无理数。

6.2.4　HPM干预后的访谈与作业单反馈

1. 访谈

笔者：你认为关于无理数的HPM干预能帮助你们更好地理解该知识点的专业方面的知识吗？

H1～H6，Z1～Z6：（思考片刻时间）

H5：会有帮助吧？

笔者：有什么帮助？能具体谈一下或者举个例子谈一下吗？

H5：好吧，但不一定说得准确到位。

笔者：没关系，随便谈谈就行。

H5：对我来说帮助的地方还挺多的，在我初中的时候，无理数的概念完全就是靠死记硬背而记下来的，并没有进一步地理解无理数这一概念，往往在做题的时候，就是用定义里面的关键条件去死套，从来也没有思考过无理数背后曲折的产生过程。在HPM干预过程中，通过还原历史，按照历史的顺序介绍无理数的诞生和发展，让我体会到了无理数并不是没有道理的数，有理数也不是有道理的数，真正地理解了无理数的数学本质，增强了我对无理数学习的信念。

笔者：（发现Z1和Z6在低声交流，点名Z1谈一谈自己的观点）

Z1：我觉得新课探究中的折纸活动特别有意思，我从来没有想到一张普通的A4纸却能让我感觉到无理数是客观存在的。更重要的是，这能从初中生已有的认知起点出发，通过创设无理数概念的历史问题情境，探究出无理数的客观存在。我在西藏上的初中，当时如果能这样理解无理数的话，高考数学分数也不会低，感觉现在才掌握都有点晚了。

笔者：在成为一名西藏初中数学教师之前都不算晚。

Z6：我和Z1一样也是在西藏上的初中，和他有同样的感受。这次系统化的无理数HPM干预让我很受启发。我在想，如果有相应的HPM视角下的教学内容编写就更好了。

H6：对的，如果能有那就更好了。比如无理数的概念可以按照数学家的故事、折纸、无理数的发现过程、无理数概念的探究、$\sqrt{2}$是无理数的证明和无理数名称的由来等内容进行编写,这样可以引发学生的学习兴趣,使学生更容易接受有理数形式以外的数。如果能在我们教师教育类课程中多一些学习数学本源的内容,那么对于了解一些相关的数学史会很有帮助,也能学到书本以外的知识,无理数概念的HPM干预给我印象最深的内容就是通过各种不同的拼图方案来认识无理数的客观存在。长远一点讲如果我们以后再给西藏的孩子讲课,也可以更好地帮助他们理解无理数的数学本质。

笔者:是的,你的理解很到位。还有谁需要补充吗?

H1:(举手示意)老师,我想说一下,本来我的数学成绩一直就不好,通过这样的干预和今天大家的交谈,我收获很大,好像突然对数学有了那么一点感觉。

笔者:你今天表现很好,平时都没见你这么积极互动过。大家对于无理数的概念HPM干预还有补充的吗?

H1~H6,Z1~Z6:没有了老师。

2.作业单反馈

1)H5的作业单反馈

在知道无理数名称的由来后,我发现在每一个新概念的诞生中都会遇到各种各样的困难,数学家们为此付出了许多努力最后取得成功。这对我们现在学习新知识有一定的启发和影响,我们在学习新内容的过程中可能会遇到各种各样的难题,但是只要肯努力、坚持不放弃,积少成多,就一定会有所收获。从“无法言传的数”到“不可比的数”,再从“无理式”到“无理数”,每一个名称都是数学家们对这类数字的理解。无理数的名称由来是漫长而曲折的,经过不同历史时期人们对这类数也有了一定的认识、了解,一些数学家们通过研究发现,“无理数”既不是无理的数,也不是实际不存在的数,而和有理数一样,都是现实世界中客观存在的量的反映。因此,这一名词被广泛采用。

将数学史融入无理数概念的教学,比起传统的概念教学更容易让学生理解和掌握这一概念,也可以让学生知道无理数概念有一定的数学历史背景。将数学史融入无理数的教学中,用一个或多个与无理数历史相关的小故事引入,那么作为我们的教学对象——初中生,他们就不会觉得这节概念课是很无聊的,而是觉得有趣,引起他们对无理数的好奇以后,通过折纸、拼图等数学实践活动感受“无理数”的实际存在,也让他们知道不是所有的数都可以写成两个整数相除的形式。我觉得正方形对角线不可公度即对角线的长度不可以通过测量得出，也就是不可以表示成两个整数相除的形式。所以我们可以采用勾股定理测出对角线的长度，即 $1^2+1^2=2$，如果设对角线的长度为 x，则 $x^2=2$，记 $x=\sqrt{2}$。那么我们只要求出 x，即为正方形的对角线。在这个过程中，我们根据已学二分法的知识 $1^2=1,2^2=4$，说明 x 介于 1～2，即 $1<x<1.5$；$1.4^2\approx1.96$，即 $1.4<x<1.5$；……继续计算下去，我们会发现这个小数毫无规律可言，那么它是一个无限不循环小数。也就是说，如果一个数的平方是 2，那么这个数是一个无限不循环小数，即$\sqrt{2}$是一个无限不循环小数，也不是我们所熟悉的有理数，由此引出无理数的概念，这样便于学生理解。那么是不是所有带根号的数字都是无理数呢？答案当然是否定的。比如$\sqrt{4}=2$。是不是无理数都是根式呢？当然也不是，比如我们小学学习过的 π。我觉得这节课的难点在于理解无理数的概念，所以在课后或者在课堂上我们需要让学生自己举几个关于无理数与有理数的例子。总而言之，在无理数的概念教学中融入数学史，不仅可以引起学生的注意、让学生更好地了解无理数的由来，还可以帮助学生更好地理解无理数这一概念。

2)Z3 的作业单反馈

无理数，看似简单的三个字，它的发现却违背了学派的信念。不少科学家都不承认无理数的存在，但人们渐渐发现有些知识要用无理数来表示才能变得有理，从而出现了无理数理论体系建立的萌芽，无理数这一名称的由来也几经曲折。在发现新知的过程中，虽然会有许多质疑的声音，但最后知识和发现知识的人都会被记住。对于边长为 1 的正方形，若用尺子来测量对角线的长度，会产生误差，因为每个人读数习惯不同，所以正方形的对角线长不可公度。

我最感兴趣的是在 19 世纪有许多数学家加入到研究无理数的行列中来，推动了数域的扩展。不同的数学家都给无理数定义了不同的概念，一步步完成了无理数理论体系的建构。在他们讨论的过程中会发生许多趣事，可以深入其中了解无理数的数学史，再运用到课堂中。数学史融入无理数的教学，对于我的学习帮助很大，数学史对学习数学有辅助作用，了解无理数是如何产生的、数学家是如何讨论得出如今这一定义的，比直接死记书上的定义更好理解。

在 HPM 干预之前，我所认为的无理数是无限不循环小数，完全是死记硬背出来的，但从形式上完全看不出$\sqrt{2}$是无限不循环小数，而在 HPM 干预中利用二分法引导学生对其进行估算可以帮助解决这个困惑。每个人对于无理数都有不同的见解，许多科学家在下定义的时候都是站在自己擅长的部分给出定义，每个年龄阶段所接受的知识难易程度也不同，通过将两个面积相同的正方形拼成一个大正方形来体会无理数是确实存在的数，这种游戏式的拼图就很符合初中生的认知起点。

3)H4 的作业单反馈

无理数最原始的名称是“无比数”，即不能用两个整数之比来表示的数。可惜后来被人错误地翻译成了“无理数”，因此人们才常常错误地把它理解为“没有道理的数”，其实“不能化为两数之比”才是无理数定义中最重要的一点。由此可见，对于数学中的许多概念，我们都不能仅按照其字面上的意思来臆测。对于每一个新的概念，我们都应该深究其起源，抓住定义中最重要的点来启发学生，这样教学才能达到良好的效果。正方形的对角线长不能用尺子直接来测量，因为用尺子测量能精确到的刻度是有限的，所以一定会存在误差，达不到精确的长度值。

想知道正方形的对角线长是多少，可以采取一种转化的思维，不能主观臆测，因为数学的计算需要严谨。可以把正方形的对角线转化为另一个正方形的一条边，利用拼图的方式先设法知道新正方形的面积，再计算出新正方形的边，即原正方形对角线的长。我最感兴趣的是，数学家们对“无理数到底是不是真正的数”的纠纷。将数学史融入无理数的教学，使数学不再那么枯燥乏味，使我对数学知识有了更多的好奇心，从而愿意主动学习数学。数学史的学习就是数学知识从提出到发展再到质疑最终到修正的过程，从而使我对无理数的定义有了更深的理解，进而也方便我理解其他与之有关的概念。只有了解了数学家们对无理数的探究过程及“无理数”名字的由来，我才会想知道到底什么样的数能被看成是无理数，并且会特别想了解与此有关的例子，从而有利于教师引出下一步通过拼图来探究无理数的活动。如果我是教师，会让学生能更好地体会到知识产生的过程。在 HPM 干预的过程中，我也增加了知识储备。

数学概念都是数学家逐渐给定的。不同的数学家有不同的贡献，才会使得数学散发出它独特的魅力。由分散的观点到集中的一个数学概念，也体现了万事万物从无到有都要经历曲折的过程，从而鼓励学生学习数学不要气馁。在 HPM 干预之前，我以为无理数就是没有道理的数、混乱的数，就是无限不循环小数。却从来没想过这个概念的核心其实在于“不能化为两数之比”。正是由于不能化为两数之比，才有了无限不循环小数。我从未想过探究无限不循环小数，没有思考过其概念的本质。

4)Z6 的作业单反馈

无理数的名称来源于不可公度问题,对有些正方形而言,其对角线的长度不能用有理数表示。对此有人提出质疑,数学联系实际,数学问题就存在于我们的生活中,在数学教学过程以及数学学习的过程中,我们都应该联系现实问题,找到数学问题的出发点来探究新的数学问题,大胆提出质疑,进而探寻新问题、新知识以及新事物。

从提出质疑到无理数的产生的过程,对我的启发很大;数学史融入无理数的教学,对我的学习也很有帮助。在学习无理数的过程中,运用数学史的融入认识无理数的产生来源于生活的实际需要,有助于理解我们需要学习的数学内容,让我们深切感受到无理数从无到有、从有到优的发展历程,认识到在求真路上坚持不懈,以及孜孜不倦克服困难的重要性。数学史融入无理数的教学过程能帮助学生理解无理数的内容,不会让教学课堂那么枯燥乏味,同时数学史可以展现坚持不懈的精神,对人类研究数学、进行数学教育等都具有重大意义。

在无理数概念的演变过程中,许多数学家都在给无理数下定义,说明无理数的特殊性,可以看出数学家们都勤于思考、坚持不懈。无理数并不是凭空产生的,而是根据现实生活的需要出现的,边长为 1 的正方形的对角线的长度不是一个有理数,数学源于生活,利用二分法来对无理数进行估算,将有理数扩展到无理数,了解数系扩展的发展过程,才能体会到数学真实客观的奥妙。

5)Z5 的作业单反馈

人类历史长河中每一种数学知识的发现和认同都不是一蹴而就的。无理数的定义是人们在历史发展过程中通过不断的探索、证明来明确的,与此同时无理数的知识体系也渐渐清晰。“无理数,也称作无限不循环小数”,看似简单,了解其起源后不禁感叹数学的纯粹性与理性,数学知识是可靠的、纯粹的、严谨的,这正是数学的魅力所在。使学生了解无理数的产生可以对学生产生德育效果,使学生养成持之以恒、严谨求学的良好品质,同时加深学生对于无理数的印象,一举多得。

数学史融入数学对学习有很大帮助,最大的作用体现在我们在学习时不再认为数学知识离我们非常遥远,而能真正理解到一个很抽象、看起来不自然的物质的前世今生。学习无理数时学生刚刚上初中,如果凭空出现无理数的概念,他们会觉得数学仿佛是一下子蹦出来的,甚至可能产生误解。许多没有情怀的教师可能会因为避免“浪费时间”而放弃讲解数学史，导致学生产生奇怪于无理数却无从深究的想法。教育过程中最不能忽视的就是德育，数学家身上也有我们的学生需要学习的美好品质。或许很多人会认为德育是人文学科的教师应该承担的任务，事实上理科教师在课堂上也需要合理完成学科德育的任务。

我在学习教育史时，会学到很多教育家的教育思想，有些教育家的思想和实践或许对于促进教学质量没那么有成效，但因为那是独特新颖、前所未有的想法，按照学习要求我仍需要进行学习。推演到无理数的演变过程，许多数学家都给无理数下过定义，他们所下的定义不会受到别人束缚，而是会被人更深地发掘，由此他们再去研究无理数概念中仍缺少的部分，这种钻研精神值得我们学习。

无理数从萌芽到理论体系形成的过程中，我最感兴趣的是希帕索斯事件。毕达哥拉斯成就斐然，他的学生便把他的每句话都奉作教条，深信不疑，不允许任何有违毕达哥拉斯理论的言论出现，认为他的理论放之四海而皆准，以至于毕达哥拉斯学派的学员因无法反驳希帕索斯的新发现而勃然大怒把他丢进了爱琴海。毕达哥拉斯学派中的学阀蛮横无理，主要原因是对于毕达哥拉斯的盲目崇拜，常言道尽信书不如无书，若世界盲目遵从权威，就不会有像希帕索斯这样有独立思考能力的青年出现了。这个道理放在现世也是如此。

当初我在学习无理数的概念时，教师仅仅通过提问正方形的对角线长度来引入新课。而对于无理数的概念则是直接引出。经过 HPM 干预后我发现，研究长方形长宽之比的方式可以非常自然地引出无理数的概念，能引导学生去思考现实生活中确实存在不能用两个整数之比表示的数，新旧知识的衔接也不突兀。正方形的对角线长不可公度，因为正方形对角线的长度不能用两个整数之比的形式表示。

学习无理数的概念时要警觉给数分类时的陷阱。比如对于练习巩固环节中设置的概念题，学生可能会出现认知错误等。在做题和思考时学生需要非常警觉。

6)H6 的作业单反馈

HPM 干预之后，我认识到 HPM 视角下的课堂不再是简单地将无理数的概念给学生直接讲述出来，而是通过 A4 纸让学生认识无理数，可以体现数学源于生活；同时又通过有趣的课堂活动使学生理解和掌握了无理数的相关知识，学会了如何探究解决所面临的难题，从而使学生对数学更加感兴趣，能学到更多的数学知识，并能够更深入地探究再运用到生活中。

在知道无理数名称的由来之后，我发现在数学的发展过程中，新的知识在发展的过程中不免会经历许多的坎坷：数学家初步的证明，建立体系，再由很多数学家加入进行长时间的研究，才出现了无理数的严格定义，最终被人们认可。而无理数的萌芽是我比较感兴趣的，主要是因为在没有这一概念的情况下，数学家在进行运算的时候发现用有理数无法解决进而得出了$\sqrt{2}$，再到后来发现类似的数，柏拉图最早将这样的数称为无法言传的数，然后才引发了后续数学家们的研究，最后使无理数的理论体系逐渐完备。万事开头难，有了问题的提出，才能通过不断的研究得出结论。HPM 干预让我对无理数有了进一步的理解和认知，不再局限于知道其概念是什么，更需知道它的由来以及如何将它变抽象为具体来理解，如果自己将来成为教师来讲这节课，也会用更多的方式将无理数通俗易懂地表达出来。所以在课堂上适当地给学生引入无理数的历史，既能让学生了解到无理数是源于生活需要，也能让学生了解到不论何时遇到问题，只有提出来经过反复地研究才能够更好地解决，要有勇于探索不怕失败的精神。

在教学中运用 A4 纸的长宽之比来让学生感兴趣，然后引导学生由有误差的测量计算到数形结合从而精确地给出比值，其中在算精确值时运用二分法，最终顺理成章地得到了无理数这个概念，既让学生知道了无理数的概念，也让学生通过$\sqrt{2}$的估算发现无理数与有理数的区别。此外无理数是一个客观存在的数，教师通过讲授$\sqrt{2}$中根号的由来，让学生从熟知的有理数的概念中认识了无理数，进而在小数、分数方面理解无理数。HPM 教学设计干预还在课堂中适时地将一些数学史用微视频的形式展示给学生，这比教师直接口述更让学生感兴趣，课后记得的知识也更多。学习无理数的概念时，通过利用数形结合将 A4 纸长宽之比转化为正方形对角线长再到以其对角线为边长求出面积从而得出对角线长为$\sqrt{2}$，它即为无理数；这一转化过程如若不经教师提示学生可能想到这一点有点难。

学习无理数的概念，让我知道了无理数也是像有理数一样是存在的。在教学中融入数学史，使学生在课堂中不仅能学习到数学知识，还能学到解决数学问题的方法和精神，以及持之以恒、严谨求实的学习态度。

7）H3 的作业单反馈

任何数的产生都要经历不断的探索与发展，不仅仅是简单的一个名称。之前我们学习过有理数，在此基础上我们通过动手和观察对比进而发现了无理数的存在，也因此扩大了实数的范围，虽然之前我们所认为的无理数是没有道理的数，但是经过探索我们发现无理数是存在的，是一个不同于有理数的概念，因此真理永远不会被掩盖。

对于正方形的对角线不可公度这一概念，我觉得可以从无理数角度理解。基于对无理数的学习，我们可以反方向证明，如通过求其对角线或通过联系无理数的其他实际应用来证明，因此对于正方形对角线的度量也就是无理数的概念的证明。无理数从萌芽到理论体系形成的过程我最感兴趣的是证明过程，其过程不仅有趣还能激发学生的动手能力，在我看来如果只是教师干巴巴地讲解此证明过程特别无聊还难懂，但是换个方式让学生自己动手就有不一样的效果，因此我对于其无理数的引出过程较为感兴趣。

数学史融入无理数的概念，我认为对教学是有帮助的，从大的角度来讲，目前我们越来越重视数学史的学习，要求教师和学生都要不断学习数学史，以此来增加其数学史素养；将数学与历史融合在一起，学生通过学习数学的历史了解数学本质，不但不会觉得数学是干巴巴的数学概念，反而会认为学习这件事变得有意义。从学生自身的角度来说，这样对于学生的长远发展也很有利，以后他们对数学概念的理解也会更深刻。所以我觉得数学史的融入对于学生和教师来说都是有帮助的，可以将其多用于数学概念的教学。

将数学史融入无理数的学习，对于无理数教学中所特有的知识方面有所帮助。首先，只有通过学习数学史我们才能知道其原本的概念是不准确的，才能更好地进行对比学习；其次，无理数的数学史也不断地告诉我们前人所探索的不一定是最合适的，真理是需要探索的，从而激发我们更深入地学习，并且只有基于数学史的学习我们才能更好地理解无理数的发展与意义。对于无理数的发展过程，很多数学家都曾给予其定义，我觉得这是一个积极的过程，正因为有他们的不断探索与定义才有无理数今天的概念，同时这也是个不断完善、不断向前发展的过程，所以我觉得数学史很有意义也值得我们学习。

HPM 干预之后，我对于无理数的概念的理解在整体有变化，之前我对于无理数的理解只限于能区别有理数和无理数，看到无理数能认识，能说出其定义，而现在我对于无理数的理解并不局限于其定义，能清楚其由来，也了解其如何产生，对于数学史更加了解，以后会将其教授给我的学生。

6.3　HPM 干预案例二:二元一次方程组

6.3.1　史料阅读阶段

方程思想是初等数学中具有代表性的重要思想方法,而二元一次方程又是描述现实世界中等量关系的一种初等数学模型,二元一次方程组的学习是初中数学教学的重要任务之一。二元一次方程组在历史上以源于实际和富有趣味性为最主要的特征,它的重要性不言而喻。因此,本研究也将二元一次方程组作为个案研究中衡量研究对象 PT－HSCK 水平的干预案例之一。关于二元一次方程组的史料阅读主要从二元一次方程组的历史悠久性和多元文化角度将历史素材分为四类进行具体实施。

范・德・瓦尔登(Van der Waerden,1903—1996)是荷兰著名的数学家之一,他将传统数学划分为演绎数学和大众数学两种类型。二元一次方程组的计算问题属于以计算为特征的大众数学,总体上可以分为四类。

1. 形如$\begin{cases}x+y=c_1\\ax+by=c_2\end{cases}$类

这类问题可表述如下:

已知两个量的和为 c_1,第一个量的 a 倍与第二个量的 b 倍的和为 c_2,求这两个量。

具体形式如下:

$$\begin{cases}x+y=c_1\\ax+by=c_2\end{cases}$$

比如“鸡兔同笼”“百僧分馍”“二果问价”等问题均属于此类。以下是历史上的部分典型问题:

①知两数之和为 100,差为 40,求这两个数。(丢番图《算术》)

②某人工作一月(30 天)得 7 比赞;怠工 1 月付给工头 4 比赞。月末,他从工头处得到 1 比赞,问此人工作几天?怠工几天?(斐波那契《计算之书》)

③将 11 分成两部分,使其中一部分的 9 倍等于另一部分的 10 倍。(斐波那契

《计算之书》)

④已知长方形的长和宽的$\frac{1}{4}$之和等于7,长、宽之和等于10,求长和宽。(古巴比伦泥版)

⑤今有玉方一寸,重七两;石方一寸,重六两。今有石立方三寸,中有玉,并重十一斤。问:玉、石重各几何?(《九章算术》)

2. 形如$\begin{cases}a_1x=y+c_1\\a_2x=y-c_2\end{cases}$**类**

这类问题可表述如下:

若干人共同出钱购物,若每人出 a_1,则多出了 c_1;若每人出 a_2,则多出了 c_2。求人数和物价。

具体形式如下:

$$\begin{cases}a_1x=y+c_1\\a_2x=y-c_2\end{cases}$$

以下是历史上的部分典型问题:

①今有共买物,人出八,盈三;人出七,不足四。问人数、物价各几何?(《九章算术》)

②我问开店李三公,众客都来到店中;一房七客多七客,一房九客一房空。问多少房间多少客?(程大位《算法统宗》)

③隔墙听得客分银,不知人数不知银;七两分之多四两,九两分之少半斤。(程大位《算法统宗》)

3. 形如$\begin{cases}a_1x+b_1y=c_1\\a_2x+b_2y=c_2\end{cases}$**类**

这类问题可表述如下:

两种商品各有 a_1 和 b_1 件时总价为 c_1,各有 a_2 和 b_2 件时总价为 c_2,求这两种商品的单价。

具体形式如下:

$$\begin{cases}a_1x+b_1y=c_1\\a_2x+b_2y=c_2\end{cases}$$

以下是历史上的部分典型问题:

①5 头牛、2 只羊共值 10 两(古代钱币单位),2 头牛、5 只羊共值 8 两。问牛、羊各值几两?(《九章算术》)

②今有甲、乙二人持钱不知其数。甲得乙半,而钱五十;乙得甲大半,而亦钱五十。问甲、乙持钱各几何?(《九章算术》)

③9 个李子、7 个苹果共值 107,7 个李子、9 个苹果共值 110。问一个李子和一个苹果各值多少?(摩诃毗罗《文集》)

④甲乙二人各有钱币若干。甲对乙说:“如果把你的钱币的$\frac{2}{3}$给我,我就有 14 第纳尔。”乙对甲说:“如果把你的钱币的$\frac{1}{4}$给我,我就有 17 第纳尔。”问:甲、乙各有多少钱?(斐波那契《计算之书》)

⑤今有绫三尺,绢四尺,共价四钱八分;又绫七尺,绢二尺,共价六钱八分。问绫、绢各价若干?(程大位《算法统宗》)

4. 形如$\begin{cases}x+c_1=b(y-c_1)\\y+c_2=a(x-c_2)\end{cases}$类

这类问题可表述如下:

甲、乙两人各有钱若干,甲从乙处得 c_1,则甲的钱是乙的 b 倍;乙从甲处得 c_2,则乙的钱是甲的 a 倍。求两人各有多少钱?

具体形式如下:

$$\begin{cases}x+c_1=b(y-c_1)\\y+c_2=a(x-c_2)\end{cases}$$

历史上典型的例子如下:

①甲对乙说:“如果你给我 10 迈纳,那么我的钱将是你的 3 倍。”乙对甲说:“如果我从你那儿拿同样多的钱,那么我的钱将是你的 5 倍。”问甲、乙各有多少钱?(米特洛多鲁斯《希腊选集》)

②若甲得乙之 7 第纳尔,则甲的钱是乙的 5 倍多 1;若乙得甲之 5 第纳尔,则乙的钱是甲的 7 倍多 2。问甲、乙各有多少钱?(斐波那契《计算之书》)

6.3.2　HPM 讲授阶段

结合二元一次方程组课题类型、史料特点以及学情分析等特点,HPM 讲授阶段主要以“一、二、三、四、五、六”HPM 理论框架为依据，按照 HPM 干预框架从知识点教材内容分析、二元一次方程组相关教学设计研究、二元一次方程组相关史料的运用方式以及数学史融入数学教学的价值凸显等方面进行具体实施。

1. 教材内容分析

一元一次方程的学习在教材中被安排在二元一次方程组之前，在学习二元一次方程组时学生对方程的求解问题已经具备了一些基本知识储备，表 6－5 给出了人教版、北师大版、沪教版和苏科版四个版本教材中本知识点对应章节、新课导入方式以及是否在同一章安排一元一次方程与二元一次方程组。

表 6－5　相关教材中关于“二元一次方程组”的知识点分析

教材版本	知识点对应章节	新课导入方式	是否在同一章安排一元一次方程与二元一次方程组
人教版	七年级下册 8.1，二元一次方程组	从“篮球比赛”问题导入	否
北师大版	八年级上册 5.1，认识二元一次方程组	从《孙子算经》中“鸡兔同笼”以及老牛驮包裹来导出二元一次方程组	否
沪教版	六年级下册 6.8，二元一次方程	从关于二元一次方程的实际问题导入	是
苏科版	七年级下册 10.2，二元一次方程	从篮球比赛相关的问题导入	否

由 6－5 可见，四种版本的教材对本知识点的安排存在一定的差异性，人教版、北师大版和苏科版在知识点安排上有较高的相似度，没有在同一章节安排一元一次方程与二元一次方程组内容，但在沪教版中一元一次方程与二元一次方程组被安排在了同一章节。不等式相关知识点在人教版和苏科版中被安排在了二元一次方程组后面。具有代表性的是沪教版在本节设计中，设置了二元一次方程整数解的概念和求解的背景知识。

2. 二元一次方程组相关教学设计研究

关于二元一次方程组的相关教学设计，教师大多是从学生已学的知识为起点，抓住学生的认知起点来实施教学。对于二元一次方程组来说，方程和一元一次方程就是二元一次方程组学习认知的基础。总体来讲，可分为以下几类：一类是从已学知识点出发，利用实际问题进行设计；另一类是设置实际问题直接引入二元一次方程。

王双(2013)、惠波和赵春雷(2014)、王伟和邬云德(2014)等从几个实际问题直接引入二元一次方程(组)；李继选(2014)让学生从必要性上体会到为什么要构建二元一次方程组；沈顺良(2016)先复习方程，再引入实际问题，最后从概念上引出二元一次方程(组)；芦争气(2017)则从设置相关问题角度入手；王红权和应佳成(2016)则认为从数学文化和数学发展角度进行设计，会凸显不同的教育价值。

3. 二元一次方程组相关史料的运用方式

二元一次方程组是用来刻画现实生活中实际问题的重要模型之一，在初中数学知识点当中具有极其重要的地位，也是将数学知识用于现实生活的具体途径。历史悠久、数学问题多元和数学模型思想是二元一次方程组的主要特征，要将这些特征自然地融入到教学当中，离不开数学教师的专门内容知识来解决，利用不同数学史的融入让学生感受二元一次方程组的必要性非常有意义。关于二元一次方程组课程的史料运用方式主要有复制式和顺应式两种形式。

1)复制式

本知识点的史料最大的特点就是可以选用数学史上著名的数学家四大历史名题。其中形如$\begin{cases}x+y=c_1\\ax+by=c_2\end{cases}$类、形如$\begin{cases}a_1x=y+c_1\\a_2x=y-c_2\end{cases}$类及形如$\begin{cases}x+c_1=b(y-c_1)\\y+c_2=c(x-c_2)\end{cases}$类都是以原汁原味的形式呈现历史上的名题，属于直接利用历史上的名题来组织教学，即典型的复制式的史料运用方式。这种复制式符合学生的认知次序，其中第一类和第二类比较简单，可以利用一元一次方程解法让学生轻松求解，这些问题都可以在《九章算术》中找到，其实较为简单的“盈不足”问题是不需要运用线性方程组的方法进行求解的，所以在教学中教师可以直接利用复制式的形式来融入教学。

2)顺应式

四大历史名题的第三类问题,形如$\begin{cases}a_1x+b_1y=c_1\\a_2x+b_2y=c_2\end{cases}$类问题,如果用《九章算术》里的原题不加改编,直接列方程和计算的话还是有些难度的。为了方便列方程和计算,将原题数据进行改编,这样就成了顺应式运用数学史。

4.数学史融入数学教学的价值凸显

数学史融入数学教学主要凸显六大价值,本知识点主要凸显以下三个方面的教育价值。

1)知识之谐

在大多数常规教学中,二元一次方程(组)的教学本身比较简单,教师多采用机械式重复刷题的方式让学生进行掌握。一般不会重视知识体系内部的结构和模型思想。在二元一次方程(组)概念教学时一般是快速切换,多数教师将重点放在二元一次方程(组)的求解上面。如果很好地利用历史上的四大名题,二元一次方程(组)背后丰富的文化内涵和知识体系将会发挥重要的作用,因为二元一次方程(组)是一元一次方程的延续,也是向二元一次方程组解决实际问题过渡的必经之路,具有承上启下的重要作用。四类问题情境能从数学知识内部的矛盾出发,设置认知障碍。总的来说第一类有名气、第二类有趣味、第三类有认知障碍、第四类有得力证明。这些在很大程度上体现了"知识之谐"的教育价值。

2)文化之魅

《古巴比伦泥版》《九章算术》《算术》《计算之书》《代数学》《算法统宗》和《希腊选集》都是经典的世界名著,其中的人文性、趣味性、科学性和可学性不言而喻,也可以很好地架起数学与人文的桥梁。其中的数学问题不仅可以体现数学文化的魅力,而且可以令学生对历史文化进行深入思考,真正让文化进课堂,拓宽学生的知识面,最终达到实现数学史的"文化之魅"价值。

3)能力之助

第一类、第二类和第三类问题都是以古文或诗句的形式呈现的,原汁原味地展示了古代数学名题,而第四类问题以趣味故事的形式呈现,需要学生去静心阅读,并从中找到关键条件进行分析,这些过程都能够提升学生的阅读能力及数学抽象和数学建模的能力,充分凸显了数学史的"能力之助"价值。

6.3.3　HPM 教学设计阶段

二元一次方程组课题历史文化内涵极其丰富，它是古代算术思想和代数思想的重要产物，通过方程组的思想方法解决一些数学实际问题时，会变得更为简单和方便理解。源于实际和趣味性是二元一次方程组的两大特征。因此，在教学设计中要特别抓住知识点本身的两大特征。HPM 教学设计之二元一次方程组设计环节包括：新课引入、新课探究、概念形成和作业单的设计。

1. 新课引入

介绍不同国家对数学发展的巨大贡献，导入该知识点的探索之旅。PPT 展示标有中外古代数学辉煌成就的历史名题所在国。

2. 新课探究

播放视频《数学的故事》中关于介绍古巴比伦数学相关的片段。

问题 1：形如$\begin{cases}x+y=c_1\\ax+by=c_2\end{cases}$类的历史名题。

已知两数之和为 100，差为 40，求这两个数。（丢番图《算术》）

问题 2：形如$\begin{cases}a_1x=y+c_1\\a_2x=y-c_2\end{cases}$类的历史名题。

隔墙听得客分银，不知人数不知银；七两分之多四两，九两分之少半斤。试问各位善算者，多少人分多少银？（程大位《算法统宗》）

问题 3：形如$\begin{cases}a_1x+b_1y=c_1\\a_2x+b_2y=c_2\end{cases}$类的历史名题。

甲乙二人各有钱币若干。甲对乙说："如果把你的钱币的$\frac{2}{3}$给我，我就有 14 第纳尔。"乙对甲说："如果把你的钱币的$\frac{1}{4}$给我，我就有 17 第纳尔。"问：甲、乙各有多少钱？（斐波那契《计算之书》）

问题 4：形如$\begin{cases}x+c_1=b(y-c_1)\\y+c_2=a(x-c_2)\end{cases}$类的历史名题。

骡子和驴驮着酒囊行走在路上，为酒囊重量所压迫，驴痛苦地抱怨着，听着驴的怨言，骡子给它出了这样一道题："若你给我一袋酒，我背负的重量刚好就变成你的2倍；若你从我这儿拿去一袋，则你我所负重量刚好相等。"问他们所负酒囊各有几袋？（欧几里得，公元前3世纪）

3. **概念形成**

利用已列出的方程，类比、归纳与提炼二元一次方程组的定义和二元一次方程组解的定义。

4. **作业单的设计**

作业单

学习心得与感想

（1）你认为为什么要学习方程？学习二元一次方程组的必要性是什么？

（2）你在初中阶段是怎样学习该知识点的？比较并说明该方式和数学史融入数学教学各自的优缺点。

（3）你觉得数学史融入二元一次方程组，对于你的学习是否有帮助？为什么？

（4）数学史融入该知识点的亮点是什么？为什么？

（5）有人说初中阶段学习一元一次方程就可以了，你认为呢？为什么？

问题与思考

（1）参考形如$\begin{cases} a_1x+b_1y=c_1 \\ a_2x+b_2y=c_2 \end{cases}$类的历史名题，编制一道具有数学文化背景的二元一次方程组实际应用试题。

（2）在解决实际问题时二元一次方程与一元一次方程的区别是什么？请举例说明。

6.3.4 HPM干预后的访谈与作业单反馈

1. **访谈**

笔者：你认为关于二元一次方程组的HPM干预能帮助你们更好地理解该知

识点的专业方面知识吗?（与 PT - HSCK 对应）

H1～H6,Z1～Z6:有帮助。（异口同声）

笔者:谁能具体谈一下吗?

H4:上初中的时候接触过“鸡兔同笼”问题,可能是因为这只是属于我们史料干预中的一类问题,所以没有意识到这些历史名题的真正意义到底是什么?当教师把这些总结归类了之后我好像就突然明白了它们的意义。比如,历史上的第一类和第二类问题,其实是可以用一元方程来求解的,而且求解难度也不会太大。而第三类和第四类问题,虽然可以用一元方程来求解,但是求解起来比较复杂,反倒是用二元一次方程求解相对简单。这也让我明白了学习二元一次方程组的必要性,这可能就是教师之前在课堂上讲的基于数学史的专门内容知识吧。

Z3:嗯嗯,老师我觉得这四类问题特别好,我以后给西藏的孩子上这节课的时候一定会用这四个问题来设计问题串。通过 HPM 干预我还感受到了数学的实用性,数学非常贴近我们的实际生活。

Z5:你今天不错呀,问题串都用上了,不过讲得挺好的。在西藏的初中课堂上就应该多一些这样的史料,让学生认识知识的来龙去脉,更要让学生去思考,积极地参与进来。今年暑假刚放假回家,当时西藏的学校还没放假,我去附近的初中听了几节课,刚好听了这节课,真是不比不知道,一比发现西藏太需要 HPM 视角下的数学教学了。

Z6:是的,我数学一直学的还行,初中的时候数学成绩最好,现在想想这种好的成绩完全是靠死记硬背得来的,根本没有进行什么探究,有时候就没有在课堂上思考过,只是反复地做题、再做题。像“住客分房”“牛羊价值”和“骡子和驴”问题,因为课本上没有,根本就没听过。也没有途径了解古巴比伦、中国古代的一些文化,及诗歌中的数学。

H1～H6,Z1～Z6:是的是的。（小声）

笔者:都讲得不错,看其他的同学还有补充的吗?

H2:可能大家之前都没有思考过学习二元一次方程组的必要性,知道了这四类历史名题之后,立马就明白了,一元一次方程已经不再那么优越了。还有就是将微视频应用到初中课堂中,给学生的视觉冲击也是比较大的。

H4:我在上初中的时候,我的初中数学教师在课堂上也使用过数学史,但只是讲讲数学家的故事,而且有的时候感觉和知识点的联系也不是太大,就感觉可有可无一样，没有形成一个主线自然地融入进去，如果按照 HPM 干预里面讲的融入方式来分类的话，可能那只能勉强算得上是附加式融入吧，顺应式和重构式基本上就没有接触过。

H1：按照四大历史名题所列出的方程，很自然地引出“一元一次方程还够用吗?”，或许二元一次方程的出现会更加顺其自然，二元一次方程的必要性也就凸显得更加明显。

笔者：大家理解得都很好，看来二元一次方程组的 HPM 干预对大家更好地理解该知识点的专业方面帮助很大。

2. 作业单反馈

1）H5 的作业单反馈

我在小学的时候就接触到“鸡兔同笼”问题了，在七年级的时候尝试了用一元一次方程解决这一问题。我发现用方程来解决这些问题，会使计算更加简便，能够让学生根据题目中的等量关系得到数学问题的答案，使得学生的思维逻辑更加严密，比用非方程方法更有优越性。

我在初中的时候，教师在复习一元一次方程的基础上直接引入了二元一次方程组，并将二元一次方程组与一元一次方程的概念进行对比，逐字讲解概念中个别字的意思，在理解概念的基础上要求学生根据题意尝试列出二元一次方程组。将数学史融入一元二次方程组概念的教学，能够让学生了解古人的一些计量单位的同时感受数学在生活中的无处不在。首先，课程根据几个简单史料的引入，让学生尝试用所学的一元一次方程来解决问题，并且说说这些问题与之前所学的一元一次方程的问题有什么区别，让他们发现这些新的问题相比较之前的问题更复杂并且有两个等量关系，尝试让学生用另一个未知量来替换，会令他们发现如果用两个未知量来表示可以由题意写出两个等式，如果用一个未知量来表示则能得到一个长等式。其次，根据“有一个未知数且指数为 1 的等式叫一元一次方程”让学生们自己定义有两个未知数且未知数指数为 1 的两个方程应该叫什么，答案显而易见就是二元一次方程组。再次，可以就一个问题试着让同学们根据有一个未知数的一元一次方程的解法来解出方程的解，由教师引导学生根据所解出的一个解带入题中的一个等量关系解出另一个所求的量，让学生将这两个求出的量带入两个等式中，则等式成立。最后根据一元一次方程的解来给这两个量命名。

将数学史融入该知识点能够让学生更好地结合一元一次方程来理解二元一次方程组的概念，是新旧知识之间联系的桥梁，能让学生了解很多之前不认识的计量单位。将数学史融入二元一次方程组也可以让学生知道数学源于实际问题，让学生反过来看具有历史的数学问题会让他们觉得富有趣味性。比如“三禾”问题，“二果问价”问题，“百僧分馍”问题等我之前没有听过的问题。同时也可以让学生给一个二元一次方程组赋予实际意义，比如$\begin{cases}x+y=8\\5x+3y=34\end{cases}$，这个二元一次方程组我可以赋予其实际意义：“牛顿和莱布尼茨去文具店买文具，牛顿买了 1 支钢笔和 1 个笔记本共 8 元，莱布尼茨买了 5 支钢笔和 3 个笔记本共 34 元，问：1 支钢笔多少钱？1 个笔记本多少钱？”教师可以通过这种赋予方程实际意义的方法让学生感受方程的趣味性。

2)Z2 的作业单反馈

学习二元一次方程组是学习方程组以及数学课程的开始，也是数学在实际问题上的应用。学习二元一次方程也为后面我们还要学习的三元一次方程甚至多元方程打下基础。

学习过程中最经典的一个例题就是“鸡兔同笼”问题，当初我们学习这个知识点就是通过“鸡兔同笼”来理解的，一直到现在都印象深刻。融入数学史的优点之一就是可以帮助学生加深理解。此外数学史融入数学课堂还使课堂更加灵活有趣，让学生既学习了数学知识又了解了数学的历史和发展过程。在课堂中融入数学史对于教师的要求也比较高，需要教师花大量的时间但不一定能获得期望中的效果，所以数学史虽然好但是也需要考量自身的驾驭能力。作为一名职前数学教师必须对知识点足够了解，必须得有足够的能力驾驭数学史，因此我们只有多学习才能真正地教好学生，再加入数学史让学生更易理解知识本身。

数学史在融入该知识点方面有很大的优势。首先鸡兔同笼是一个历史名题，可以运用不同方程分别表示，因此用它因地制宜地引出二元一次方程的概念自然而流畅，且第二类古代数学难度适中，容易激发学生对学习二元一次方程组的兴趣，从而创造学习动机，此外该知识点是参照数学史沿从易到难设置的。虽然有些问题可以运用一次方程来求解，但是很明显用二元方程组解决问题更加简单，况且这两个知识点间隔时间太久不易于学生对比理解二元的优势，因此我觉得早点学习该知识点对学生较好，这样能为后面知识的学习打下基础，使后面的学习更加容易。在解决实际问题时二元一次方程与一元一次方程的区别是设的未知量不同，二元一次方程通常有两个未知量，而一元一次方程是一个未知量，并且二元一次方程通常通过两种关系量来解决，也更易于求解。比如“鸡兔同笼”问题一元一次方程要转化鸡兔的数量关系，设某一个量为未知量解出来之后再通过数量关系解出另一个；而用二元一次方程找的就是鸡兔的头和脚之间的差和总数，思维更加开阔，也更好理解。

3)H3 的作业单反馈

方程将已知量和未知量联系在一起，降低了计算难度；列式清晰有序，有利于计算和问题的解决，也为后期学习更加复杂的数学知识做好铺垫。学习二元一次方程组可以使一些困难问题的求解过程变得简单，使各种未知量之间的关系直接明了，提高问题解决的效率。

我在初中阶段学习二元一次方程组的知识时，教师是从“鸡兔同笼”问题开始引入的，他把课堂设计成习题课，缺点在于并不是所有的学生都能跟上这样的节奏，没有数学史的逐步引导和深入，课堂显得十分生硬。数学史生动有趣，学生又喜欢听故事，因此融入数学史的课堂使学生对数学学习产生期待，也使学生知识面变得更加宽广。但要注意教师在进行备课时需要根据自身教学特点和学生的接受能力、年龄特点对数学历史故事进行改编，选择好侧重点，把数学放置在当下科学技术发展和社会背景之中，使数学史更加适合课堂。数学史发展过程中出现的困难也有助于解释如今学生遇到的困难。

以古代与二元一次方程组相关的故事为背景和线索，有利于教学过程的开展，通过历史故事和历史发展可以把数学知识串起来，使之成为体系，能帮助学生理解本知识点在生活中发挥的巨大作用。数学史能把数学的现实性和趣味性联系在一起，一举多得，顺应了学生的天性，能使课堂教学更顺利地进行。融入数学史可以利用历史故事拓展学生的思维，使课堂气氛变得活跃，将学习数学视作一种知识活动而不仅仅是知识和技巧的融合汇聚。

数学史融入该知识点的亮点是让学生感受到数学文化的魅力。数学史可以为数学知识的学习提供新的教学思路和教学模式，而传统教育仅仅是从知识和技巧的角度安排学习。HPM 干预中的题目是按照从易到难的四个古代数学名题进行设置的，符合学生思维发展过程。以数学史穿插整个教学过程也使教学变得井然有序、有系统性。

4)H6 的作业单反馈

在学习方程之前“鸡兔同笼”问题都是用纯数字的方法来计算的，用这种方法计算的时候要假设全部都是鸡或全部都是兔，我认为用这种方式计算很容易出错，自己还会觉得好复杂，而在学习了一元一次方程之后我们有了新的解法，感觉到以前所学的问题其实也没有太难，所以我认为学习方程能将一些具有未知数的题目简单化，方便求解。当然我们在刚开始引入二元一次方程组的时候用到的例子都是可以用一元一次方程来求解的，例如“鸡兔同笼”问题。虽然我们遇到一些题时用一元一次方程可以解得，但会非常麻烦，用二元一次方程组来解决就会简单很多，所以二元一次方程组也是有必要学习的。

初中阶段我学习二元一次方程组时教师也是用例题引入，将一元一次方程过渡到二元一次方程组。如果在课堂中加入数学史，让学生了解知识点的来龙去脉，会使得古代的一些经典问题变得有趣，可以活跃课堂气氛；学生可能还会对其印象很深，课下会主动去翻阅，并找到一些相关类型的题去做，进而让学生探索发现有些较复杂的题运用二元一次方程可以很容易解决，同时使他们了解原汁原味的历史，感悟悠久的数学历史、丰富的数学文化，拓宽他们的知识视野。

数学史融入二元一次方程组，将课本中冰冷的数学知识，巧妙地结合了从古至今人们经常遇到的一些经典问题，让学生体会到了其中的内涵，认识到了我国的《九章算术》《唐阙史》及国外的《几何原本》等著作，有了想更深地了解这些著作的愿望。学生了解的数学史越多，对这些知识的认知就会更深，对数学的学习也会由只知道知识点向更深一步拓展。

5)Z5 的作业单反馈

我认为引入未知量，能使计算简便，会让一些复杂问题简单化并求出解来。学习方程可以培养我们的逻辑思维能力，方程式是含有未知数的等式。学习二元一次方程组能给解题带来方便，更容易理解和求解。第二类古代数学题就需要用二元一次方程组来解决，突出了学习二元一次方程组的优越性和必要性，从而激发了学习动机。

我在上初中时，数学教师运用“鸡兔同笼”问题引入二元一次方程组的知识，并给我们讲解例题，没有将数学史融入到课堂中，因此课堂看起来并没有那么有趣，知识点也不是很系统。而将数学史融入二元一次方程组来讲解，运用了“鸡兔同笼”问题，它可以用一元一次方程和二元一次方程分别表示，所以能自然地引出二元一次方程组的概念，契合而流畅，而且数学问题难度适中，容易激发学生对学习二元一次方程组的兴趣，从而创造学习动机。此外，参照历史，课上练习依据从易到难的四类古代数学问题串来设计，而不是凭空设计，这些数学史料成为了教学单元的线索，让学生系统地认识了二元一次方程组；将现实和数学拉近，给学生留下了深刻的印象；将数学史融入二元一次方程组的学习中，培养了学生的数学素养；将人文和数学联系在了一起，使学生并不会那么讨厌学习数学，反而会发现数学中的乐趣，从乐学到主动学，这种习惯正是我们所要培养的。

我们需要解决 HPM 干预的第二类数学问题，用一元一次方程来求解会变得很复杂甚至解不出来，而运用二元一次方程组来求解则变得简单易懂。多一种知识点来丰富自己的思维，在学习该知识点的过程中学生还学到了鸡兔同笼问题，了解了《九章算术》，学习了古人解题的思想；站在古人的肩膀上学习数学，提高了学生的逻辑思维能力和数学素养。

6.4 HPM 干预案例三：平行线的判定

6.4.1 史料阅读阶段

虽然不相交可以表示平行，但是不相交在有限平面内是看不到摸不着的，它不像垂直那样显而易见，可以看到垂足。因此，平行线的相关知识学习需要搞清楚学生的认知起点。平行线的判定定理则是用来描述两条直线位置关系的重要准则，也是现实生活中用来进行工程指导的基本原理，比如说建筑的每一层边线都是平行于水平线的。平行线的判定作为培养初中生逻辑推理能力的重要知识点之一，在初中几何知识点中具有一定的代表性。因此，笔者也将平行线的判定作为个案研究中衡量研究对象 PT－HSCK 水平的干预案例之一。史料阅读阶段主要从平行线的定义、判定、性质和符号等几个方面来组织史料进行具体实施。

1. 平行线的定义

关于平行线的定义，在数学史上主要是从等距离、不相交、同方向和无倾斜等四种形式去定义的，具有代表性的定义如表 6－6 所示。

表 6-6　平行线定义一览表

数学家	平行定义	出处	定义形式
墨翟(约公元前 478—约公元前 392 年)	平,同高也	《墨经》	等距离
巴蒂(I. G. Pardies, 1636—1673)	若两条直线彼此处处等距,则称它们为平行线	《几何基础》(图 6-10 左)	等距离
Clairaut(1741)	彼此处处等距的直线	《几何基础》	等距离
莱斯利(J. Leslie, 1766—1832)、勒让德(A. M. Legendre, 1752—1833)	两条直线平行,则它们处处等距	《几何基础》	等距离
梅瑴成(1681—1763)	凡二线之间宽狭相离之分俱等,则此二线谓之平行线也	《数理精蕴》(图 6-10 右)	等距离
欧几里得(Euclid, 约公元前 330—公元前 275)	平行线是在同一个平面内向两边无限延长后,在两个方向上都不相交的直线	《几何原本》	不相交
Newcomb(1884), Bowser(1890), Milne(1899), Beman 和 Smith(1899), Durell(1911)	在同一个平面内的两个方向上无论延长多远都不相交的直线称为平行线	《早期教科书》	不相交
Hayward(1829)	在空间中具有相同方向的两条直线称为平行线	《早期教科书》	同方向
Robbinson(1868), Tappan(1885)	平行线是具有相同方向的直线	《早期教科书》	同方向
Gore(1908)	利用了"同方向"定义证明了平行线性质	《早期教科书》	同方向
Leslie(1811)	彼此没有倾斜的直线称为平行线	《几何基础》	无倾斜

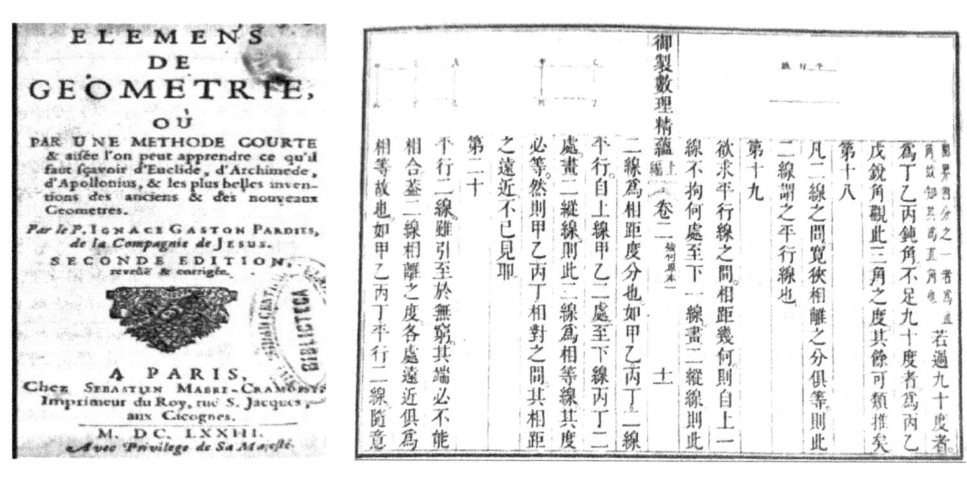
ELEMENS DE GEOMETRIE, OU PAR UNE METHODE COURTE & aisée l'on peut apprendre ce qu'il faut sçavoir d'Euclide, d'Archimede, d'Apollonius, & les plus belles inventions des anciens & des nouveaux Geometres.

Par le P. IGNACE GASTON PARDIES, de la Compagnie de JESUS.

SECONDE EDITION, reveuë & corrigée.

A PARIS, Chez SEBASTIEN MABRE-CRAMOISY, Imprimeur du Roy, ruë S. Jacques, aux Cicognes.

M. DC. LXXIII.

Avec Privilege de Sa Majesté.

若過九十度者爲丁乙丙鈍角不足九十度者爲丙乙戊銳角觀此三角之度其餘可類推矣

第十八

凡二線之間寬狹相離之分俱等則此二線謂之平行線也

第十九

欲求平行線之間相距幾何則自上一線不拘何處至下一線畫二縱線則此

御製數理精蘊 上編 卷二 幾何原本一 十

二線爲相距度分也如甲乙丙丁二線平行自上線甲乙二處至下線丙丁二處畫二縱線則此二線爲相等線其度必等然則甲乙丙丁相對之間其相距之遠近不已見耶

第二十

平行二線雖引至於無窮其端必不能相合蓋二線相離之度各處遠近俱爲相等故也如甲乙丙丁平行二線隨意

图 6－10　巴蒂《几何基础》封面与《数理精蕴》书影

2. **平行线的判定**

“平行线的判定”是初中阶段简单说理的开始，也可以说是论证几何的重要开端，其具有实验几何自然向论证几何过渡的承上启下的重要作用。初中课堂实践教学和相关数学史文献研究表明，初中生对于平行线的认识、判定与平行线的历史演变具有历史相似性。从国内外史料中可以发现，平行线的判定经历了从“距离处处相等”判定到“角相等”判定的演变历程。

1)“距离处处相等”判定

我国战国时期，诸子百家中有个学派叫墨家，其创始人姓墨名翟，其门下诸多弟子共同努力完成《墨经》。该书中抽象有“平，同高也”(距离处处相等)的平行线判断方法。我国清康熙年间《数理精蕴》一书中也有描述利用“二线之间宽狭相离之分俱等”(距离处处相等)的平行线判断方法。在国外也有巴蒂、克莱罗、莱斯利以及勒让德等利用距离处处相等对平行线进行判定。

2)“角相等”判定

古希腊时期的著名数学几何学家欧几里得利用反证法证明了命题 I.27：

一条直线与两条直线相交，如果内错角相等，那么两直线平行。

然后推导出了 I.28：

一条直线与两条直线相交，如果同位角相等，或者同旁内角之和等于二直角，则两直线平行。

这说明，根据角的关系必然能够推导出两条直线的平行关系。

勒让德在《几何基础》中先给出：

定理 1：若两条直线同时垂直于第三条直线，则这两条直线平行。

根据上述定理，勒让德证明了：

定理 2：两条直线被第三条直线所截，若同旁内角互补，则这两条直线平行。

如图 6－11 所示，取线段 EF 的中点 O，过 O 作直线 AB 的垂线，垂足为点 G，交直线 CD 于点 H。因

$$\angle BEO+\angle OFH=180^\circ,\qquad \angle BEO+\angle OEG=180^\circ$$

故 $\angle OEG=\angle OFH$；但 $OE=OF$，$\angle EOG=\angle FOH$，于是得到 $\triangle OEG\cong\triangle OFH$。因此，$\angle OGE=\angle OHF$，即 $\angle OHF=90^\circ$，$GH\perp CD$。根据判定定理 1，$AB//CD$。Schuyler(1876)则采用旋转的方法来证明 $GH\perp CD$。

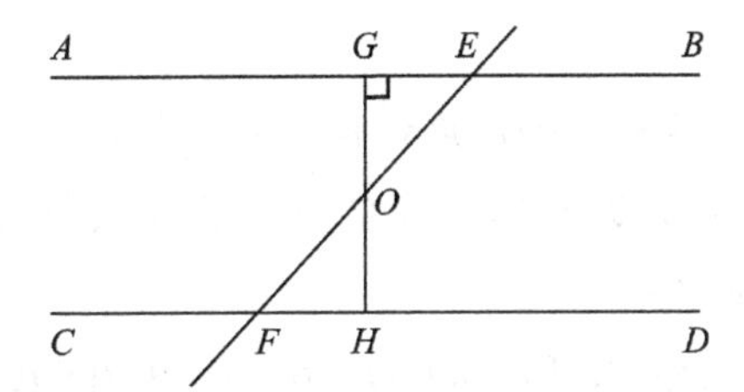

图 6－11　勒让德对平行线判定定理的证明

美国数学家纽康(S. Newcomb，1835—1909)利用旋转的方法去证明另一个判定定理：

如果它们的内错角的度数是一样的，那么这两直线平行。

如图 6－12 所示，将左图绕 EF 的中点 O 旋转 180°得到右图，证明左右两图完全重合；再证明，若直线 AB 和 CD 在某一侧相交，则在另一侧也必然相交，从而得出“AB 和 CD 完全重合”的矛盾结论(Newcomb，1884)。Palmer 和 Taylor(1918)则利用勒让德的方法证明了“内错角相等，两直线平行”。

这些都是利用“角相等”对平行线进行判定的。

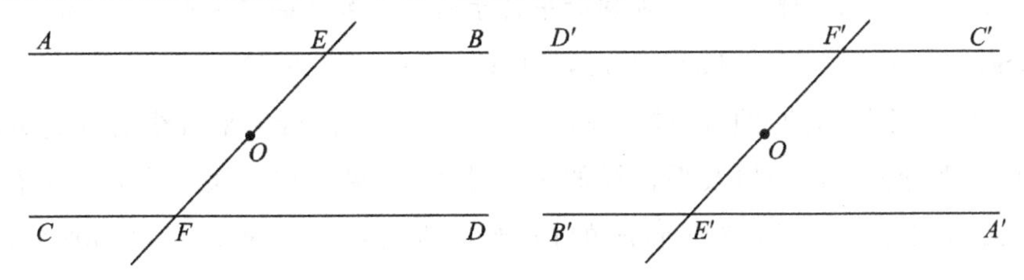

图 6－12　纽康对平行线判定定理的证明

3. **平行线的性质**

在《几何原本》所给出的五个公设里面，第五公设就是数学史上著名的一条"平行公理"。《几何原本》卷一里也给出了平行线的一个性质定理，该性质定理建立在平行公理的基础之上：假设内错角一大一小，则可推出同旁内角小于二直角，由平行公理可知，两直线相交。故有逻辑关系：平行公理推出命题 1.29。

在欧几里得之后，许多数学家都对平行公理持怀疑态度，他们试图用其他更"明显"的论断来代替它，例如(Heath,1908)：

①存在两条直线彼此处处等距。(Posidonius,Geminus,公元前 1 世纪)

②给定任意图形，存在任意大小且与之相似的图形。(沃利斯,17 世纪)

③在一个四边形中，如果有 3 个角为直角，那么第四个角必为直角。(克莱罗,18 世纪)

④存在一个三角形，其有 3 个内角之和等于二直角。(勒让德,18—19 世纪)

⑤过小于 60 度的角内的一点，一定能作一条直线与角的两边延长线同时相交。(勒让德,18—19 世纪)

18 世纪末期，普莱费尔(J. Playfair,1748—1819)在《几何基础》中采用新的公理来取代前面所说的第五公设(Playfair,1795)。实际上，早在 1300 多年以前，普罗科拉斯在评注《几何原本》时，已经提出与此等价的公理。后世几何教科书大多采用普莱费尔的公理，但在公理的表述上互有不同。如：

①经过一个固定的已知点，能且只能画一条已知直线的平行线。(Legendre, 1867; Bowser, 1890; Robbins, 1907; Gore, 1908; Durell, 1911; Ford et al., 1915; Wentworth et al., 1913; Wells et al., 1916; Young et al., 1916; Slaught et al., 1918)

②过直线外的某个定点，有且仅有一条直线与已知的直线是平行关系。(Newcomb,1884)

③两条相交的直线，是不可能同时平行于同一条另外的直线的。(Beman et al., 1899; Schultze et al., 1902; Hart et al., 1912; Long et al., 1916)

勒让德《几何基础》的改写版(Legendre,1867)首先给出平行线的判定定理 1，然后根据平行公理证明以及平行线的一个性质：如果存在两条直线满足平行的关系，那么第三条直线相交所形成的内错角必然相等。Robbins(1907)、Durell(1911)、Wentworth 和 Smith(1913)等都采用同样的方法来证明平行线性质定理，而 Bowser(1890)则采用旋转的方法来代替全等三角形的证明。

4. **平行线符号的演变过程**

数学的发展得益于它的符号，因此符号化是将抽象的数学理论推广的重要基础，好的符号通常令人难以抗拒，而平行符号的确定也是历史的选择，这在很大程度上对数学的发展推动起着决定性的作用。平行线符号的表示经历了从“$\underline{\underline{OV}}$”或“$\underline{\underline{P}}$”到“=”或“OL”再到“//”的漫长而曲折的过程(牟金保 等，2017c)。事实证明，先进符号的选取采用是历史选择的结果，符号化的发展必定是数学发展的一个重要基础，很大程度上决定了数学的发展(Cajori，1993)。平行符号的历史如图 6-13 所示。

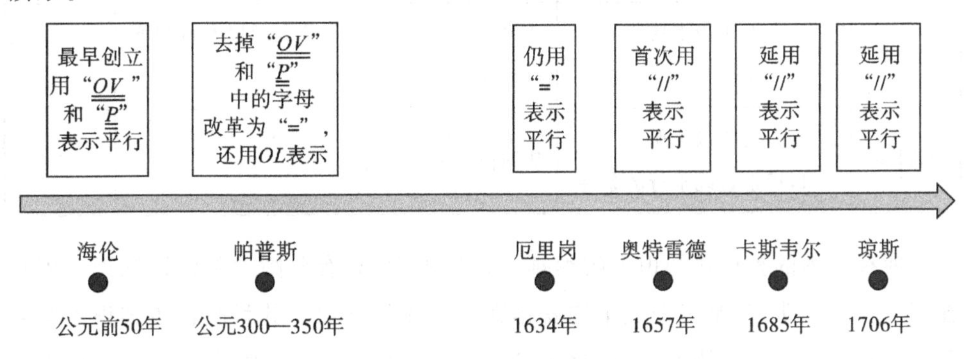

图 6-13　平行符号的历史

6.4.2　HPM 讲授阶段

结合平行线的判定课题类型、史料特点以及学情分析等特点，HPM 讲授阶段主要以“一、二、三、四、五、六”HPM 理论框架为依据，按照 HPM 干预框架从知识点教材内容分析、平行线的判定相关教学设计研究、平行线的判定相关史料的运用方式以及数学史融入数学教学的价值凸显等方面进行具体实施。

1. **教材内容分析**

大多数教材把平行线相关知识作为几何说理的开端，在初中阶段具有承上启下的重要作用，承上是对相交线相关知识的研究，启下是对后续三角形内角和的相关知识、全等三角形的相关知识和四边形等相关几何内容的学习。培养学生逻辑推理能力、逐步让学生掌握简单几何说理是本知识点最重要的作用之一。人教版、北师大版、沪教版和苏科版四个版本教材关于这一知识点的对应章节、新课导入方式以及是否学习三线八角分析如表 6－7 所示。

表 6－7　相关教材中关于“平行线的判定”的知识点分析

教材版本	知识点对应章节	新课导入方式	是否学习三线八角
人教版	七年级下册 5.2.2,直线平行的条件	从借助直尺和三角尺通过推动三角尺得到平行线导入	是
北师大版	八年级上册 7.3,平行线的判定	从证明、定义和命题等预备知识推导平行线的相关判定导入	是
沪教版	七年级下册 13.4,平行线的判定	从平行线的定义和符号表示以及画出平行线导入	是
苏科版	七年级下册 7.1,探索直线平行的条件	从同位角的定义导入	否

四种版本的教材在知识点的编排上差异不大，只有北师大版将该知识点安排在了八年级上册，其余三个版本均安排在了七年级下册。苏科版在该知识点学习前还没有安排认识三线八角，相对而言苏科版对说理的要求要低一点，沪教版对说理的要求要高一些。人教版利用 1 节课时呈现了三种判定定理；北师大版利用 1 节课时呈现了两种判定定理，其中把上一节学习的“同位角相等，两直线平行”当作基本事实推导后面两种判定定理；苏科版在 2 课时之中呈现同位角、内错角还有同旁内角的相关概念以及平行线的三种判定方法，后续平行线的性质也只占了 1 课时；沪教版的教科书在“平行线的判定”这部分内容上安排了 2 个课时，第一个课时主要讲了“同位角相等，两直线平行”这个内容，第二个课时聚焦于另外的两种判定方法。“平行线的性质”的课时安排与另外两个版本的教科书相似，且在性质后还配有 2 课时的习题课，相对而言，对说理方面的要求要稍微高一点。

除北师大版之外，其余三种版本的教材都通过一个直尺和一个普通的三角板通过平推画出我们学习所讲到的平行线，随之引入课程的下一部分内容——平行线的第一种判定方法。

2.平行线的判定相关教学设计研究

关于平行线判定的相关教学设计，以人教版教材为主，其余版本教材为辅，多版本融合进行设计居多。总体来讲具有代表性的教学设计可以分为三类：一是通过学生操作画图等探究活动，突出了知识生成的过程；二是利用生活中运用平行线的实例，突出了数学与现实生活的密切联系；三是通过三种判定方法与前后知识的联系，突出了本节课所蕴含的数学思想方法。

王冰和赵珊珊(2012)注重转化和数形结合思想的渗透；王继伟和郭清波(2013)从画平行线开始，引入平行线的判定方法一，让学生通过操作、探索，主动发现并建构新知。章志霞(2015)从"单元教学"的角度对本节课进行了"整体性"的设计，从对顶角、邻补角相关知识，借助三线八角相关知识，过渡到平行线的判定。范兴亚(2015)先复习，再从视错觉图形引入判定一，注重让学生体会转化思考的这一个过程。牟金保和孙洲(2017c)从真实生活中的一些实例作为切入点，抓住学生的认知起点，让学生自主探究"距离相等"到"角相等"判定平行的过程，然后引出两条平行线的关键性质。王进敬和粟小妮(2018)在教学设计中增加了从美国早期教科书曾用"方向相同或相反"的视角让学生观察平行线，从方位角的研究自然过渡到"如果产生的同位角相等，那么两根直线互相平行"。李昌官(2011)认为读懂是有效探究的基础。如何设计和根据现实情况实践平行线判定的教学框架，如何从学生理解平行线的认知起点出发，才能更好地与数学史上的数学家们对平行线的认知产生共鸣。这一点，HPM视角下的教学可以完成。

3.平行线的判定相关史料的运用方式

平行线的判定是几何说理的开端，在初中数学中有着重要的作用。该知识点可以用历史相似性来刻画学生认识平行线、理解平行线的判定以及运用平行线的判定说理的过程。要想自然地运用历史相似到教学当中，固然离不开数学教师基于数学史的专门内容知识，重现这一知识点产生的来龙去脉。关于平行线判定课题的史料运用方式主要有附加式和重构式两种形式。

1)附加式

附加式因为运用简单，已经成为大多数职前教师最受欢迎的一种形式。进行该知识点教学时可以在平行线符号介绍的同时，附加相关平行线符号的演变过程，来达到一定教学目标。为了节省课堂时间，提高课堂效率，平行线符号的演变历史发展脉络可以通过微视频的形式出现在课堂教学中。这种展示可以激发学生将自己画平行线的方法与历史上平行线的定义进行对比思考，这些都是附加式地利用数学史。

2)重构式

重构式主要是通过学生对已有平行线的认知，从“先画已知直线的垂线再在其上取一点画垂线”到“两直线间距离处处相等”再到“同位角相等”的过程，正好与中国古代经典《墨经》《数理精蕴》以及国外《几何原本》中的平行线思维过程极其相似。历史的相似性告诉我们，学生的认知起点就在这里，整个历史过程的重现也是学生自主探索平行线的判定方法的过程，这种亲身实践、自我感悟以及探究建构的平行线知识体系建构过程，在短短的一节课时间就可以重演一遍。这种过程对于学生来说是深刻的、最具说服力的，让学生认识到平行线的判定定理并非是凭空而降、冷冰冰的存在。这正是古往今来众多数学家们锲而不舍、拼搏努力的结果。这样的重构方式更能凸显教育价值。

4.数学史融入数学教学的价值凸显

数学史融入数学教学主要凸显六大价值，本知识点主要凸显以下三个方面的教育价值。

1)探究之乐

根据历史相似性，从《墨经》《数理精蕴》和《几何原本》中找到学生的认知过程是先接受“两直线间距离处处相等”，后理解“同位角相等”的过程。这个过程可以设置学生自主探究的情景，是让学生从“先画已知直线的垂线再在其上取一点画垂线”再到“直尺和三角板平推法”的自主探究过程。这样可以让学生亲身实践探究过程从而得到平行线的判定定理，这个过程充分体现了探究之乐。

2)方法之美

古希腊时期的著名数学几何学家欧几里得利用反证法的证明方法、勒让德对于平行线判定定理的证明方法和美国数学家纽康利用旋转方法的证明方法都非常经典；在探究过程中，学生在作图过程中也会再重现历史上许多数学家作图的方法，比如克莱罗作图法、布尔格尼作图法和勒让德作图法。这些方法都体现了方法之美。

3)德育之效

平行线符号的演变过程、平行线判定的演变过程以及数学家孜孜以求的证明和作图的过程，都蕴含着数学家的印迹和科学精神。学生的探究结果与数学家的结果相比较后的“小小数学家”的自豪，以及理解平线的判定定理的客观存在，这些体现了德育之效。

6.4.3　HPM 教学设计阶段

“平行线的判定”的 HPM 教学设计主要是基于历史的相似性来重构数学史，主要包括：理解平行线的概念、了解平行符号的演变历史、通过历史相似性探究平行线的判定方法以及掌握平行线的常用基本性等。因此，本教学设计中要特别抓住历史相似性这一特点，遵循学生的认知起点，培养学生初步的逻辑推理能力。HPM 教学设计之“平行线的判定”设计环节包括：情景导入、新知探究、例题讲解、内容小结和作业单的设计。

1. 情景导入

(1)让学生先说出身边可见的一些实例抽象出平行线的形象。

(2)尝试用文字给出描述性的定义。

(3)用微视频展示历史上平行线符号的演变过程，引导学生感悟数学文化。

2. 新知探究

问题 1：你能否画一条平行线？怎样判断它们平行呢？

根据史料预设做法：

(1)直接画出与已知直线不相交的直线(平行概念)——“不相交”在实际画法操作中存在困难。

(2)两条直线间的距离处处相等，则两直线平行(距离来刻画平行)——类似于《墨经》《御制数理精蕴》。

(3)垂直于同一条直线的两直线平行(角来刻画平行)——类似于《几何原本》。

(4)平推法得到两直线平行(角来刻画平行)——平推过程中角没有发生变化，如图 6－14 所示。

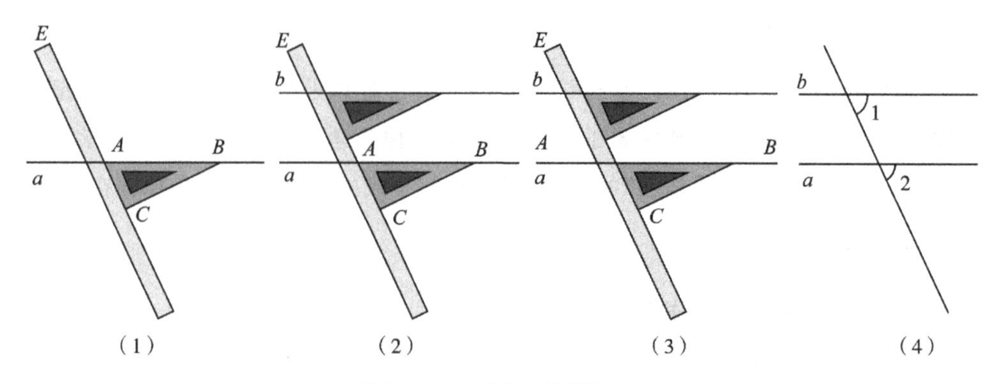

图 6-14 平推法步骤图示

问题 2:过直线 a 外一点 P 可以画几条平行线?(猜想讨论操作)

结论:讨论得到苏格兰数学家、物理学家普莱费尔提出的平行公设的替代公设,也就是平行线的基本性质。(与《几何原本》中的平行公设等价,但比《几何原本》中的平行公设通俗易懂)

3. **例题讲解**

如图 6-15 所示,直线 L 与直线 a、b、c 分别相交,且$\angle 1=\angle 2=\angle 3$ 。(1)从$\angle 1=\angle 2$ 可以得出哪两条直线平行?为什么?(2)从$\angle 1=\angle 3$ 可以得出哪两条直线平行?为什么?

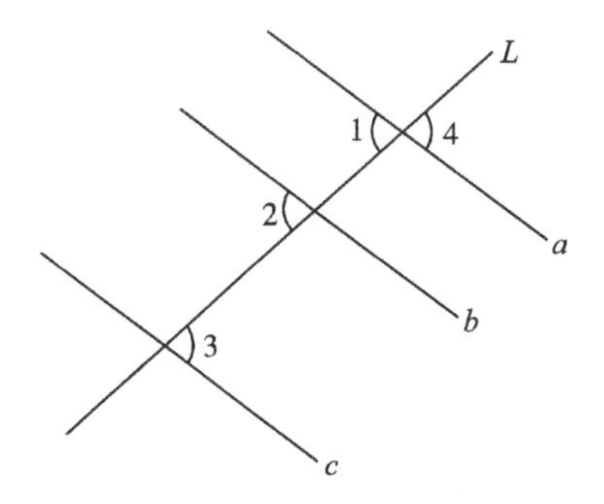

图 6-15 四线十二角图

4. **内容小结**

(1)尽量引导学生对本节课的知识要点进行总结。

(2)知道如何用图形语言、文字语言以及数学符号语言作各种表示。

(3)教师总结:了解平行线符号的发展历史有助于我们理解平行线;平行线的判定方法也是依据历史得到的。我们以数学史为引导的探究过程是同学们以数学家的方式对知识进行“再创造”的过程,有历史的相似性。数学史上,所有的知识都经历了漫长的发展过程。

5. 作业单的设计

作业单

学习心得与感想

(1)你对平行符号的演变历史有什么感想?

(2)你之前对《墨经》《御制数理精蕴》《几何原本》中关于平行的描述了解吗?了解后有什么感想?

(3)你觉得这种基于历史的相似性重构数学史的方式,对于你理解平行线判定是否有帮助?为什么?

(4)你觉得初中生的认知起点是距离处处相等刻画平行,还是角相等刻画平行?为什么?

(5)平行线的判定当中,你认为应该先讲哪一个判定定理?为什么?

(6)你在初中阶段是怎样学习该知识点的?比较并说明该方式和融入数学史的教学各自的优缺点。

(7)数学史融入该知识点的亮点是什么?为什么?

问题与思考

(1)在《几何原本》所给出的五个公设里面,第五公设就是数学史上著名的“平行公理”,谈谈你对这条公理的看法。

(2)谈谈《墨经》《御制数理精蕴》《几何原本》中对于平行刻画的方式。

6.4.4　HPM 干预后的访谈与作业单反馈

1. 访谈

笔者:你认为关于平行线判定的 HPM 干预能帮助你们更好地理解该知识点的专业方面知识吗?(与 PT－HSCK 对应)

H1～H6,Z1～Z6:有帮助/帮助很大。(两种不同的回答)

笔者:看来本知识点的 HPM 干预对大家的影响程度不一样,就请刚才回答帮助很大的同学先具体谈一谈吧?

H4:这个知识点的干预对我的影响要比前面的无理数概念和二元一次方程组大,因为我从来没有意识到平行的概念和平行的判定里面蕴含这么多的历史相似性,居然能通过《墨经》《数理精蕴》和《几何原本》找到平行线的判定对于学生的认知起点,引导学生从"距离描述平行"到"角刻画平行"进行探究。

Z4:是的,现在回想起来,我们在上初中的时候,在那个年龄阶段也是先理解距离描述平行,后来通过实践操作和简单几何说理知道角刻画平行,最后知道了其他判定定理。当老师让举身边的一些平行线例子的时候,首先想到的是布达拉宫建筑上的线条,而这些线条的平行都有一个共同的特点就是距离处处相等,后来在课堂上通过看老师演示平推法才知道了角相等刻画平行。

H5:是的,现在想想还真是这样,虽然初中课本上给出了平行线文字语言的描述性定义,但是其中无限延伸后"永不相交"的情况怎样体现在平行线的作图和判定上,仍然是初中生难以理解的,因为这涉及无限延伸的无穷在里面,现在换个角度站在初中生的角度思考还真是有困难,它不像垂直有垂足让我们可以清楚地看到。

H1:是的。

H6:该知识点在 HPM 干预中所提到的探究过程,其实就是再创造的过程。这个过程是让该知识点在大脑中进行建构的过程,这也是当时数学家的建构经历,从而知识点的本源也得以体现,这种理解性的学习对弄清知识点的数学本质很有帮助。

笔者:其实在数学史上,所有知识的成熟都经历了曲折而漫长的发展过程,谁能结合平行线的判定谈一下是什么过程吗?

Z3:从简单到复杂。

H4:从特殊逐渐到一般。

Z6:由静态到动态。

笔者:是的,说明 HPM 对大家的帮助确实大。

2.作业单反馈

1)H4 的作业单反馈

我在初中学习平行的概念时,教师根据在现实中的一些实例说明两条直线可能存在的关系：相交或者不相交（不相交顾名思义就是没有交点，没有交点即为平行）。教师将相交线与平行线的概念进行对比，给出三线八角图，根据测量得两平行线内侧角相等，得：同位角相等，两直线平行。然后推出其他的平行线判定定理。

在学习平行线判定定理之前，对平行符号的演变历史有一定了解是必要的。了解平行符号演变的历史一方面能让学生体会到数学的有趣，另一方面能扩展学生的知识面。将数学史融入平行线判定这节课的课堂教学，是对那些我们一直认为是正确的公理进行自主探究，引导学生经历这种基于历史的相似性重构数学史的方式，能够让学生在动手探究的过程中有一定的收获感，能够让学生对平行线的判定定理有更加深刻的理解，也使得学生的逻辑思维更加严密，探究问题的思路也更加清晰。在教学过程中首先用感官画出平行线，然后根据所学的垂直画出一组平行线，最后根据两组互相垂直的直线画出平行线，一步连着一步，由一般到特殊，用所学的旧知识解决所要学习的新内容，使得数学的体系更加完整、更加系统。

我觉得比起“不相交的两条直线叫做平行线”这一概念，从距离再到角度理解平行更加符合学生的认知，因为直线是可以无限延伸的，学生并不能确定在有限的平面内两条不相交的直线在无限延伸后也可以保持平行。而用距离和角的大小能更加直观地表现出平行线的方向，也使得平行线判定定理的学习更加容易进行。教师由两直线间距离处处相等或在同一平面内两条直线的张角大小以及直线的方向来说明平行线的关系，那么张角大小相同、直线方向相同的两条直线互相平行。这里张角大小是教师从“旋转”的角度来说明平行线的特点，即旋转角度相同的两条射线所在直线是平行的。

2）H5 的作业单反馈

对于平行符号的演变历史，我认为在讲述中，要让学生明白，我们所学习的数学知识，不是凭空产生的，而是经过数学家的努力得出，有一定的发展过程，让学生体会到学习数学要不断探索，同时还要使学生扩大知识面。

《墨经》中对于平行的描述是处处等距。《御制数理精蕴》与《墨经》中同样用距离相等来描述。对于平行可以从不同的角度去定义，发现数学知识并不是唯一不变的，数学家们在研究时从距离、不相交、同方向等方面给出了平行的定义，也让我知道了学习、生活应该从多方面考虑问题。对于这种基于历史的相似性重构数学史的方式，我认为对理解平行线的判定是有帮助的，从直观地看出两直线平行，到从学生学习过的垂直入手，来解决新的知识内容，让学生更容易理解平行线的判定定理。基于初中生的知识起点用距离处处相等刻画平行，因为学生在以前就已经认识了垂直，在知道距离相等之后就顺势用角来刻画，从直观操作到推理得出结论，通过自己动手的方式让学生更加理解知识。在平行线判定当中，我觉得先讲"同位角相等，两直线平行"比较好，这个定理的讲解可以先用作图的方式直观地让学生认识，再通过严谨的推理来证明，使学生容易理解，然后根据同位角相等来得出内错角和同旁内角的判定定理。

在上初中的时候，我们通过平行线的性质和教师所给的一些例子，由教师引导得出判定定理，然后再做习题进行巩固。而加入数学史之后，能引导学生在探究中对知识进行再创造，由特殊到一般，由简单到复杂。加入数学史，引导学生感悟数学文化、身临其境地理解数学，对数学感兴趣，培养学生的自信心。

3)Z5 的作业单反馈

我认为平行符号的演变是经过时间的推移不断形成的结果，渐渐使其表达的意思更清楚，表达方式更简便，是人类不断思考的智慧结晶，平行符号最后由英国数学家奥特雷德发明出来一直沿用至今。我觉得这种基于历史的相似性重构数学史的方式，可以提升初中生的学习兴趣、扩大他们的知识面、使他们体会到古人"从无到有"的创造力，为学生学习平行线的判定提供一定的依据，使学生参与到探究中来，一起画平行线，再找到平行线判定的规律：同旁内角互补，两直线平行。此外，还可以提高学生的数学素养，将人文和数学联系在一起，拉近数学与人文之间的距离，使学生发现数学源于生活、源于现实。利用这种基于历史的相似性重构数学史，并不会显得突兀，还会为教学带来很好的帮助，使学生更有效更系统地学习该知识。

我在初中阶段，教师运用三线八角来讲解平行线的判定，没有将数学史融入到平行线的判定讲解当中来。将数学史融入到平行线的判定中，可为学习该知识点提供依据，激发学生的学习兴趣，使学生一起参与到探究中来体验探究之乐，使学生了解数学源于现实的观点，提高学生的数学观和数学素养。运用数学史说明平行符号的来源，可使学生更加了解数学的精彩。

4)H3 的作业单反馈

在了解了平行符号的演变历史之后，我更加能感受到数学发展漫长而曲折的历程。我之前对《墨经》《御制数理精蕴》《几何原本》中关于平行的描述不是很了解，从 HPM 干预中了解之后，我发现《墨经》和《御制数理精蕴》对平行线的描述都是距离处处相等的两直线就为平行线，《几何原本》对平行线的描述是角刻画平行。

我觉得 HPM 教学设计干预中基于历史的相似性重构数学史的方式对我理解平行线的判定有帮助。因为重构数学史能让学生体验古人一步一步地完善平行线判定方法的过程。古人完善平行线判定方法的过程其实也就是学生逐渐接受这些定理的过程，从最开始通过平行线的概念判断两直线是否平行，再证明平行，教师再引导学生利用刚学的垂线的基本性质，让学生接受先通过直角来验证平行线，再通过旋转的方式来让学生证明出两直线平行，最后逐渐从特殊的形式转化为一般的形式，学生接受起来就容易很多。我认为初中生的认知起点为距离处处相等刻画平行，这样对于初中生来说更能够让他们接受，而角相等对他们来说在认知上又上了一个梯度。如果一开始就以角相等作为起点的话，那么距离处处相等这个相对于较低级的证明方式就不好插入课堂了，而且在历史过程中，一开始判定两直线平行的方法就是距离处处相等，慢慢地数学家们才发现可以通过角相等这个方法判定两直线相等。

我在初中学习该知识点时，并没有像文献中的同学那样和教师一起思考探究平行，而是教师来讲例题我们跟着教师的思路来学习，并且我们的课堂进度非常快，一节课就要把所有的判定定理讲完，在课堂上我们都没有很好地理解这三条定理就要开始跟着教师学做例题。我觉得融入数学史能让学生在理解上很轻松，在学知识的过程中，还能体验到古时候数学家们探究这个知识的过程，此外在学习过程中穿插数学史能让学生对这一节内容印象深刻，使他们在以后的学习中能更方便地利用这一方式。我觉得在这堂课中数学史融入该知识点的亮点就在于设置的一系列有梯度的问题，这些问题是通过重构数学史的方式来设置的，这些问题能让学生在自主探究的时候产生一些认知冲击，学生合作探究在解决问题的过程中产生的困难，这个过程能给学生留下更深刻的印象，特别是通过自己思考而得来的答案能使他们在这堂课上产生很强烈的成就感，在之后的学习中就更有兴趣了。

5)Z4 的作业单反馈

任何我们现在正在学习的有条理有体系的数学知识，它的成功都不是一蹴而就的，平行符号的形式改变了许多次，其他数学知识也一样，在历史发展过程中，随着社会的进步和需要在不断完善，使之更适合我们在表示和计算过程中进行的数学语言表达。每个数学家对数学的认识都是多层次多方面的，因此给出的定义不同。关于《墨经》和《几何原本》的平行定义，我更喜欢前者。因为《墨经》的定义能让学生明确感受到两条直线之间的关系。我认为基于历史的相似性重构数学史的方式对于理解平行线的判定有帮助。数学史在课堂知识中起到了穿针引线的作用,能使平行的知识更有条理和系统性。再者,让学生感受历史上平行线的判定过程能加深学生对平行判定的印象,知识记得更加牢固,学习效果更好。自主探究虽然可能不会那么顺利,但正是因为有了认知冲突,解决问题才能调动思维和运转头脑。参与了判定的过程,日后整理记忆知识时思路也会更清晰。我在初中阶段学习平行定理的方法是教师通过在课前让我们准备好尺子,课上叫我们用两把尺子推出平行线来帮助我们感受平行。将数学史融入数学能让学生跟随前人的足迹进行知识探索,从而让学生在了解数学史的同时增强成功解决问题时的成就感。

数学史融入平行知识点使知识变得生动有趣,了解数学史能了解一种观念或一种数学门类的发展过程,其代表了数学文化的多样性,能启发人们从不同角度看待数学。

6.5 HPM 干预案例四:平面直角坐标系

6.5.1 史料阅读阶段

平面直角坐标系是代数和几何的重要桥梁。后续解析几何的学习也以平面直角坐标系为开端。该知识点在初等数学乃至高等数学中都占据着十分重要的地位,是学生能够掌握多种函数等知识点的重要条件。因此,笔者也将平面直角坐标系作为个案研究中衡量研究对象 PT - HSCK 水平的干预案例之一。史料阅读阶段主要从平面直角坐标系的萌芽、发展和建立三个方面进行具体实施。

1. 平面直角坐标系的萌芽

平面直角坐标系的诞生是数学发展的必然产物,也是与数学的重要分支解析几何紧密相关的。

古埃及土地丈量员在城镇和土地规划、古希腊希帕恰斯用经度和纬度来表示星星的位置以及海伦利用一条轴来划分土地等蕴含了早期的坐标思想萌芽。除此之外,古罗马土地丈量员利用东西向和南北向的两条轴来规划城镇和街道也蕴含了早期的坐标思想萌芽。平面直角坐标系的起源也源于古希腊数学家对平面轨迹

（直线和圆）、立体轨迹（圆锥曲线）以及线轨迹（除直线和圆、圆锥曲线以外的曲线）大量的研究。帕普斯问题为平面直角坐标系的诞生给足了内在动因。帕普斯问题具体如下：

如果给定 $2n$ 条直线 $L_i(i=1,2,\cdots,2n)$，动点 P 到 L 的距离为 $d_i(i=1,2,\cdots,2n)$，已知

$$d_1d_2\cdots d_n=\lambda d_{n+1}d_{n+2}\cdots d_{2n}$$

或给定 $2n-1$ 条直线 $L_i(i=1,2,\cdots,2n-1)$，已知

$$d_1d_2\cdots d_n=\lambda d_{n+1}d_{n+2}\cdots d_{2n-1}$$

其中 λ 为常数，帕普斯说，当 $n\geqslant 3$（即 5 条以上直线的情形）时，动点 P 的轨迹不再是大家熟知的圆锥曲线，而是“线轨迹”。

2. 平面直角坐标系的发展

平面直角坐标系的发展具有标志性的事件就是单轴的确定和负坐标的出现。

笛卡儿和费马是单轴的确定需要提到的数学家。1631 年，笛卡儿在著作《几何学》（共 3 卷）的卷一和卷二中就解决了“四线轨迹”问题，并讨论了“五线轨迹”的特殊情形，其做法是先设定一条直线为轴，且以直线上一点为原点再开始研究，在这里面就用到了横轴。1637 年，费马（P. de Fermat，1601—1665）撰写了《平面与立体轨迹引论》，其做法是先从方程设定出发，然后依托建立只含有一条单线的轴（用来度量那第一个未知量 x）的坐标系，用来界定第二未知量 y 而划定的线段与坐标轴未必是垂直的，从而将二元方程和几何曲线一一关联起来，他能够确定对应于任意包含两个变量的二次方程的轨迹，并说明轨迹一定是直线、圆或者圆锥曲线，在这里面提到了横轴。

英国著名的数学家沃利斯是负轴的出现需要提到的数学家，他在《论圆锥曲线》中把圆锥曲线定义为含有 x 和 y 的二次方程的曲线，如图 6-16 所示。在出版于 1685 年的《代数专论》中，沃利斯使用了纵坐标轴和负坐标来讨论三次方程的几何解法，如图 6-17 所示。后来，牛顿也沿用了这种做法。在 17 世纪甚至是 18 世纪很长时间里，通常只用到了单线坐标轴（即 x 轴），其 y 值是沿着与 x 轴呈固定角的方向画出的，但在《流数法与无穷级数》一书中，牛顿介绍了一种新的坐标系，也就是用某个固定的点和通过该点的某条直线，当成坐标系的标准，这很像现在使用的极坐标系。

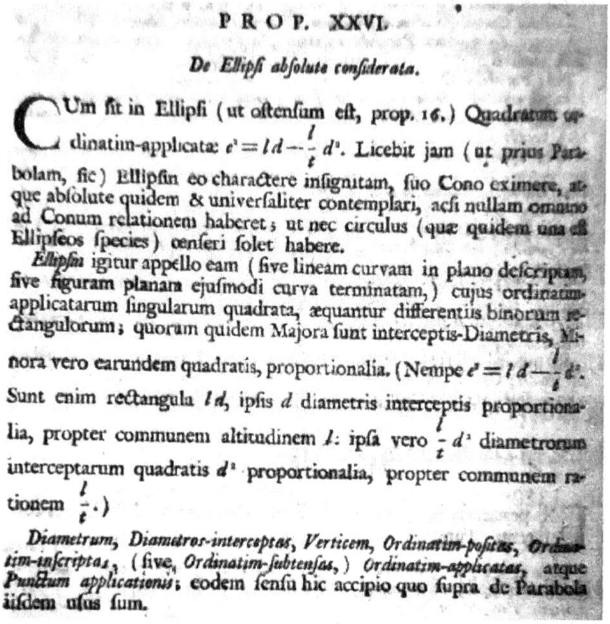

PROP. XXVI.

De Ellipsi absolute considerata.

CUm sit in Ellipsi (ut ostensum est, prop. 16.) Quadratum ordinatim-applicatae $e^2 = ld - \frac{l}{t}d^2$. Licebit jam (ut prius Parabolam, sic) Ellipsin eo charactere insignitam, suo Cono eximere, atque absolute quidem & universaliter contemplari, acsi nullam omnino ad Conum relationem haberet; ut nec circulus (quae quidem una est Ellipseos species) censeri solet habere.

Ellipsin igitur appello eam (sive lineam curvam in plano descriptam, sive figuram planam ejusmodi curva terminatam,) cujus ordinatim-applicatarum singularum quadrata, aequantur differentiis binorum rectangulorum; quorum quidem Majora sunt interceptis-Diametris, Minora vero earundem quadratis, proportionalia. (Nempe $e^2 = ld - \frac{l}{t}d^2$. Sunt enim rectangula ld, ipsis d diametris interceptis proportionalia, propter communem altitudinem l: ipsa vero $\frac{l}{t}d^2$ diametrorum interceptarum quadratis d^2 proportionalia, propter communem rationem $\frac{l}{t}$.)

Diametrum, Diametros-interceptas, Verticem, Ordinatim-positas, Ordinatim-inscriptas, (sive, *Ordinatim-subtensas,*) *Ordinatim-applicatas,* atque *Punctum applicationis*; eodem sensu hic accipio quo supra de Parabola iisdem usus sum.

图 6－16　沃利斯《论圆锥曲线》书影(沃利斯,1695)

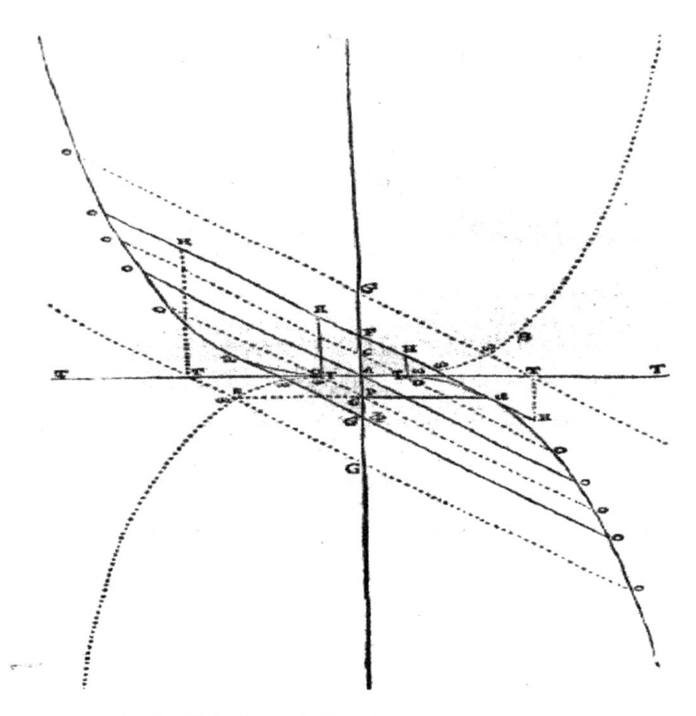

图 6－17　沃利斯《代数专论》中的三次方程几何解法(沃利斯,1685)

3. 平面直角坐标系的建立

卡西尼(D. Cassini,1625—1712)的儿子在《天文学初步》一书中,在介绍卡西尼卵形线时,使用了直角坐标系,与今天的做法基本相同。但是,历史上任何事物的发展都不是一帆风顺的,坐标系的发展也是如此。

在费马和笛卡儿之前,其实已经出现了坐标系的萌芽,如 14 世纪法国著名的数学家奥雷姆(N. Oresme,1320—1382)给出了一个变量依赖于另一个变量规律的几何表示,具备了直角坐标系的雏形。但费马和笛卡儿在研究方程和曲线之间的关系时,并没有采用双轴,而都用了单轴,且这一用代数方程研究曲线的思想在 17 世纪发展缓慢,也曾受到许多数学家的质疑。

Lardner(1831)使用的仍是斜坐标系(见图 6 - 18,左);在 Davies(1841)、Church(1851)中,斜坐标系和直角坐标系并用;而 O'Brien(1844)和 Coffin(1848)均采用了直角坐标系图 6 - 18(右)。可见,大概到 19 世纪中叶,人们才普遍使用直角坐标系。

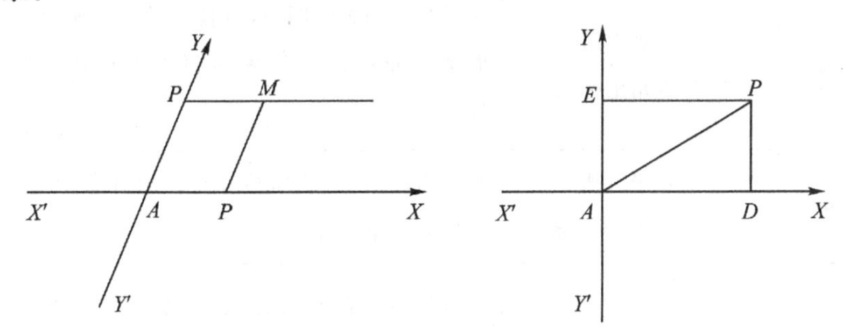

图 6 - 18　Lardner(1831)中的坐标系与 Coffin(1848)中的直角坐标系

毋庸置疑,坐标系的创立,在几何与代数这两者之间构建起了一座能够使两者相互沟通的桥梁,也使得来自于几何的很多问题都可以采用代数符号的手段来叙述,而代数的问题则能够利用几何图形具象化地显示出来,从而得到解决,由此形成了数形结合这一独特的思想方法。

6.5.2　HPM 讲授阶段

结合平面直角坐标系课题类型、史料特点以及学情分析等特点,HPM 讲授干预主要以"一、二、三、四、五、六"HPM 理论框架为依据,按照 HPM 干预框架从知识点教材内容分析、平面直角坐标系相关教学设计研究、平面直角坐标系相关史料的运用方式以及数学史融入数学教学的价值凸显等方面进行具体实施。

1.教材内容分析

对于平面直角坐标系，现行主流教材大都利用创设现实情境，力求能让学生学会数对定位，给学生渗透坐标思想以及空间观念，最终达到教学大纲要求的相应教学目标。人教版、北师大版、沪教版和苏科版四个版本教材关于平面直角坐标系知识点的对应章节、新课导入方式以及是否涉及相关史料如表 6－8 所示。

表 6－8　相关教材中关于“平面直角坐标系”的知识点分析

教材版本	知识点对应章节	新课导入方式	是否涉及相关史料
人教版	七年级下册 7.12，直角坐标系	借助“如何确定直线上点的位置”问题导入直角坐标系	是
北师大版	八年级上册 3.2，直角坐标系	通过某市的旅游图，从科技大学小明如何向来访介绍风景位置问题导入直角坐标系	否
沪教版	七年级下册 13.1，直角坐标系	从点与实数、影院座位来介绍有序数对，来导入直角坐标系	否
苏科版	八年级上册 5.2，平面直角坐标系	学习物体位置的确定，通过地图、心电图和棋盘等生活中的实例学习如何描述物体的位置。通过十字路口某一具体地点的描述引入直角坐标系	否

人教版、北师大版、沪教版和苏科版四个版本的教材都以生活实例作为模型，来抽象出直角坐标系的定义。北师大版本的生活实例模型较为丰富，通过某市的旅游图，从科技大学小明如何向来访者介绍风景位置问题导出直角坐标系的定义，再给出象限定义。人教版和沪教版都是从学生已经学过的“数轴上存在的点与实数是一一对应的”作为出发点，随后提出了问题“如何表示平面内点的位置”，然后再引出直角坐标系这一概念，实现从一维到二维的跨越。特别是人教版附加式在

课本中融入数学史，简要介绍了笛卡儿。北师大版、苏科版和人教版均分 2 课时引入直角坐标系，第一课时通过生活中的案例学习平面内物体位置的确定，区别在于人教版教科书明确给出了“有序数对”的定义，北师大版和苏科版教科书没有明确“有序数对”的定义。

2. 平面直角坐标系相关教学设计研究

平面直角坐标系教学设计，主要以体现直角坐标系出现的必要性以及实现从一维到二维的跨越为主要教学目的。多数教师采用从复习数轴上的点与实数的对应关系导入新课，起到直角坐标系建立的辅助作用；再通过教室座位、景点位置和影院座位等作为现实生活模型，创设情境引入平面直角坐标系。也有教师跳过数轴的复习，直接从现实生活中的模型抽象出直角坐标系。

齐欣（2016）直接用教室座位设计探究活动，抽象出直角坐标系的定义；刘加红（2016）直接从现实生活中的道路抽象出直角坐标系。徐晓燕（2016）通过实例模型设计一连串的问题作为脚手架引入直角坐标系。杨懿荔和龚凯敏（2016）利用数学史进行设计，由复习数轴的三要素以及数轴与实数的对应关系引入，用家长会找座位介绍有序数对，以士兵思考如何报告部队所在位置以及笛卡儿思考如何确定苍蝇位置的故事作为问题载体，介绍直角坐标系的概念；在学生学习了相关知识之后，再让他们利用所学帮助笛卡儿解决问题，突出问题解决的数学思想。刘佳（2018）从复习数轴上的点与实数的对应关系入手，利用“描述喷泉位置”作为探究活动引入新课。

3. 平面直角坐标系相关史料的运用方式

即使是相同的历史素材，在不同的教师手中，也会产生不同的教学设计和不同的教学效果，关键在于如何组织数学史料进行教学。关于平面直角坐标系课题的史料运用方式主要是附加式和重构式。

1）附加式

大多数职前教师使用的是附加式，这种形式主要是在相关概念、定理和公式等教学问题中，附加相关数学故事和介绍相关知识点的历史，来达到一定教学目标。对于本知识点的教学可以附加式呈现数学家笛卡儿的故事，介绍直角坐标系的历史发展，尤其是笛卡儿、费马和沃利斯的贡献。也可以提及古埃及、古希腊和古罗马相关故事增加趣味性。

2)重构式

基于学生的认知起点创设自主探究的情景，让学生在课堂上自由地探究。这种情景可以以问题串的形式出现，其实他们逐个解决问题的过程就是在重现平面直角坐标系的演变过程，实现认知上从一维到二维的突破。借助史料学生可以发挥自己的独特思维使用自己的方法进行探究，最终的结果就是探究出与历史上数学家相同的方法。这就是“重构式”运用数学史。

4.数学史融入数学教学的价值凸显

数学史融入数学教学主要凸显六大价值，本知识点主要需要凸显以下三个方面的教育价值。

1)知识之谐

平面直角坐标系的创建过程就是学生在学习过程中建构属于自己的平面直角坐标系的过程。自然的平面直角坐标系的建立过程是伴随认知冲突的存在而存在的，这种认知冲突的解决就是要学生加深对数学本质的理解。学生在本知识点的认知起点就是数轴，他们会经历各种各样不同的困境，这些困境都可以经过自己对知识的重构，突破已有的思维障碍，走出一维世界，实现从一维到二维的跨越，甚至会产生极坐标思想的萌芽。教师借助历史，教授这种揭示知识的自然发生过程，就凸显了“知识之谐”。

2)探究之乐

本知识点可以借助笛卡儿苍蝇位置确定的故事，创设问题串的形式，让学生自主探究，让学生深刻理解引入“实数对”这一概念的必要性。学生的这种探究不仅达到了新课标中提出的数学活动目标，而且可以身临其境地体会到探究的乐趣。数学史料可以为探究活动提供必要的支持，为学生提供恰到好处的探究机会，从而可以营造“探究之乐”。

3)德育之效

生活处处皆学问，笛卡儿苍蝇位置确定的故事就是很好的例子。笛卡儿的故事可以让学生在确定平面直角坐标系上位置的过程中，充分感受到与数学家思想的交流和碰撞，达到“德育之效”。

6.5.3 HPM 教学设计阶段

“平面直角坐标系”实现了学生从一维到二维的跨越，该教学设计首先创设历史情境，引发学生的认知冲突；再经过学生的探究，加深理解数形结合的思想；最后形成平面直角坐标系的概念。因此，本教学设计中要特别抓住基于数学史料的维度跨越这一特点，克服学生的认知冲突，培养学生数形结合的数学思想。HPM 教学设计之“平面直角坐标系”设计环节包括：新知引入、概念探究、新知应用、总结延伸和作业单的设计。

1. 新知引入

笛卡儿的故事：关于天花板上苍蝇的位置问题。（引导学生回忆与射线有关的内容，并引导学生把苍蝇看成一个点，然后学会怎样用数来确定位置；可以利用微视频制作关于笛卡儿的数学故事）

2. 概念探究

利用如何表示天花板上苍蝇的位置来探究平面直角坐标系概念的形成。

问题 1：如果苍蝇向右爬了 6 cm，那么怎样用数来表示它的位置？如果向右爬 5 cm 呢？

问题 2：如果苍蝇向左爬了 6 cm，那么怎样用数来表示它的位置？如果向左爬 3 cm 呢？

问题 3：如果苍蝇向上爬了 6 cm，那么怎样用数来表示它的位置？如果向下爬 3 cm 呢？

问题 4：如果苍蝇先向右爬 5 m，再向上爬 6 cm，那么怎样表示它的位置？

3. 新知应用

求平面直角坐标系中点的坐标。

情境：笛卡儿美好的一天才刚刚开始，起床后，笛卡儿来到教室上课。老师拿到一张座位表，他请座位表上三位同学来介绍自己，你能用数对表示他们的位置吗？如图 6－19 所示。（人名→数对；数对→人名）

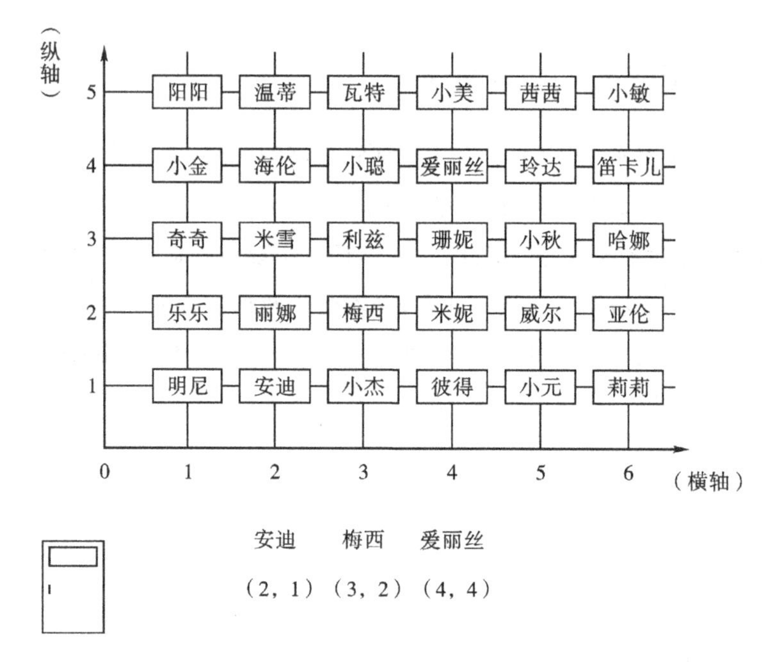

图 6－19　平面直角坐标系中的座位表

4. 总结延伸

现实生活中数对运用比较广泛，给我们生活提供了便利。比如：棋盘上的棋子位置，地图上的国家位置，天文中的星座位置。引导学生试想，如果本设计中苍蝇离开天花板飞到了空中，这时它的位置又该如何表示呢？

5. 作业单的设计

<table><tr><td>

作业单

学习心得与感想

（1）你希望课本里介绍相关数学家的生平或相关数学史内容吗？为什么？

（2）你愿意了解与平面直角坐标系教学内容相关的数学史吗？为什么？

（3）你在初中阶段是怎样学习该知识点的？比较并说明该方式和数学史融入数学教学各自的优缺点。

（4）数学史融入平面直角坐标系的亮点是什么？为什么？

</td></tr></table>

(5)你认为构成平面直角坐标系最重要的因素是什么？为什么？

(6)平面直角坐标系是怎样建立起来的？（从萌芽、发展以及建立三个方面回答）

问题与思考

(1)平面直角坐标系产生的必要性是什么？

(2)谈谈你对该知识点的感受？对你产生了怎样的影响？

6.5.4　HPM 干预后的访谈与作业单反馈

1. 访谈

笔者：你认为关于平面直角坐标系的 HPM 干预能帮助你们更好地理解该知识点的专业方面知识吗？（与 PT－HSCK 对应）

H1～H6，Z1～Z6：有。

Z3：HPM 干预过程让我了解了平面直角坐标系的发展过程，能有效帮助我学习平面直角坐标系，以笛卡儿的故事为主线设计问题，再引发对问题的疑问，产生冲突，促使我积极思考，设法想出更多的办法来解决这个问题。同时，在学习和了解平面直角坐标系的数学史的过程中改善了我的数学观，提升了我的数学情感，使我渐渐明白了数学与生活的息息相关。数学发现的灵感往往来源于生活事物，激发了我的好奇心和求知欲，慢慢理解了数形结合的思想，并加以应用。

H6：在我初中阶段，老师并没有很详细地运用笛卡儿的故事情境设计问题并带我们探索，只是随口一提告诉我们平面直角坐标系由原点和 x 轴、y 轴组成。在这个过程中，我并没有很清楚地理解为什么会有平面直角坐标系，没有更好地理解数学源于现实生活。这种平面直角坐标系的 HPM 干预，能更好地激发我的学习兴趣，有效地为学习数学知识提供动力，方便我从根本上理解平面直角坐标系，对后面知识的学习也有较好帮助，使我的数学素养和数学观都有所改变。

Z2：在 HPM 干预之前，我从来没有留意过平面直角坐标系与二维空间的关系，也从来没有思考过用两个数来表示平面上一个点的位置是为什么。以前我只知道老师教的记住就好没有想很多，现在看来，一个简单的知识点背后也可以有很大的学问，每一个数学知识都是无数次思考的结晶，平面直角坐标系已成为了一个更好的工具去帮助我们更好地探究平面几何。这也为三维空间的立体几何提供了基础，这个知识点让我感受到了数学的奇妙之处，以后要通过数学现象来看问题本质，学习数学知识不能只浮于表面，了解一门学科先要了解它的历史，要理解数学本质就要查阅资料了解数学史，进行自己的思考。

H1：平面直角坐标系不是凭空产生的，它是客观存在的，每个点都在平面直角坐标系上有所对应，数形结合的思想将一维和二维联系在一起。对于数学学习来说，就是要把生活与它紧密地联系在一起并加以思考。

H5：前面同学讲得很好，总的来说传统的常规教学可以让学生快速掌握如何写出平面内点的坐标，但是在学生从一维到二维转变的认知上考虑较少，可能到初中毕业也不知道什么是一维到二维的转变问题，只能停留在为了学习知识而学习知识，对于为什么要引入有序实数对也不理解。而在老师的 HPM 教学设计干预中设置基于数学史的问题串，从一维到二维的困难也就迎刃而解了。

笔者：今天大家谈论的内容涉及面很广，基本涉及 PT－HSCK 的各个方面，谁还有补充的吗？

H1～H6，Z1～Z6：没有了。（摇头）

2. 作业单反馈

1）H6 的作业单反馈

平面直角坐标系是学生突破思维局限，实现由一维到二维的思想转变并将数与形结合起来的重要知识点。在初中学习过程中，我们的教师应该是由一维的数轴引入学习的，我觉得让我们直接理解用两个数表示一个位置，并且这两个数要按照一定顺序排列是学习的难点。同样，这也是学生在学习的时候会面临的最大困难。而 HPM 干预中，在课堂上以史为鉴，引导学生自主探究，从一个数轴出发，用几个实际的例子来说明只用数轴上的一个数字不能表示一个位置，以上下左右四个方向来揭示用数对表示位置的关系，从而引入另一条数轴，再根据知道终点找表示它位置的两个数，可以得到另一条数轴的位置。在探究的过程中给予学生鼓励和支持，让他们有信心能够找到相关关系，并且一定要注意数对的有序性，一定要就先水平后竖直还是先竖直后水平进行讨论，最后给出结论，让他们在“有序”上一定要注意到先水平后竖直的结论（顺序是后来教材统一规定的）。

同样在平面直角坐标系新课的引入上，我们也需要一定的技巧，在一开始就抓住学生的心。根据有关调查显示，学生很希望教师以“讲故事”“微视频”的形式了解与教学内容相关的数学史。我觉得在学习平面直角坐标系新课程的时候，以讲故事的形式让学生了解一些相关的数学史和数学家的故事，能够激发学生的好奇心和学习的兴趣。在课本中，介绍数学家生平或相关数学史内容一般都在课后的阅读材料中，教师不会进行讲解而让学生们自由阅读。在初中课堂上，教师不讲的内容基本上都会被学生理解为是不重要的。当然如果直接在课堂上以材料的形式讲述相关数学史和数学家，那也是不被学生认可和接受的。将数学史融入平面直角坐标系的教学中，不仅可以吸引学生的注意力而且可以让学生了解课外的一些小知识，扩展学生的知识面。

最后将学生的探究过程与数学家探索发现直角坐标系的过程相比较，让学生在了解发现直角坐标系的漫长过程和数学家不懈的探索精神中，感受到数学是自然的，数学家也是亲切的，从而激发学生学习的信心和兴趣。从数轴的角度出发，探索平面直角坐标系，即从单轴的建立到负坐标轴的引入，再到平面直角坐标系的建立。

2)Z6 的作业单反馈

HPM 干预能给职前数学教师提供丰富的素材，使学生不仅能了解平面直角坐标系的由来和建立，而且能更好地理解该知识点所学习的内容，并和之前所学的数轴紧密地联系起来。

我希望教材可以在章节后面适当加入一些简短的相关数学家生平或相关数学史的内容，初中生普遍都有好奇心，当拿着全是数学知识的课本之后，教师让学生提前预习的时候，学生肯定不能够安心地看这一节内容讲了什么，总想着翻翻有没有有趣的东西，这时如果后面有数学家有趣的生平或者发现这一个知识点的故事，他们就会去读，进而吸引他们去看前面的数学知识，这就使同学们的预习效果更好。对于与平面直角坐标系教学内容相关的数学史我很愿意了解。教师在了解了很多平面直角坐标系的数学史的情况下讲课，学生自然喜欢有趣且易懂的课堂教学，因此要求教师要具备对知识更高的理解，并且平时多积累了解一些与数学知识相关的数学史。我认为教授初中生学习该知识点时，首先要面临的问题是让学生在自己已有的对一维空间的理解转化为对二维空间的理解，如果直接告诉学生怎样做，学生可能不太理解为什么，觉得这又是比较难的知识点，之后要是没有跟上教师的思路，学生只会对数学越来越失去兴趣，不会的地方可能为了考试会记下怎么做；而如果以 HPM 干预这种教学方式来讲课，从已经学习的数轴入手，运用笛卡儿发明坐标系的历史故事融入要解决的数学问题，这样刚开始就将学生带入了课堂，让学生可以在接下来的时间能够思考并理解为什么平面中的点要用有序实数对来表示，还能了解到数学家及平面坐标系是如何发展而来的，让学生喜欢上数学课。学生理解后也能够让其所学的平面直角坐标系应用到实际生活中。所以，如果课上学生理解的内容更多，他们就更可能发现自己所学的知识可以用到生活中，进而更喜欢数学，对数学感兴趣。

我认为构成平面直角标系最重要的因素是原点、横轴、纵轴，它的建立由刚开始的单轴到引入负坐标(从正数范围引入到负数范围)，再到完整的平面直角坐标系，它的产生使人们在解决一些问题的时候更容易想到数形结合的方法，更快地解决问题。

3)H4 的作业单反馈

在课本里介绍数学家生平和相关数学史是很有必要的，因为数学家的故事大都跟数学联系在一起，他们热爱数学，甚至为了研究数学而贡献一生，在外行看来很枯燥乏味，但在他们看来，这是非常有趣且快乐的一生。这可以激励学生，也就是人文精神。而介绍相关数学史则为了让学生更好地理解这个知识点，了解与这个知识点相关的人和故事，不再觉得数学知识是冷冰冰的，而是有温度的，这就是情感价值。学生通过数学史可以知道数学来源于生活，也可以应用于生活，甚至高于生活，给生活创造更高的价值，这就是实际应用价值。另外，数学史如果用趣味题、漫画形式等编写，那么就更容易吸引学生的兴趣。

站在一个准教师的角度，了解与教学内容相关的数学史可以更好地提高教学质量，给学生一个听觉和视觉盛宴，同时，通过不断的学习，也可以增加自身作为教师的专业素养。回归到与直角坐标系相关的数学史中，有很多的思维亮点可以借鉴，比如可以利用笛卡儿为确定位置所提出的四个问题一步步引导学生思考。由于这四个问题也是笛卡儿最初提出的，也就是知识点的起源。在课堂上应用这类古人提出的问题比较具有带入感，让学生身临其境。引入比较恰当的数学史内容，能让课堂氛围和教学质量都得到一个很好的提升。

初中阶段学习平面直角坐标系，一般是上课听教师讲解，课后再自己多做练习题，不过当时教师并没有给我们讲数学史，都是直接讲生冷的知识点，我们甚至都不知道笛卡儿是谁。数学史融入教学可以恰当地打破这个僵硬的局面，使教学氛围更活跃。设计问题情境也很有亮点，融入笛卡儿探究直角坐标系时的四个问题，作为引导学生使用“实数对”来表示平面内的点的线索，而且四个问题层层递进，设计得非常巧妙。从一维过渡到二维，衔接自然，没有太大的突兀，逻辑联系非常紧密，适合初中生的思维。

平面直角坐标系由原点和两条坐标轴组成。我觉得最重要的因素是互相垂直的两条坐标轴，因为它是平面直角坐标系的基本框架，且两条坐标系把平面平均分成了四个象限，每个象限都有不同的范围并表示着不同的方向，可以确定平面中的位置。所有实数都可以用数轴上的点来表示，且一一对应，所以平面直角坐标系可以描述物体的确切位置。方程可以借助坐标系转化为曲线，曲线也可以利用坐标系转化为方程，它是联系代数与几何的基本纽带。而代数学与几何学的完美融合则会促进数学的发展，使许多数学理论日趋完善和成熟。

平面直角坐标系建立的萌芽阶段是笛卡儿和费马在研究曲线的方程与方程的曲线之间的联系时利用了横轴的正半轴。但并未产生真正意义上的纵轴和负半轴。在坐标逐渐发展的过程中，沃利斯积极探索，终于他发现了坐标可以是负的存在的，并将负半轴用于几何学中。正半轴与负半轴的结合，奠定了平面直角坐标系的基本格局。此后经过其他数学家的潜心研究和应用，平面直角坐标系日趋完善。总而言之，平面直角坐标系的建成不是一蹴而就的，也不是一个人能包办全局的。而是经过一步一个脚印，几个人的思考加上一群人的努力而成就的。

4）H3 的作业单反馈

将数学史和数学家的生平融入到教学中，就算上课时教师对这些内容不作过多的讲解，学生自己阅读到这些内容时也还是会觉得数学其实有温情的一面，让学生感受到数学和其他学科一样，都来源于生活。这些小故事为数学增添了些许人文色彩。在 HPM 干预中，以笛卡儿发明坐标系的历史故事作为创设的教学情境，并且将本知识点的重难点融入其中，这让学生在学习的过程中更有兴趣，并且将学习中遇到的困难逐步解决，就会有很强的成就感，有一种让学生参与历史的感觉。在概念介绍完之后，再讲解数学史能活跃课堂氛围，在学生学完概念时对知识会有一定的疲惫感，这时教师给学生讲解一些关于发明平面直角坐标系的小故事或者让学生观看小视频，能让学生从这个疲惫期里恢复一下，也能让学生对这节内容有更深的印象。

在我初中学习这部分内容时，就是教师直接把平面直角坐标系的概念提出来，然后给我们讲什么是 x 轴，什么是 y 轴，并没有像 HPM 干预那样创设情境，也没有设置像问题 3、4 这样的题目引起我们的思考。甚至可以说我们的学习顺序和 HPM 教学设计干预中的顺序有很大的区别，我们是先学习概念再做有难度梯度的例题，至于我们到底有没有理解这之中深层次的意义就可想而知了。在我们学习这节内容时,没有融入数学史到课堂中,我甚至是上大学之后,阅读了一些材料才知道关于平面直角坐标系的一点历史,如果在我们学习时教师给我们讲解了一点历史故事,我觉得我现在的知识面会更宽一些。并且当时的那种学习方式,我并不知道当时的我有没有真正理解平面直角坐标系的意思,只是在做题的时候更多地照着教师的样子画葫芦而已,而这些缺失的东西也在知识不断增加之后慢慢弥补上来了。

我认为数学史融入平面直角坐标系的亮点是利用笛卡儿发明坐标系的历史故事作为创设的情境,接着设计问题让学生思考,触发认知冲突,出现表示两个不同位置的点。由于导入部分是由著名数学家笛卡儿的故事作为起点的,学生在后面的学习中遇到难点,就会想到那些著名的数学家也不能一下子就得出最终的正确结果,会让学生增加突破难点的信心,并且在解决了这些难点之后会有很强的成就感,在以后的学习中学生就会增强对数学的兴趣。我认为平面直角坐标系构成的最重要的因素是 x 轴、y 轴和坐标原点。平面直角坐标系的发展也经历了单轴的建立、负坐标的引入以及平面直角坐标系的建立三个阶段。平面直角坐标系产生的必要性就是数形结合的思想,将几何图形与代数方程结合起来。

现在回想起来,因为我学习平面直角坐标系的时候教师并没有像 HPM 干预那样提出问题引发我的思考,所以在干预之后有了一种重新学习了一遍知识点的感觉,对于问题 3、4 中的认知冲突我也感觉非常有意义,像是由学生在恰当的探究活动之中自己总结出来的一个知识点。生活中处处都是学问,不管是无理数概念的 HPM 干预还是平面直角坐标系的 HPM 干预,都是源于生活,并且都是在开始的知识点基础上发现了不能解决的问题,然后由数学家们去找到解决问题的方法。我们在生活中遇到困难和挫折时要树立正确的态度去面对它,并且敢于尝试新的方法,从不同的角度看待问题、解决问题。

5)Z5 的作业单反馈

在教材里加入相关的历史内容,能够让学生了解更多的数学本源知识。我非常愿意了解平面直角坐标系教学内容的相关数学史,不管是对于现在的我来说,还是对于以后教学中的我来说,了解数学史是必不可少的,了解数学史可以对相关知识点的教学内容本质联系做到很好的认识,对数学知识做到全面的掌握,更能帮助学生理解比较抽象的问题或者概念。

在我上初中时,教师在教学过程中并没有融入数学史,只是直接告诉我们平面直角坐标系的概念,然后告诉我们哪一个是 x 轴、哪一个是 y 轴,没有讲解具体缘由，相当于被迫接受这一知识点，没有很好地理解。HPM 干预后我将这种方法与以前初中教师的教法对比发现，数学史融入数学教学可以把问题从刚开始产生到发展串在一起，来激发学生对数学的兴趣，可以激发学生自主思考，让学生不再觉得数学知识枯燥乏味，可以把抽象的平面直角坐标系概念做到深入理解。尤其是引入数学家们在解决问题时的数学故事，能增强学生的思考能力，让学生自主思考，突破自己的思维局限。

总之，HPM 的干预让我更加全面地认识了平面直角坐标系的数学本质，让我的思维从一维到二维提升了一个跨度，让更多的数学知识联系了起来，解决了更多问题，感受到了数学知识的产生需要不断开拓自己的思维。通过数学史的融入，我看到了数学的魅力，产生了对数学的兴趣。

6)Z4 的作业单反馈

我希望课本能多介绍数学家生平与数学史，在平面直角坐标系知识点的 HPM 干预中，笛卡儿的数学故事让我觉得坐标系的建立很贴近生活，这种类型的数学小故事适合在课堂上给同学们科普，让同学们也一起思考。我也很愿意了解相关知识点的发展历史，这样就更能感受到当时数学家解决数学问题时困难的心情，与做题时遇到的困难有共情感。对于数学家都觉得困难的题目，就会有兴趣去解决了。这样既能学习数学家们锲而不舍的学习精神，又对所学知识的理解有自己的见解，真正将知识吃透。

我对初中阶段是怎么学习该知识点的已经没有什么印象了，但是我觉得自己对笛卡儿不是很熟悉，只知道平面直角坐标系。HPM 干预能让学生发散思维、开放探究，这种以兴趣为主的教学方法在课堂上一定非常受用。数学史融入平面直角坐标系的亮点是能让学生感受到自己也是课堂的一份子，不再是教师一个人在课堂上的独角戏。将数学史融入课堂，通过讨论笛卡儿在睡前所纠结的问题，提高学生学习数学的信心，觉得自己也能讨论数学家讨论的问题。在课堂中，当教师说某同学的思路与笛卡儿的很相似时，那位同学一定非常骄傲，可以改变数学在学生心中“恐怖”的印象。

平面直角坐标系经历了从萌芽、发展到建立的过程。在萌芽阶段，笛卡儿认为希腊人的几何学过分依赖于图形，束缚了人的想象力。在发展阶段，笛卡儿在生病期间将困扰他已久的如何将平面与数联系起来这一问题，提出了三种方法用数表示动点与平面，可以用点与点之间的位置来表示，如平行或垂直，也可用方向和角度来表示。

数学中有代数与几何，他们各有优点，代数方便计算，几何比较直观，对于数学建模也有很大的帮助。数学家能够跳出普通人的思维，看到常人看不到的规律，就如 HPM 干预中的笛卡儿，将苍蝇作为动点，观察它在平面上的运动，从此建立起平面直角坐标系。

6.6 HPM 干预案例五：全等三角形应用

6.6.1 史料阅读阶段

“全等三角形应用”是初中几何中与实际生活联系比较紧密的内容之一，笔者也将全等三角形应用作为个案研究中衡量研究对象 PT－HSCK 水平的干预案例之一。史料阅读阶段主要从角边角（ASA）定理的应用史料和边角边（SAS）定理的应用史料两个方面来进行具体实施。

1. ASA **定理的应用史料**

古希腊著名哲学家泰勒斯测量船与岸之间的距离的方法在历史上被广泛推广和采用，比如法国数学史家坦纳里（P. Tannery，1843—1904）、英国数学史家希思（T. L. Heath，1861—1940）和意大利数学家贝里（S. Belli，？—1580）。坦纳里按照如图 6－20（左）所示的方法来推算，这种方法的缺点就是可操作性不强。希思给出了另一种猜测，如图 6－20（右）所示。将直杆 EF 竖立放置，即垂直于地面，杆子上面有一个钉子固定在 A，另一根横杆则能够绕 A 旋转，但同时也可以被固定在任意指定的位置上面。如果将横杆旋转到能够指向位于轮船的点 B，接着旋转 EF（注意保持它一直与地面垂直），将横杆指向岸上某点 C，根据 ASA 定理，则有 $DC=DB$。

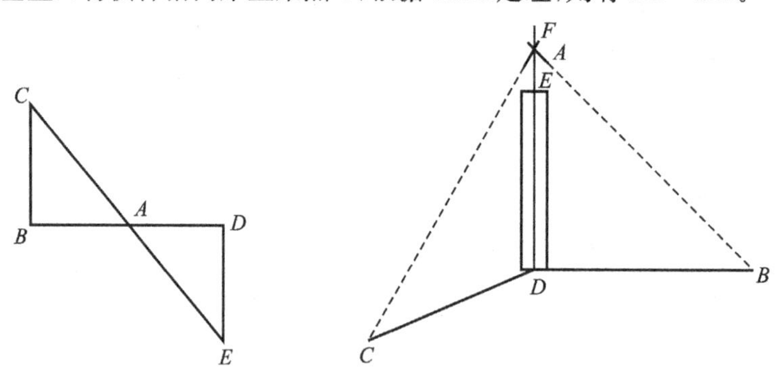

图 6－20　泰勒斯测量方法的两种推测

贝里的《测量之书》中的几何插图如图 6－21 所示，该图也为泰勒斯的方法。

图 6－21　河宽测量（采自贝里《测量之书》）

在美国早期的教科书中也有很多 ASA 定理的应用问题，包括河宽、观测点到不可到达位置的距离、船与河岸的距离、树高和旗杆高等。汪晓勤和栗小妮（2019）进行了详细汇总，如表 6－9 所示。

表 6－9　ASA 定理的实际应用

教科书作者	问题	图形
Betz 和 Webb，1912	测河宽	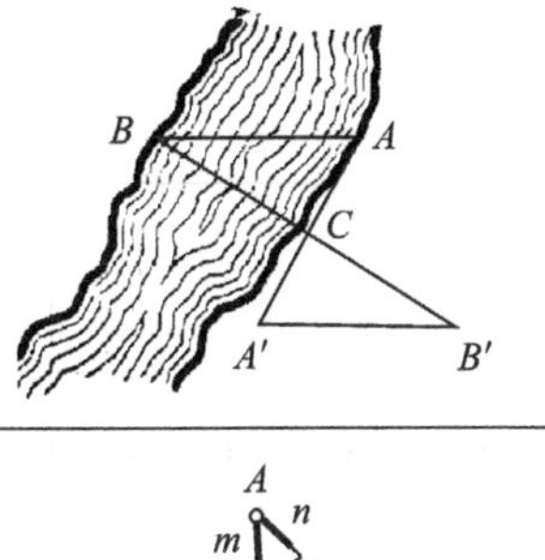 B A C A′ B′
Betz 和 Webb，1912	测河宽	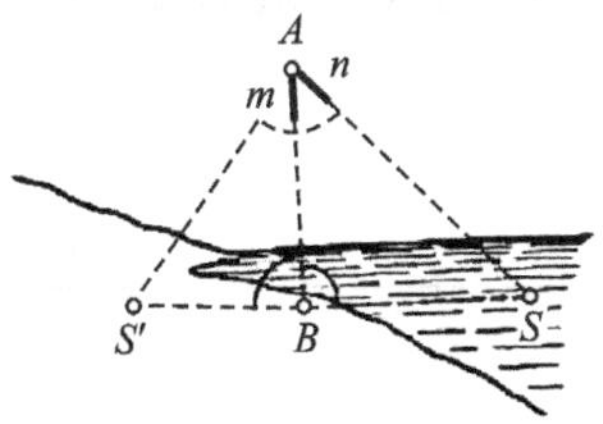 A n m S′ B S

续表

教科书作者	问题	图形
Hart 和 Feldman,1912	测河宽	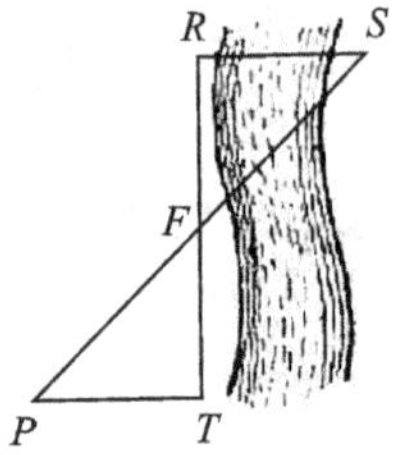
Hart 和 Feldman,1912	测河宽	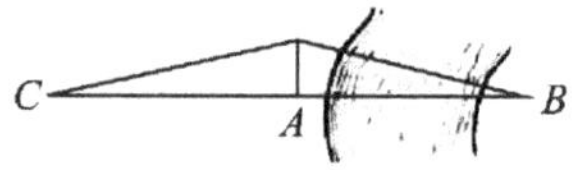
Hart 和 Feldman,1912	测池塘宽	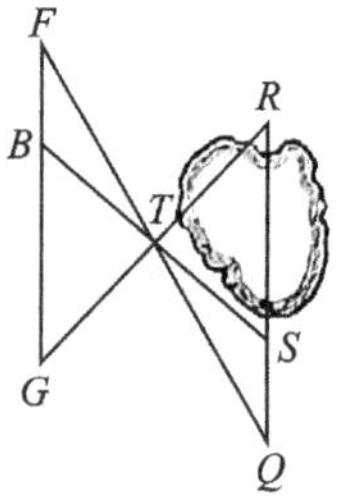
Wentworth 和 Smith,1913	测河宽	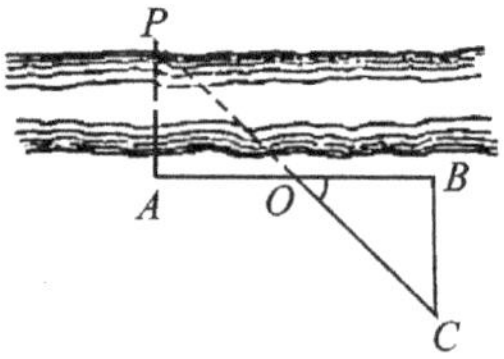
Young 和 Schwartz,1915	测点到轮船之间的距离	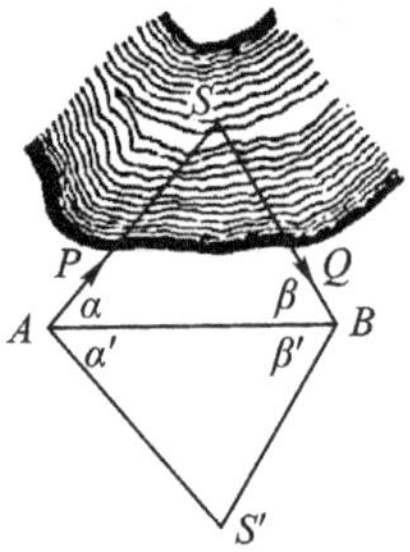

续表

教科书作者	问题	图形
Young 和 Schwartz,1915	测河对岸不可到达两点之间的距离	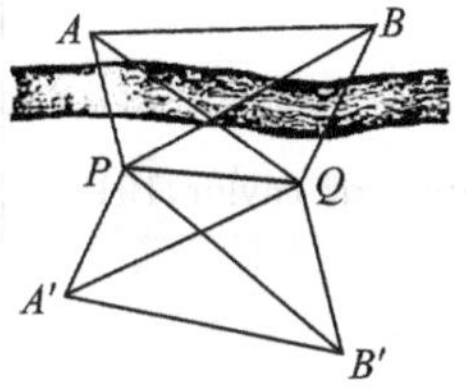 A B P Q A′ B′
Stone 和 Millis,1916	测观测点到不可到达点位置的距离	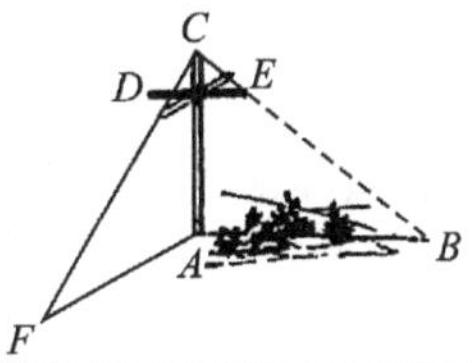 C D E A B F
Wells 和 Hear,1916	测观测点到不可到达点位置的距离	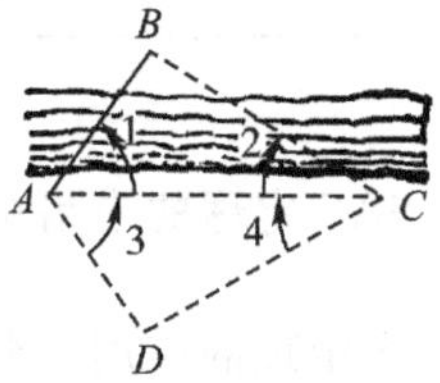 B 1 2 A 3 4 C D
Palmer 和 Taylor,1918	测旗杆高	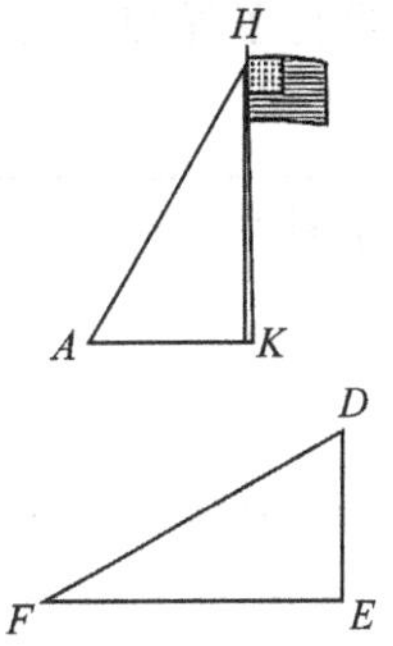 H A K D F E
Palmer 和 Taylor,1918	测观测点到不可到达点位置的距离	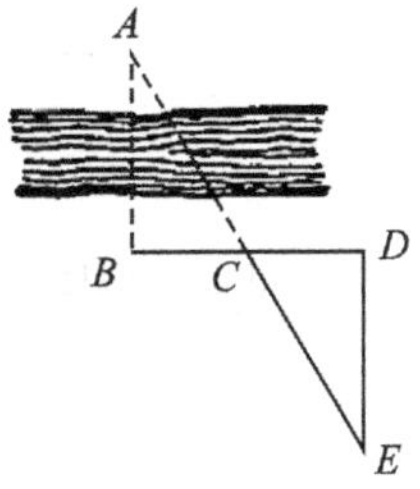 A B C D E

续表

教科书作者	问题	图形
Palmer 和 Taylor,1918	岛上人测陆地两点之间的距离	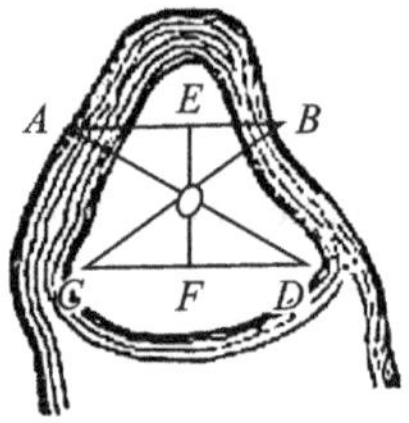 A E B C F D
Farnsworth,1933	测树高	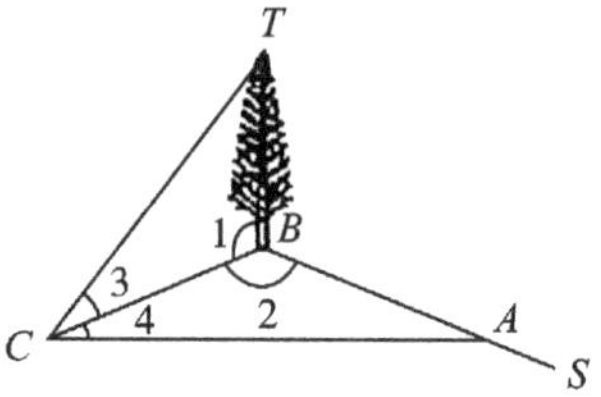 T 1 B 3 4 2 C A S

2. SAS 定理的应用史料

SAS定理的应用史料主要集中在美国早期几何教科书中,汪晓勤和栗小妮(2019)进行了详细汇总,如表6-10所示。

表 6-10 SAS 定理的实际应用

教科书作者	问题	图形
Betz 和 Webb,1912	测池塘两端距离	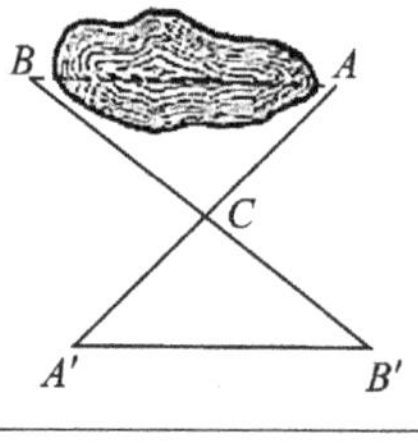 B A C A′ B′
Hart 和 Feldman,1912	测池塘或被其他障碍物隔开的距离	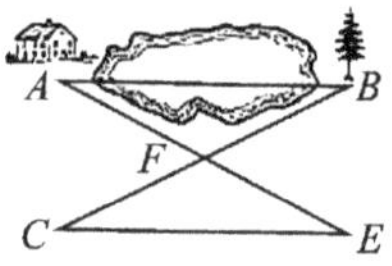 A B F C E

续表

教科书作者	问题	图形
Hart 和 Feldman, 1912	测不可直接测量的距离	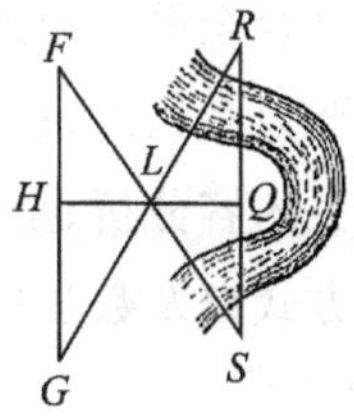 F R L H Q G S
Wentworth 和 Smith, 1913	测池塘两端距离	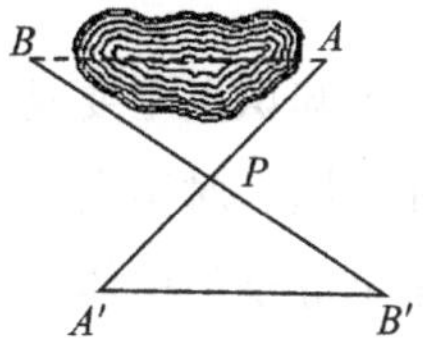 B A P A′ B′
Young 和 Jackson, 1916	测不可直接测量的距离	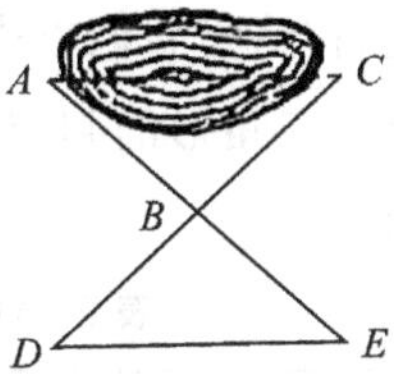 A C B D E
Palmer 和 Taylor, 1918	测建筑物两侧距离	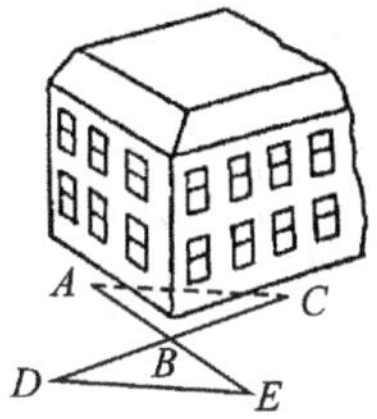 A C B D E
Farnsworth, 1933	测池塘两端距离	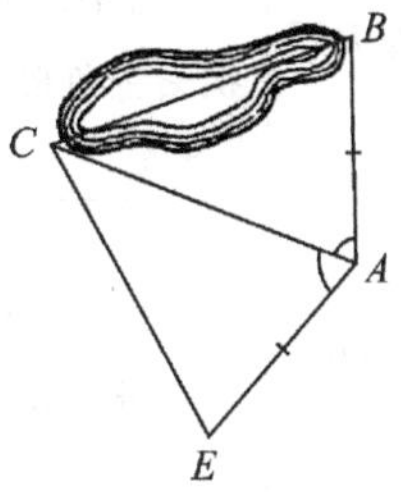 B C A E

6.6.2 HPM 讲授阶段

结合全等三角形应用课题类型、史料特点以及学情分析等特点，HPM 讲授阶段主要以“一、二、三、四、五、六”HPM 理论框架为依据，按照 HPM 干预框架从教材相关内容分析、全等三角形应用相关教学设计研究、全等三角形应用相关史料的运用方式以及数学史融入数学教学的价值凸显等方面进行具体实施。

1. 教材相关内容分析

本知识点主要是探索全等三角形条件并利用这些结果解决一些现实生活中的实际问题。对于全等三角形应用，现行主流教材都是结合现实情境，让学生学会在探索全等条件中体会分类思想，在全等三角形应用中具备提出问题和解决问题的能力，更多地积累数学活动经验。因为全等三角形应用必须从全等三角形的判定讲起，在这里我们首先分析人教版、北师大版、沪教版和苏科版四个版本的教材关于全等三角形的判定的对应章节、新课导入方式以及说理方式的情况，如表6-11所示。

表 6-11　相关教材中关于“全等三角形的判定”的知识点分析

教材版本	知识点对应章节	新课导入方式	说理方式
人教版	八年级上册 13.2 全等三角形的判定	通过画图方式首先讨论得出“SSS”并进行证明，再逐步探究出其余判定定理	操作画图法
北师大版	七年级下册 4.3 探索三角形全等的条件	通过画一个三角形与另一个全等三角形需要几个与边和角大小有关的条件导出全等三角形的判定定理	操作画图法
沪教版	七年级下册 14.4 全等三角形的判定	通过叠合法说理过程给出全等三角形“ASA”“SAS”判定定理，再由“ASA”推出“AAS”，“SSS”说理在八年级	叠合法
苏科版	七年级下册 11.3 全等三角形的判定	通过猜一猜、量一量得到“SAS”判定定理，再依次得到其他判定定理，并给予证明	操作画图法

从表 6 - 11 相关教材中关于“全等三角形的判定”的知识点分析可以看出，不同版本教材对于全等三角形判定定理的顺序安排是不同的，具体编排按照“1a、2b、3c、4d”的先后次序如表 6 - 12 所示。全等三角形的判定方法主要为几何证明和实际应用。

表 6 - 12　四个版本教科书中全等三角形的判定方法的编排顺序

判定方法	人教版	北师大版	沪教版	苏科版
SSS	1a	1a	4d	4d
SAS	2b	4d	1a	1a
ASA	3c	2b	2b	2b
AAS	4d	3c	3c	3c

2. 全等三角形应用相关教学设计研究

陈嘉尧(2016)以微视频的方式运用数学史料，将泰勒斯测河宽的问题改编为有趣的“小黄人寻找凯文过天堑”的故事融入教学，生动形象地展示了泰勒斯测河宽的方案，并利用微视频介绍了泰勒斯的生平、拿破仑的故事，向学生展示了数学人文的一面。黄益维和胡玲君(2017)通过运用尺规作全等、添加条件证全等、应用全等找相等、构造全等证相等四个环节的设计，帮助学习构建相对清晰且完整的知识体系。姜晓翔(2017)、梁艳云和涂爱玲(2016)、熊莹盈(2018)则以全等三角形的应用为重点，关注“边边角”在什么条件下可以证明两个三角形全等。

3. 全等三角形应用相关史料的运用方式

由于不同教师组织数学史料进行教学的方式不同，不同的史料运用要根据自己学生的知识基础来决定，关于全等三角形应用相关史料的运用方式主要有以下两种。

1)附加式

由于运用简单，附加式已经成为多数职前教师最习惯运用的一种方式之一。该知识点教学时主要可以讲关于泰勒斯的故事。泰勒斯出生于米利都，是希腊七贤之一；青年时代曾游历埃及，利用竿影测量过金字塔的高度，利用全等三角形计算过轮船到海岸的距离；创立了爱奥尼亚学派；最早将几何学引入希腊，并将其变为演绎科学;被誉为“几何学鼻祖”。这些都是附加式的利用数学史。

2)顺应式

坦纳里、希思和贝里推算轮船到海岸的距离等历史材料的改编,以及美国早期教科书中的河宽、观测点到不可到达位置的距离、船与河岸的距离、树高、旗杆高和池塘宽等问题的改编,都属于顺应式。

4. 数学史融入数学教学的价值凸显

数学史融入数学教学主要凸显六大价值,本知识点主要需要凸显以下三个方面的教育价值。

1)能力之助

学生能将实际问题利用数学的方法来解决,这其实就是初等数学建模能力,现实问题的解决势必会让学生体验到成功的快乐,能进一步培养其数学应用意识和创新意识。同时,对全等三角形的判定有了更深刻的理解。此外,美国早期数学教科书以及现行主流教材均涉及了开放性的池塘测量问题,并且不同学生还可能给出不同的方案,这就进一步拓宽了他们的思维,提高了学生数学建模、构建空间想象、逻辑推导方面的能力,实现了“能力之助”。

2)探究之乐

泰勒斯的故事能够激发学生的兴趣,坦纳里、希思和贝里推算轮船到海岸的距离,以及美国早期教科书中的河宽、观测点到不可到达位置的距离、船与河岸的距离、树高和旗杆高等问题都可以为学生创设历史情境,让他们亲自体会到数学的应用价值、数学与现实生活的紧密联系,体现了数学史的“探究之乐”的价值。

3)德育之效

泰勒斯、坦纳里、希思和贝里在开始解决轮船测距问题时也会遇到各种问题,有些问题可能较难解决,但是都没有轻易放弃,这种精神值得学生学习。在探究过程中,学生一定会给出不同的解决方案,有些甚至就是数学家的方法,或者美国早期几何教科书中的方法,如果教师点破,学生就会感觉自己穿越了时空能够与数学家对话,甚至自己如果出身在那个时代,也会是“小数学家”,这样学生会增强学习数学的信心,同时,实现了教育意义上的“德育之效”。

6.6.3 HPM 教学设计阶段

全等三角形应用的 HPM 教学设计目标是让学生体验利用全等三角形解决实

际问题的过程。HPM 教学设计之全等三角形应用环节包括新课引入、新课探究、历史回眸、课堂练习和作业单的设计。

1. 新课引入

微视频 1：小黄人在寻找凯文的旅程中，遇到了峡谷。聪明的小黄人想通过叠罗汉搭桥的方式从空中穿过峡谷。然而，若桥搭得太短，则小黄人会跌入深谷；若搭得太长，则前端的小黄人将会摔在地面上。请你开动脑筋，寻找可行方案来估测桥的长度。

2. 新课探究

设计方案一：AC 是几个小黄人叠罗汉的长度，$B'C'$ 所叠小黄人的长度是 AC 的两倍，接着调整 AB' 间的距离，使得太阳光恰好能经过 C'、C、B 三点，则 AB' 就是我们所要测的长度，如图 6 - 22 所示。

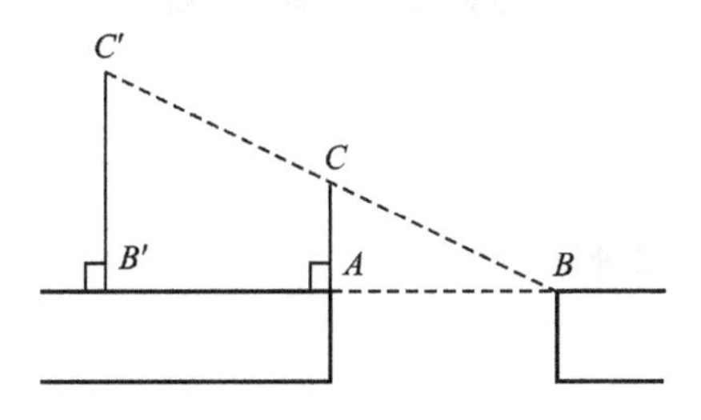

图 6 - 22　设计方案一

设计方案二：小黄人在 A 处叠罗汉成 AC，当太阳在左上方时，产生光线 CB，当太阳绕到另一侧时，产生光线 CB'，只要保证 $\angle ACB = \angle ACB'$，则 $\triangle ABC \cong \triangle AB'C$，但不知什么时候太阳光能使 $\angle ACB = \angle ACB'$，如图 6 - 23 所示。

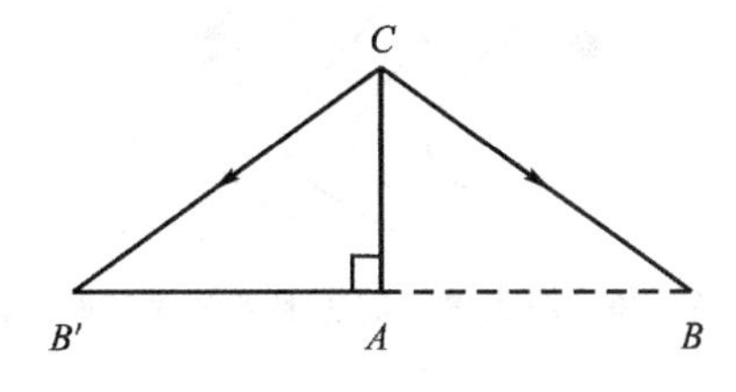

图 6 - 23　设计方案二

设计方案三：只要太阳不是正午，就可以叠高 AC，使得 C 的影子可以落在 B 处，再让 AC 后退至 $A'C'$，等出现完整影长，$A'B'$ 就是要求的长度，如图 6 - 24 所示。

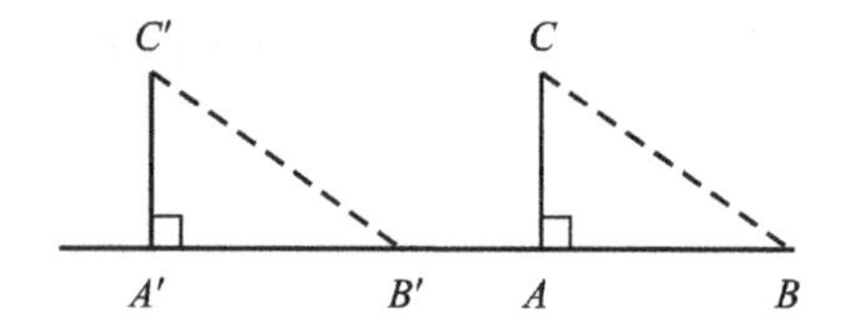

图 6-24　设计方案三

设计方案四：把两根木棍钉在一起，成了一个类似圆规的工具。将其中一根木棍垂直地面固定，从 C 看向 B 处，调整角度，得到 $\angle ACB$，接着向后转 $180°$，从 C 瞄过去，小黄人依次从 A 躺到 B'，一看到 B' 有人，停止即可，如图 6-25 所示。

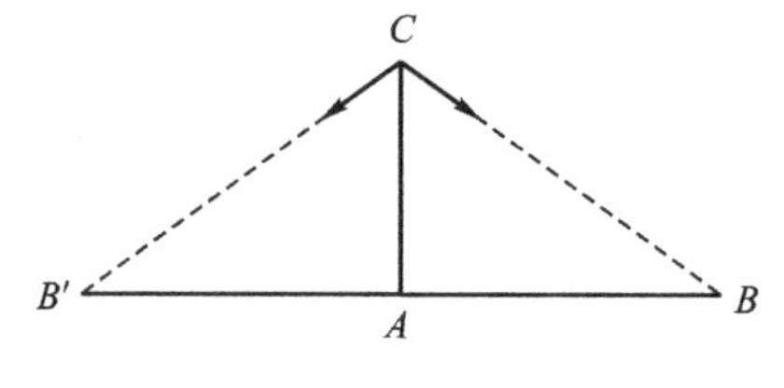

图 6-25　设计方案四

3. **历史回眸**

微视频 2：泰勒斯的故事。

4. **课堂练习**

练习题：如图 6-26 所示，海上停泊了一艘轮船 A，你能设计一个方案，测出船 A 到海岸边点 B 处的距离吗（不能上船）？并请说明方案的依据。

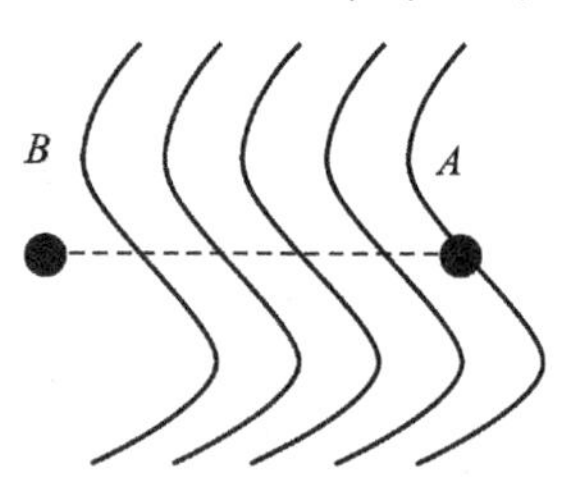

图 6-26　海上停泊的轮船到海岸的距离图

5. **作业单的设计**

作业单
学习心得与感想
(1)你对古人测量距离的方式有什么感受?
(2)你觉得美国早期几何教科书中的例子对你是否有帮助? 为什么?
(3)几种全等三角形应用的设计方案是顺应式改编数学史料,对你有帮助吗?为什么?
(4)你在初中阶段是怎样学习该知识点的? 比较并说明该方式和融入数学史的教学各自的优缺点。
(5)数学史融入该知识点的亮点是什么? 为什么?
问题与思考
(1)全等三角形的实际应用主要包括测池塘宽度、角平分线画法、卡钳的用法解读等,你还能想到别的应用吗?
(2)古希腊数学家泰勒斯是如何测量海面上的船到海岸的距离的?

6.6.4　HPM 干预后的访谈与作业单反馈

1. **访谈**

笔者:你认为关于全等三角形应用的 HPM 干预能帮助你们更好地理解该知识点的专业方面知识吗?(与 PT－HSCK 对应)

H3:帮助很大。

笔者:能具体谈一下吗?

H4:这个知识点的干预亮点很多,信息量也大。像 ASA 定理的应用史料和 SAS 定理的应用史料相当丰富,在干预多元性上的表现就很突出,比如利用附加式和顺应式的史料运用方式。当然,这些史料在不同的人手中会产生不同的教学设计和不同的教学效果,可能达到的完美程度也不尽相同,关键在于如何组织数学史料进行教学。其中 HPM 教学设计干预对于我来说就显得特别重要,就像给了我一种设计手段,让我有米也有饭,至于香不香可能还有待进一步检验。

笔者:其实你一直以来各方面表现得比较均衡,这样是很大的优势,你今天所提到的可能是大家都需要思考的问题。

Z6:是的老师,西藏与我国其他民族地区的数学教育既存在共性,也存在差异性。语言文化、心理、教育三方面因素都影响着西藏学生的数学学业水平,寻求一种可操作性强的数学教育理论指导西藏中小学数学教育发展,提高西藏中小学生学业水平已经迫在眉睫。我觉得这种HPM干预的过程不管对职前教师培养还是在职教师培训都是适合的,我以后一定这样去组织教学。

Z2:是的,西藏很需要这样的数学教学,尤其是在对全等三角形应用进行干预之后,我的思维一下打开了,能跟上这种干预节奏。

Z1:记得我在学习全等三角形应用的时候,根本没有搞清楚它的实际价值在哪里,只是背定理刷题,感觉学习数学就像空中楼阁,一直在虚无缥缈的状态下,也不知道为什么学,怎么学,学什么。

H5:的确,创设对距离测量的问题探究,而且是带有德育教育价值的问题探究,更加具有意义。

笔者:你说的德育教育价值其实就是数学学科德育,数学经验就是2011版义务教育新课标中积累的数学活动经验。大家对这个知识点史料的应用有什么感受吗?

H6:我觉得泰勒斯、坦纳里和贝里等人测量距离的方法,会给人一种学以致用和理论联系实际的真实感受,激发了我对测量距离问题的思考,这种思考无形中又拉近了我与数学家的距离,备受鼓舞。

Z5:新课引入部分也很有创意,通过小黄人寻找凯文的旅程来切入新课,体现了合作的重要性和年龄特征,整个设计都以小黄人为主线,新课探究给出的设计方案也很有教育价值。

H2:谈到教育价值,我觉得该知识点在能力之助方面体现得最好。新课探究能将实际问题和数学知识结合起来,进一步培养学生初等数学建模的能力。还有就是美国早期数学教科书中解决现实问题的例子进一步拓宽了我的思维,提高了我的数学建模和逻辑推理的能力。

笔者:大家是不是也有H2的感受?

H1～H6,Z1～Z6:是的是的。

笔者:大家理解得都很好,看来不同知识点的HPM干预对大家更好地理解该知识点的专业方面帮助是比较大的。

2. 作业单反馈

1)Z3 的作业单反馈

对于古人测量距离的方式，我的感受是古人的智慧是不可小看的。比如泰勒斯将一根竿垂直于地面上，在其上固定一个钉子，再用一根竹竿绕着钉子移动，其可以固定于任意位置，将这个竿指向船的方向然后再将其对准岸上某一点，就可求出这一点与竿的距离也就是竿与船的距离。对于某些看似不能测量的东西突破思维多思考说不定就能算出来，让我们学习如何用手边仅有的工具运用所学的知识解决生活中看似困难的问题。在我们普遍的认知中会觉得数学对实际生活并没有什么用，但是通过这一例子我们就能理解数学与实际生活的密切联系，它会让我们更加关注现实中的事物，拓展视野，体会学习数学的必要性与魅力，且更加让我明白要作为一名教师必须具有足够的学科知识。我觉得美国早期几何教科书的例子对我很有帮助，从应用上看让我们更加全面地理解全等三角形应用，且这些都是实际问题，虽然其为早期的复制式，但是存在至今肯定是有原因的，举一反三肯定得有一，这就是其存在的必要性。从另一个角度来说，美国与中国的教育方式存在不同，通过不同的学习我们会发现其实原理与想法是相似的，让我们更加拉近与数学的距离，感受数学的价值，增强自信心。

几种全等三角形应用的设计方案是顺应式改编数学史，对于我是有帮助的，让我更易于理解知识，更加理解数学的理论与实际的结合，且印象深刻。作为一名教师，数学史的学习是必须的，我们有一就能去举三，能培养一个教师灵活的思维。对于学生而言这样的课绝不是可有可无，而是有多有少，在教学中加入这样的知识更能激发学生的兴趣与思考，当然对于教师来说，掌握原理之后就能对其余变式游刃有余，这也是对教师数学学科基本的素质要求。初中阶段学习该知识点，我记得是通过关于如何测量池塘的长度这一问题引入的，让我们去探索去思考。现在这一知识点的学习跟我们当初是一样的，并没有融入数学史。融入数学史的明显优点就是将数学的理论与实际结合，有着实际操作的可能性，更让我们体会到学习数学的重要性与魅力，培养学生的思维与兴趣。其缺点也是明显的，即不能把它的场景性发挥到极致，只能提出这样的场景，虽然有现实的可能性但是需要花费更长的时间与更大的精力，这对于学习一个简单的知识点来说是没有必要的，而且这样的课作为兴趣课或者探究课会比较好，更能激发学生去思考去探索，毕竟思维的培养是一个过程而不是几节课就能达到的。

数学史融入该知识点的亮点就是如上所述的优点，即将数学的理论与实际结合起来，让我们体会数学的实际性和与联系生活的密切性。况且这个案例也很好地让教师理解举一反三的重要性，所有案例的情境问题都是不同的，但是原理都是一样的，教师自己就可以运用实际生活中的例子来假设情境。我记得我们班一位同学讲过，这个知识点她用的是喜羊羊与灰太狼的例子，很容易把学生带入情境，让学生更容易去理解，让我印象特别深刻。

2)Z6 的作业单反馈

古人在测量距离时在测量工具不如现在高级的情况下，依旧能够测量出不可测量到的距离，不得不佩服古人的智慧，同时我也发现了几何在实际生活中的作用是很大的，将不可测量到的距离转化成了可测量的距离，了解了数学的应用价值。而在课堂中，教师将这些历史材料顺应式地改编，不会出现我们所学知识和应用与我们现在所处的时代脱节的情况，在历史与现实中找到平衡点，这样让学生通过探究应用，既能够巩固全等三角形中的定理，还能在知道定理后解决实际问题，增加了对数学的学习兴趣，培养了学生的理性思考和逻辑思维能力，当然在构造全等三角形的过程中，也初步让学生有了数学建模的意识，拓宽了学生思维。所以加入数学史，比单纯地让学生做题练习更有意义。在课堂上融入数学史是有必要的，会让学生提高数学学习的积极性，还能培养他们的数学思维、逻辑性，学生喜欢学习，也会让教师在教学中发现更好的教学方式。

全等三角形在测量池塘宽度、角平分线画法、卡钳的用法解读、修路时土地面积不变、配玻璃时最省事的方案等方面起着很大的作用，所以在全等三角形的应用这一节课中，作为教师更多地去发掘这些实际应用，让学生在学习过程中通过不同方式来解决，培养学生的逻辑思维，拓宽学生的知识面。古希腊数学家泰勒斯在测量海面上的船到海岸的距离，就想到了通过固定一边与地面垂直，在这一边的顶端找一点确定与所测点的角度，使角度不变，在可测量的地方确定长度从而测得距离，也就是我们所学的全等三角形中的角边角定理。HPM 干预之后，我深深感到在教学中融入数学史，不仅能提高学生的学习兴趣，还能拓展学生的知识面。我也应该多了解一些数学史，让自己对知识有更全面的认识。

3)H6 的作业单反馈

全等三角形应用是运用全等三角形的知识，通过构造全等三角形(平移、翻折和旋转等)的方式解决实际问题的知识点。通过数学史料中“船到海岸距离”问题、“小黄人过峡谷”问题和“池塘宽度”问题的提出与解决来揭示几何命题源于实际问题，让学生体会数学的严谨和数学应用的价值。

将与全等三角形相关的部分史料融入全等三角形应用的数学教学中，让学生明白数学不仅是一门课程，更是实际生活的一部分。数学史料的使用要注意四个原则——趣味性、新颖性、可学性和有效性。我们要让学生在了解古代测量方式的同时增加对所学知识的理解。除此之外还要求史料是一些比较新奇的材料，让学生对材料感兴趣，培养学生在阅读和学习时的理性思考和逻辑推理能力，这些能力和思维方法的培养会对他们以后的学习产生很大影响，能够让学生在自己的学习过程中有理有据地推出他们所需要的知识。

我在学习这节课的时候教师只是按照书本上的实例让我们进行理解与计算，并没有加入其他史料的学习和探究，让我觉得这节应用课就是前面知识的重复，并没有让我了解全等三角形判定条件的由来和历史。在这节课中融入数学史料，能够让学生用更多的历史资料来看待全等三角形这个知识点，可以弥补教材中设计的不足之处，让学生明白全等三角形应用不是我们现在提出来的，而是在很早的时候聪明的古人就已探究发现了这些方法。

古人测量距离的方式是我想不到的，我们现在能用到的全等三角形的实际例子除了测量池塘宽度、角平分线画法、卡钳的用法，还有剪刀的应用、测量一些不能直接测量的长度等。

4)Z2 的作业单反馈

HPM 干预之后，更加觉得古人的智慧非常了得。在那样一个什么都不发达的社会，古人能够通过自己的智慧去探索去解决那些困难的问题。对于不能直观测量的距离，古人能够想到通过旋转、平移、翻折的方式把不能测量到的距离转化成能够测量的距离，再通过发现总结，最终得出全等三角形；另外美国早期几何教科书中的例子对我很有启发。因为那两个例子分别运用了“边角边”“角边角”和旋转（中心对称）、翻折（轴对称），这两个例子就用到了构造全等三角形的两个方法，并且也都用到了判定全等三角形的两个重要定理。这两个例子对后面解决其他的需要用到全等三角形的问题奠定了基础。这几种全等三角形应用的设计方案运用顺应式改编数学史料，对我有帮助。干预中的“小黄人过峡谷”“池塘宽度”这些问题都是很符合我们实际生活的问题，能让学生感受到数学知识来源于生活，也服务于现实生活，并且能够让学生把学到的知识转化成为他们自己的数学。在我初中学习这一节内容时，教师是以测量小河的宽度来给我们讲授全等三角形的应用这一课的。当时我这一节内容学得非常差，并不能很好地理解教师是怎样运用全等三角形的，并且在我的记忆中，不光全等三角形应用这部分内容学的很差，但凡涉及现实生活的问题，我都有点理解不了。在 HPM 干预之后，我对这一节内容有了一些全新的认识。在学生学习这几道顺应数学史而改编的应用题时，能够边学习知识边了解历史，在心理上感到比较轻松且学习没有那么困难，在理解上就会自己主动去接受知识，而不只被动地听教师讲，不会抱着一种能听懂就听懂，听不懂就照着教师的样子依葫芦画瓢。

我觉得数学史融入这个知识点的亮点是学生参与到解决问题之中，而不是单纯地接受老师所讲解的内容。学生不仅有输入，还有很多输出，这就比只是输入效果好多了。

5)H5 的作业单反馈

古人测量距离的方式展现了他们的智慧，在没有测量工具的时期，能想到利用全等三角形的判定定理巧妙地解决实际问题，让我们体会到整个知识点的形成和发展。这种测量距离的方式，也方便我们测量一些不可直接测量的距离。

美国早期几何教科书中的例子是通过“边角边”和“角边角”来求解不可直接测量的距离，我们可以通过这两个例子，展开自己的思维想象，举一反三。这也启发我们成为教师以后，在备课时可以选择性地对历史故事进行加工，侧重选择最有利于课堂教学和最能发挥数学史功能的部分，或者侧重于启发和引导教学思路、提高学生人文素养，并不一定要原原本本地将故事套用在教学中。而做到这一点也需要教师勤加练习和摸索，对于教师备课有较大的要求。在教学设计中融入数学史的知识，可以让知识点在被引入的时候与课堂融合在一起，让学生完全掌握全等三角形的应用问题，在这一教学过程中也更注重多元文化，通过对实际问题的探究，促进了学生对全等三角形判定定理的理解，增加了课堂氛围，加深了学生对课堂内容的研究，对数学教学起到了很好的效果。

在初中阶段，教师在讲该知识点的时候没有融入数学史的知识，只是讲了课本例题中关于全等三角形的应用的习题，直接告诉我们用全等三角形的判定定理中的知识对解决实际问题帮助很大。而且，教师会将每个例题用几种方法进行解答，让我们对几种方法进行理解，目的是在不会一种方法的时候可以运用其他方法，这样有种死记硬背的感觉，容易忘记，也不能做到完全理解，不能激发学习兴趣。HPM 干预中，在全等三角形应用中融入数学史，可以引起学生的学习兴趣，可以让学生在课堂上积极思考，进一步发散思维，主动理解全等三角形应用的方法，开拓学习思路。

数学史融入全等三角形应用最大的亮点是把数学知识与现实生活中的实际问

题联系起来，也把学生和历史上的数学家的思维联系起来。HPM 视角下的教学过程能适时发挥教师的引导作用，在学生感到束手无策时及时给予提示，推动课程的进行，使学生体会茅塞顿开的快乐。对实际问题的探究有助于学生开阔视野，可以让学生做到“学以致用”。

6)H3 的作业单反馈

古人测量距离的方法是古人智慧的结晶，是人类进步的产物，也是数学和现实生活紧密联系的重要方式。贝曼(W. W. Beman)和史密斯(D. E. Smith，1860—1944)在其中就设立了一系列实际问题，运用一些数学史引导和启发学生并为他们提供探究学习和实际应用的机会。同时，也为我们学习全等三角形应用提供了依据和经典数学问题，使我们通过探索解决数学问题，进而理解全等三角形的应用。

HPM 干预中这种顺应式改编的数学史料为我们学习全等三角形应用提供了依据，让学生理解并认识到数学与现实的息息相关，促进了教师对教育目标的理解以及对多元文化理念的落实，加深了教师对教学内容的扩展。将数学和人文联系在一起，提高了学生的数学观和数学素养。就是这种将数学史融入课堂中的教学方式，让学生一起和古人探讨智慧和方法，拉近了数学和人文之间的距离，丰富了学生的知识，使学生从乐学变成主动思考主动学。

我在初中阶段学习这个知识点时，教师提到了一个测量河宽的问题，带我们进行探讨，并没有像 HPM 干预这样顺应式改编数学史料带学生进行思考与学习，也没有提到美国早期几何课本中的实际例子以及数学家泰勒斯测量距离的方法。将数学史融入全等三角形应用，可以加深学生对数学本质的进一步理解。运用泰勒斯测量距离的问题等来探究这个知识点，使学生进一步巩固前面所学的知识点，起到温故知新的效果。

通过运用数学史融入该知识点的方式进行教学，很大意义上将课堂的理论和实际生活完全结合在一起。这样的数学史可以引导学生更多地去关注生活中的数学例子，培养学生学以致用的能力。

7)Z4 的作业单反馈

美国早期教科书中的例子早已出现了全等三角形在生活中应用的例子。在测量池塘的宽度时，由于无法直接测量，于是巧妙地通过摆放树桩的位置和距离，将其和已知点组合起来，就得出了两个全等的三角形，利用全等三角形的判定定理就测出了池塘的宽度。这种方式可以激发学生借助生活中现有工具，构建数学模型，引导学生利用已有的资源去解决问题。生活和数学无论何时何地都不会分家。

根据我在西藏上初中的经历，原汁原味的数学史估计难以在教学中产生它的作用。所以适当地改编数学史让它适应课堂的内容是不错的选择，将这种由数学史改编过来的内容融入数学教学，既可以作为课堂例题使用，也能让学生了解一些跟它有关的历史渊源。且这些改编过来的应用题型贴近现实生活，会让学生产生一种熟悉感，既不丧失启发学生思维的功能，也不丧失作为数学史料的文化味道。

记得在初中学习这个内容时，教师用传统课堂模式把该知识点给我们讲了一遍。虽然讲得细，但这样还是让我感觉很吃力很沉闷。HPM 干预中的情节，让我感觉到这样的教学肯定很活跃很生动，而且学生会觉得上数学课不是数字、定义、公式和定理在狂轰滥炸，而是伴随着数学主线上课，课上既能听故事扩展自己的课外知识，又不会落下专业知识，不亦乐乎。

6.7 HPM 干预案例六：一元二次方程(配方法)

6.7.1 史料阅读阶段

一元二次方程是刻画现实生活中实际问题的数学模型，也是初中生学习的第一类非线性方程，必然成为他们后续学习二次乃至高次函数的重要基础知识。同时，一元二次方程又是描述现实世界中等量关系的一种初等数学模型，一元二次方程的学习可以培养初中生的数学符号感，进一步体会模型思想的起点。配方法是求解一元二次方程的重要方法，公式法是通过配方法推导出来的。因此，本研究也将一元二次方程作为个案研究中衡量研究对象 PT - HSCK 水平的干预案例之一。一元二次方程的求解有着悠久的历史，本知识点的史料阅读主要从中国、古巴比伦、阿拉伯和中世纪欧洲的历史素材来进行具体实施。

1. 中国

赵爽是我国三国时期著名的数学家，他在注释《周髀算经》时，讨论了“已知一个矩形周长的一半和这个矩形的面积，如何求该矩形的长和宽”的问题。赵爽的方法能够求解以下三类方程：

$$x^2+px=q \qquad (p>0,q>0)$$

$$x^2-px=q \qquad (p>0,q>0)$$

$$-x^2+px=q \qquad (p>0,q>0)$$

若所解方程为 $x^2+px=q$，则将 4 个长为 $x+p$、宽为 x 的矩形（面积均为 q）和一个边长为 p 的小正方形拼成一个大正方形，如图 6－27(a)所示。于是大正方形的面积为 p^2+4q，边长为 $\sqrt{p^2+4q}$，则可推出 $x^2+px=q$ 的正根为 $x=\frac{\sqrt{p^2+4q}-p}{2}$。

若所解方程为 $x^2-px=q$，则将 4 个长为 x、宽为 $x-p$ 的矩形（面积均为 q）和一个边长为 p 的小正方形拼成一个大正方形，如图 6－27(b)，因此大正方形的面积为 p^2+4q，边长为 $\sqrt{p^2+4q}$，则可推出 $x^2-px=q$ 的正根为 $x=\frac{\sqrt{p^2+4q}+p}{2}$。

若所解方程为 $-x^2+px=q$，则将 4 个长为 $p-x$、宽为 x 的矩形（面积均为 q）和一个边长为 $2x-p$ 或 $p-2x$ 的小正方形拼成一个大正方形，如图 6－27(c)。于是大正方形的面积为 p^2，小正方形的面积为 p^2-4q，边长为 $\sqrt{p^2-q}$，则可推出 $-x^2+px=q$的正根为 $x=\frac{p\pm\sqrt{p^2-4q}}{2}$。

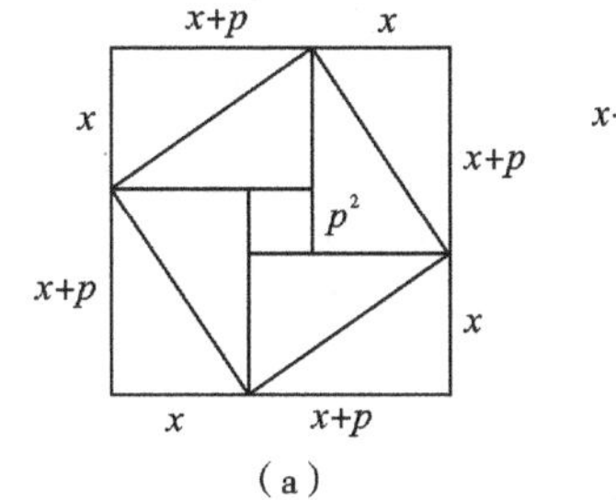

(a)

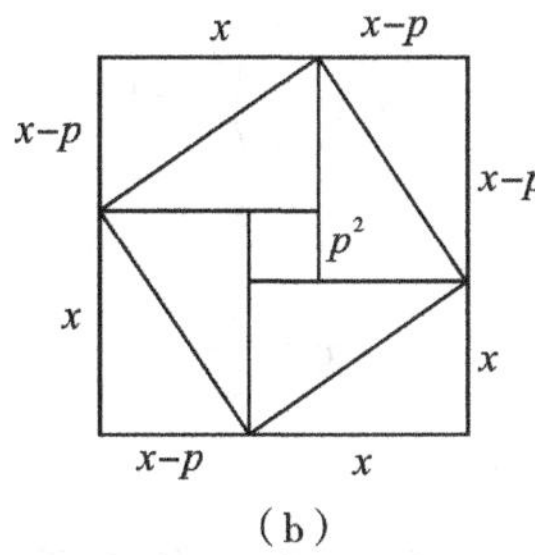

(b)

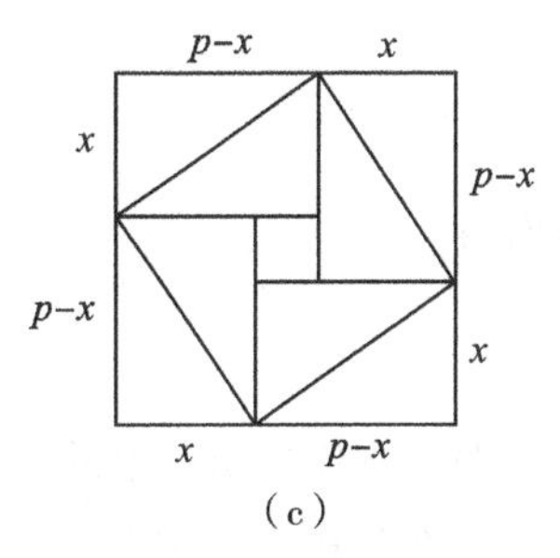

(c)

图 6－27　赵爽的配方法

2. 古巴比伦

在代数发展早期的修辞代数阶段，没有代数符号的存在，但是古巴比伦人却能熟练地解一元二次方程。数学史家推测他们的头脑中一定有一个直观的几何模型，如泥版 BM13901 上记载：

正方形面积与边长之和为 $\frac{3}{4}$，求边长

这个问题就相当于方程 $x^2+x-\frac{3}{4}=0$ 的解。泥版具体给出了解法：

$$x=\sqrt{\left(\frac{1}{2}\right)^2+\frac{3}{4}}-\frac{1}{2}$$

数学史家利用面积割补法思想的几何解法如图 6－28 所示。

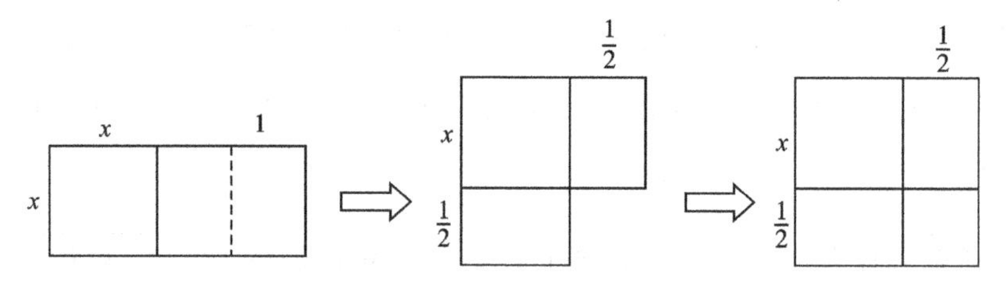

图 6－28　泥版 BM13901 的几何解法

代数解法就是通过将

$$x^2+x-\frac{3}{4}=0$$

转化为

$$x^2+x+\left(\frac{1}{2}\right)^2=\frac{3}{4}+\left(\frac{1}{2}\right)^2=1$$

即

$$\left(x+\frac{1}{2}\right)^2=1$$

从而得

$$x=\frac{1}{2}$$

泥版 YBC 6967 上载有问题：

一个数比它的倒数大 7，求该数（古巴比伦采用六十进制，互为倒数意味着两数相乘为 60）

若设这个数为 x，本问题相当于求方程

$$x^2-7x-60=0$$

的根，用现在的十进制数表示，泥版上给出的解法是：将所超过的数 7 折半，得 3，3 自乘，得 12，加 60，得 72，72 的平方根式是多少？是 $8\frac{1}{2}$，分别减去、加上 $3\frac{1}{2}$，得 12 和 5，12 为所求数，5 为它的倒数。上述解法相当于

$$x=\sqrt{\left(\frac{7}{2}\right)^2+60}+\frac{7}{2}=12$$

根据几何模型得到上述解法（见图 6－29）。

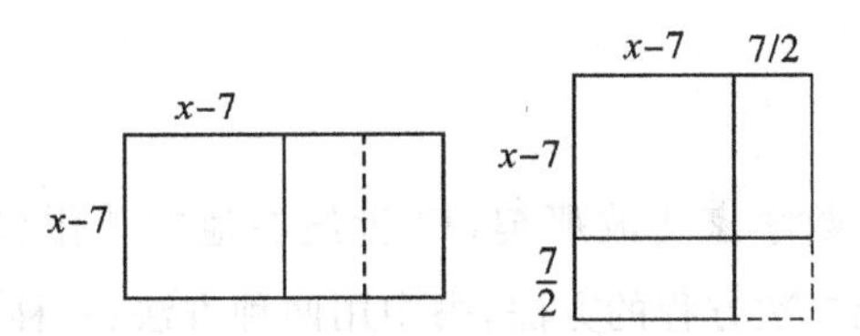

图 6－29　泥版 YBC6967 问题的几何模型

3. 阿拉伯

9 世纪数学家花拉子米在其《代数学》(见图 6－30)借助完全平方公式的几何图形给出了一元二次方程的几何解法。例如,花拉子米给出一元二次方程

$$x^2+10x=39$$

的两种几何解法,都是利用图形的割补将该方程转化为

$$(x+5)^2=64$$

进而求得方程的根。类似的问题还有:

二平方与十根之和等于四十八个迪拉姆

即

$$2x^2+10x=48$$

平方之半与五根之和等于二十八个迪拉姆

即

$$\frac{1}{2}x^2+5x=28$$

花拉子米把方程的二次项系数转化为 1,再利用上述所说的方法进行求解。

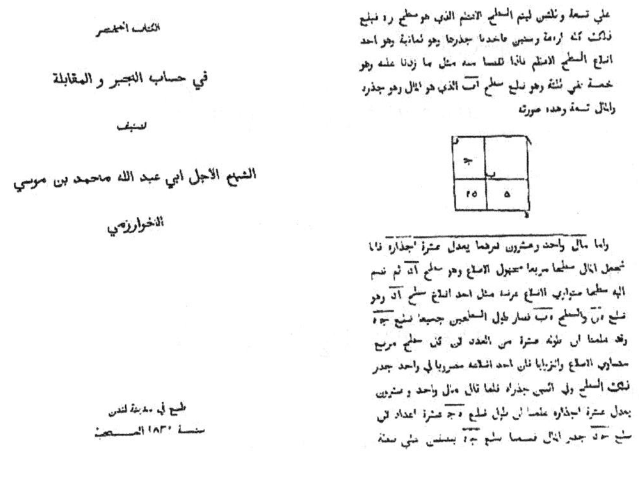

الكتاب المختصر

في حساب الجبر و المقابلة

تصنيف

الشيخ الأجل ابي عبد الله محمد بن موسي

الخوارزمي

طبع في مدينة لندن

سنة ١٨٣١ المسيحية

علي تسعة وثلثين ليتم السطح الاعظم الذي هو سطح ره فبلغ
ذلك كله اربعة وستين فاخذنا جذرها وهو ثمانية وهو احد
اضلاع السطح الاعظم فاذا نقصنا منه مثل ما زدنا عليه وهو
خمسة بقي ثلثة وهو ضلع سطح اب الذي هو المال وهو جذره
والمال تسعة وهذه صورته

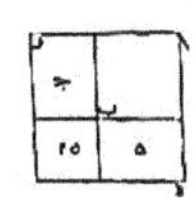

واما مال واحد وعشرون درهما يعدل عشرة اجذاره فانا
نجعل المال سطحا مربعا مجهول الاضلاع وهو سطح اد ثم نضم
اليه سطحا متوازي الاضلاع عرضه مثل احد اضلاع سطح اد وهو
ضلع هن والسطح هب فصار طول السطحين جميعا ضلع جه
وقد علمنا ان طوله عشرة من العدد لان كل سطح مربع
متساوي الاضلاع والزوايا فان احد اضلاعه مضروبا في واحد جذر
ذلك السطح وفي اثنين جذراه فلما قال مال واحد وعشرون
يعدل عشرة اجذاره علمنا ان طول ضلع هج عشرة اعداد لان
ضلع جد جذر المال فقسمنا ضلع جه بنصفين على نقطة

图 6－30　花拉子米《代数学》书影

4. 中世纪欧洲

意大利的商人兼数学家斐波那契，13 世纪在他的著作《计算之书》第 15 章中专门介绍了求解一元二次方程的方法，书中用两种方法：一种是花拉子米的几何方法，另一种则是欧几里得《几何原本》卷二中命题 6 的方法。

对于一元二次方程

$$x^2+px=q$$

斐波那契的解法为

$$x=-\frac{p}{2}+\sqrt{\left(\frac{p}{2}\right)^2+q} \qquad (p>0,q>0)$$

欧几里得《几何原本》卷二中的命题 6：

如果平分一线段，并且在同一线段上给它加上一线段，则整条线段与所加线段构成的矩形与原线段一半以上正方形的和等于原线段一半所加线段之和上的正方形。

如图 6－31 所示，D 为 AB 的中点，则

$$AC\times BC+DB^2=DC^2$$

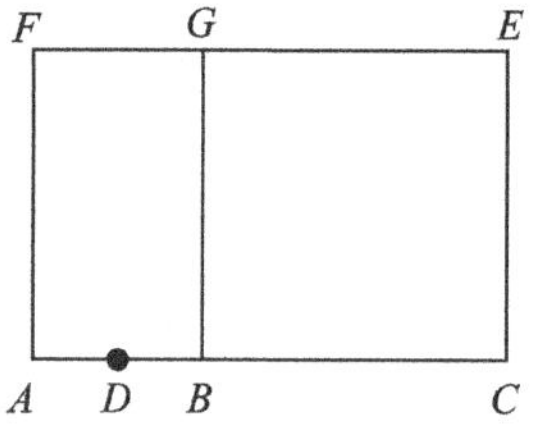

图 6－31 《几何原本》卷二命题 6

设 $BC=a$，$AB=b$，上述等式即为

$$a(a+b)+\left(\frac{b}{2}\right)^2=\left(a+\frac{b}{2}\right)^2 \tag{6-1}$$

对于方程

$$x^2+px=q$$

利用式(6－1)可得

$$x(x+p)+\left(\frac{p}{2}\right)^2=\left(x+\frac{p}{2}\right)^2 \tag{6-2}$$

但由原方程知

$$x(x+p)=q$$

故由式(6-2)得

$$\left(x+\frac{p}{2}\right)^2=\left(\frac{p}{2}\right)^2+q$$

于是得

$$x=-\frac{p}{2}+\sqrt{\left(\frac{p}{2}\right)^2+q}$$

意大利数学家斐波那契在其著作《花朵》中，也采用了上述来自于《几何原本》中的命题来对一元二次方程进行求解。

6.7.2　HPM讲授阶段

结合一元二次方程(配方法)课题类型、史料特点以及学情分析等特点，HPM讲授阶段主要以"一、二、三、四、五、六"HPM理论框架为依据，按照HPM干预框架从知识点教材内容分析、一元二次方程(配方法)相关教学设计研究、一元二次方程(配方法)相关史料的运用方式以及数学史融入数学教学的价值凸显等方面进行具体实施。

1. 教材内容分析

降低变量的次数是一元二次方程求解的基本思想，因式分解或配方都是降低变量次数的有效途径，其区别在于因式分解法只适合于特殊类型的一元二次方程，而所有的一元二次方程都能使用配方法来求解，就连公式法也需要借助配方法来推导。通过配方法可以帮助学生对一元二次方程求根公式进行深度理解，也对后续二次函数的学习具有重要意义。表6-13对人教版、北师大版、沪教版和苏科版四个版本教材中本知识点对应章节、新课导入方式以及配方法是否优先讲解等进行分析。

表6-13　相关版本教材中关于"配方法"的知识点分析

教材版本	知识点对应章节	新课导入方式	配方法是否优先讲解
人教版	九年级上册 21.2.1,配方法	从直接开平方法导入	是
北师大版	九年级上册 2.2,用配方法求解一元二次方程	通过讨论梯子底端滑动距离精确值的求法，导入用配方法求解一元二次方程	是

续表

教材版本	知识点对应章节	新课导入方式	配方法是否优先讲解
沪教版	八年级上册 17.2.2,一般一元二次方程的解法	从配方法步骤导入新课	否
苏科版	九年级上册 1.2,一元二次方程的解法	按照二次项系数为1和二次项系数不为1两种情形导入新课	否

将四个版本的教材进行对比发现,解一元二次方程常用的四种方法(配方、公式、开平方和因式分解)都有涉及,但次序有所不同。人教版和北师大版将配方法放在前面讲,沪教版和苏科版将配方法放在后面讲。人教版、北师大版、沪教版和苏科版四个版本的教材对配方法的介绍,均从直接开平方法入手,将其作为配方法的基础,其中沪教版和苏科版将直接开平方法单独设置为一节内容,而人教版和北师大版没有这样单独设置。另外,四个版本的教材中,仅苏科版在"数学实验室"板块中以方程

$$x^2+2x-24=0$$

为例介绍了配方法的几何表示,如图 6－32 所示。

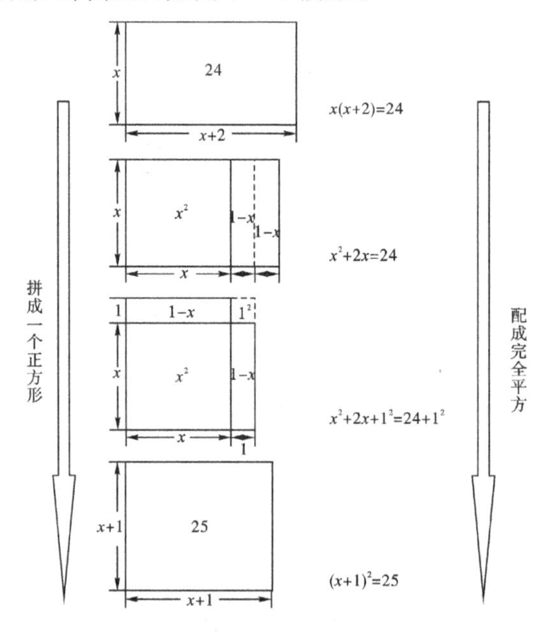

图 6－32　苏科版中用拼图表示配方法

2. 一元二次方程(配方法)相关教学设计研究

姚瑾(2013)根据调查结果认为学生在进行一元二次方程进行求解时，首选因式分解，其次是公式法，最后才会选择配方法。张肖(2014)、沈健(2017)以及王丹(2016)等以开平方法为起始，以填空的形式作为铺垫，利用脚手架让学生先了解如何将一个式子配成完全平方式，再采用配方的方法解出二次项系数等于 1 的一元二次方程。沈志兴和洪燕君(2015)通过设计探究活动，让自己的学生熟练开展配方的步骤，增加方程求解的经验，从而更好地理解一元二次方程的配方法。周晓秋(2017)利用典型的错误例题，让学生通过辨析巩固对配方的理解。

3. 一元二次方程(配方法)相关史料的运用方式

配方法是具有普适性的一元二次方程求解方法，公式法的推导也离不开配方法的辅助。配方法的直观性可以帮助学生理解知识点数学本质，要想将历史上的几何解法自然地融入教学之中，离不开数学教师的专门内容知识，利用不同数学史的融入让学生感受一元二次方程(配方法)的必要性非常有意义。一元二次方程(配方法)的史料运用方式主要有附加式和顺应式两种形式。

1)附加式

在数学史上，一元二次方程(配方法)有来自中国、古巴比伦、阿拉伯以及中世纪欧洲等国家和地区的丰富的几何解法史料，因此在本知识点的教学中应该充分发挥几何解法史料的丰富性这一优势，利用好新课标中几何直观这一理念，让学生对配方法有更直观的理解。在具体教学中对中国、古巴比伦、阿拉伯以及中世纪欧洲几何解法进行介绍或者播放提前制作好的微视频，让学生了解一元二次方程的求解有着悠久的历史，为后续学习方程的几何解法作铺垫。这都属于“附加式”运用数学史。

2)顺应式

在实际教学中，因为学生认知起点和基础知识储备的不同，使得我们在授课时不得不进行相应的变通，比如在民族地区学校讲课时，可以将中国、古巴比伦、阿拉伯以及中世纪欧洲的几何解法史料进行改编，使其更加通俗易懂，力求发挥更高的课堂教学效率。比如泥版 BM 13901 的几何解法、泥版 YBC 6967 的几何解法以及花拉子米的几何解法等都可以作对应的改编，教师借用这些方式让学生将前面用过的几何方法“迁移”到新的方程上。

4.数学史融入数学教学的价值凸显

数学史融入数学教学主要凸显六大教育价值,本节课主要凸显以下三大教育价值。

1)能力之助

在数学教学中,培养学生代数和几何表征相互转化的能力非常重要,这也是在教学中落实新课标几何直观要求的有效途径之一。由于代数符号在实际教学中具有简单方便的优势,大大减弱了学生的表征转化能力。在一元二次方程配方法的几何解法中融入中国、古巴比伦、阿拉伯以及中世纪欧洲的几何解法史料,恰好有助于克服上述情况的发生,既可以加强学生对配方法的理解,又可以有效地训练学生几何和代数表征转化能力,体现数学史的"能力之助"价值。

2)探究之乐

在数学史上,利用几何解法进行一元二次方程求解的形式多种多样,充分利用这些丰富的史料来创设历史情境进行课堂探究,可能会出现我们意想不到的收获,比如再现花拉子米的几何方法、赵爽的配方法等。这种探究可以给学生提供想数学家之所想的机会,实现瞬间能与古人对话之感,产生心理学中的共时性。总的来说,这种探究可以给学生带来乐趣,激发他们的思维。这就体现了数学史的"探究之乐"价值。

3)文化之魅

不同国家的不同方法,都蕴含着各国先哲的数学智慧和数学抽象能力。每一种解法都是他们经过抽象、猜想、推理和建模的数学结晶。每一种几何解法都是一种带有数学思想的文化元素。这种数学思想文化元素可以向学生渗透数学的思想、精神以及思维方式。不同的配方法之间的共通性,展现了数学思维之美,不同的图解显示出图形本身的对称美,而代数解法与几何解法之间的互相转化,让一元二次方程的几何解法,变成一块拼图、一亩田地,甚至是千变万化的几何图形,数学文化之美表现得淋漓尽致,充分体现了数学史融入数学教学的"文化之魅"教育价值。

6.7.3 HPM 教学设计阶段

"一元二次方程(配方法)"HPM 教学设计的目标是让学生理解配方法的原理,掌握用配方法求解一元二次方程,通过数学史的渗透,理解配方法的几何意义，从不同的角度思考配方法，同时强化学生的几何表征能力和对数形结合思想的运用，能将一元二次方程的几何意义转化为代数意义。HPM 教学设计之一元二次方程（配方法）设计环节包括：复习旧知、新课导入、新课探究、发散拓展和作业单的设计。

1. 复习旧知

解一元二次方程：

$$x^2=16,\qquad (x+5)^2=36,\qquad (x-2)^2=9$$

如图 6-33 所示，用几何语言来表达上述方程。

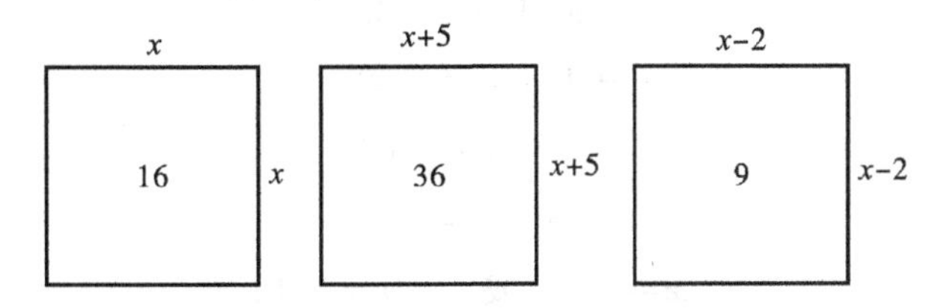

图 6-33　一元二次方程几何图解

结论：在古代，开方就相当于“已知正方形面积求边长”。

2. 新课导入

播放 BBC《数学的故事》了解巴比伦人从文字叙述到用几何解法求解一元二次方程的视频。利用古巴比伦泥版上的问题：

$$\text{正方形面积与边长之和为}\frac{3}{4}\text{，求边长}$$

引入，这个问题就相当于求解方程

$$x^2+x-\frac{3}{4}=0$$

的解。

3. 新课探究

问题 1：利用数学家花拉子米在其《代数学》中几何思想，对方程 $x^2+10x-39=0$ 进行几何图解（见图 6-34）。

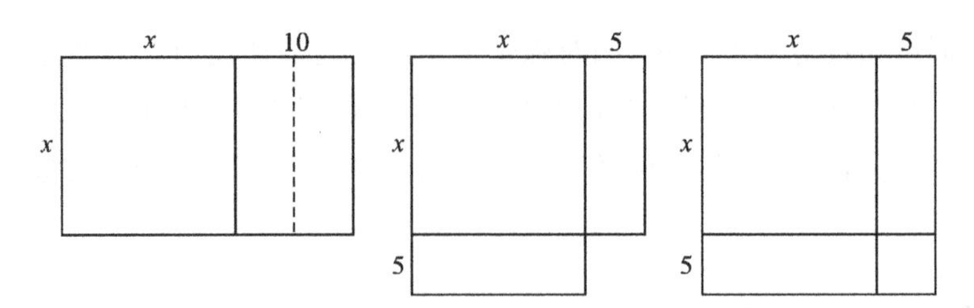

图 6-34　$x^2+10x-39=0$ 的几何图解

将上述过程用代数形式写出，即为

$$x^2+10x-39=0$$
$$x^2+10x=39$$
$$x^2+10x+5^2=39+5^2$$
$$(x+5)^2=64$$
$$x+5=\pm 8$$
$$x=3 \quad 或 \quad x=-13$$

问题 2：探究方程 $x^2+10x-39=0$ 另外的几何图解（赵爽注释《周髀算经》）。

问题 3：对比几何解法和代数解法，两种解法是否一致？

4. **发散拓展**

问题 4：古巴比伦泥板上的问题“已知两数乘积为 10，差为 4，求这两数”相当于解方程一元二次方程 $x^2-4x=10$（一次项系数为负），如图 6-35 所示。

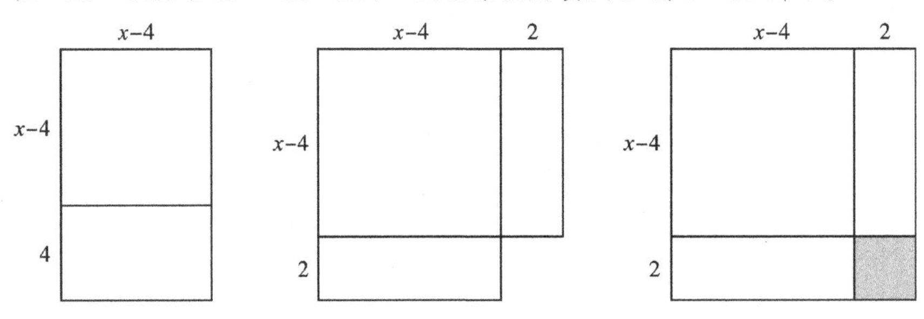

图 6-35　$x^2-4x=10$ 的几何图解

相应的配方过程：

$$x^2-4x=10$$
$$x^2-4x+2^2=10+2^2$$
$$(x-2)^2=14$$

5. **作业单的设计**

作业单
学习心得与感想
(1)你能理解配方法的几何解法吗?几何解法对你理解配方法有什么帮助?
(2)你希望教材中介绍一元二次方程解法的由来和发展概况吗?为什么?
(3)你认为有必要利用几何直观来介绍配方法的几何解法吗?为什么?
(4)了解一元二次方程配方法的历史对你有帮助吗?为什么?
(5)有了开平方法和因式分解法,为什么还要学配方法?
(6)你在初中阶段是怎样学习该知识点的?比较并说明该方式和融入数学史的教学各自的优缺点。
(7)数学史融入该知识点的亮点是什么?为什么?
问题与思考
(1)试着编一道一元二次方程的题,并用几何解法求解。
(2)在没有代数符号的情况下,巴比伦人如何熟练地解一元二次方程?

6.7.4 HPM干预后的访谈与作业单反馈

1. **访谈**

笔者:你认为关于一元二次方程(配方法)的HPM干预能帮助你们更好地理解该知识点的专业方面知识吗?(与PT-HSCK对应)

Z5:有,这个知识点的HPM干预对我的帮助最大,因为在上初中的时候从来就没有接触过几何表征,原来配方法还可以这样进行,当时我都被震撼到了。苏科版中用拼图表示配方就非常不错,赵爽在注释《周髀算经》中讨论的矩形问题、BBC的《数学故事》、巴比伦泥版、花拉子米《代数书》、斐波那契《计算之书》以及欧几里得《几何原本》等所呈现的几何模型,都让我非常有收获。对我基于数学史的专门内容知识提升很大。

H2:这种几何图形的解法直观,能帮助我理解代数公式中系数的真正意义,使我不再通过死记硬背来学习数学,而通过理解来学习数学本质。同时,我也认识到自己在构造图形方面的不足之处,可以让我进一步取长补短,发散思维。最重要的是几何图解方法可以和完全平方公式、平方差公式的图解统一起来，这是我完全没有想到的。

Z1：HPM干预中介绍的一元二次方程(配方法)的历史对我的帮助也很大，让我知道了配方法的源头，看到了数学的本源，越是源头的知识越是通俗易懂，这其实启示我们寻找数学知识的历史就是为了服务今天的教育，从历史中找规律，从民族文化本身去找个性，从世界范围的数学历史中找共性。中国、古巴比伦、阿拉伯和中世纪欧洲的历史素材都很好地说明了这一点。

H1：用不同文化背景下的思维来解决数学问题，能得到相同的正确结果，这让我体会到古人一个问题多种解法的智慧，这些智慧我们不但要传承，更要发展，创造出属于更具时代性的思维方法。

Z4：HPM干预的教学设计环节对我有很大的启发，在复习旧知、新课导入、新课探究、发散拓展和作业单的设计五大环节中，新课导入、新课探究和发散拓展更具启发性，这些环节都是基于历史的原型根据学生认知起点和基础知识储备的不同进行的有效探究和发散。我如果以后在西藏初中数学课堂上讲这一节课时，会将中国、古巴比伦、阿拉伯以及中世纪欧洲的几何解法史料进行通俗易懂的改编，力求提升西藏地区教学效率。

Z6：提到认知起点，我就想到在西藏的课堂上不仅要关注学生的认知起点，而且要关注文化背景、教育基础以及生活环境等因素，这些因素与其他地区存在共性的同时也存在着一定的差异性，农区和牧区，城镇和乡村等都应该重点考虑差异性。

H3：是的，应该考虑。

Z3：应该考虑。

H3：我觉得这种差异在预设方法的时候就可以考虑进去，因生施策。除了差异性，有时候方法的多样性也很重要，除了教师预设的方法，在课堂上并非一定要按照这样的预设，可能还会想出别的方法，充分发散思维。

笔者：今天大家谈的问题都非常深刻，希望大家多思考西藏基础教育，以后为西藏基础教育贡献自己的力量。

2.作业单反馈

1)Z6的作业单反馈

对于一元二次方程(配方法)知识点的学习，HPM干预的方式更容易让学生理解如何配方，让学生感受数学图形与代数结合起来的美妙，也使课堂增添了几分趣味，将学生拉回到课堂，使学生参与进来成为课堂的主体。在初中阶段我学习一元二次方程的配方法时，教师并没有利用图形来讲授，仅仅是用代数的方式来讲授，利用之前所学的完全平方公式和平方差公式经过变形将配方法引入，这种代数的方法也可以让学生知道配方法这一过程，只是如果融入数学史，将长方形与正方形的面积与一元二次方程相结合，能让学生更容易理解配方法，再经过教师稍加引导发现可以用多种方式来解决这一问题，而且和数学家的方法相同，增加自己学习数学的信心。

在教材中介绍一元二次方程解法的由来、发展状况以及实例，供学生进行阅读，他们可能会对这一章节的内容有探索的欲望。利用几何图形来直观介绍配方法的几何解法，我认为很有必要，在上课过程中，数学方程本来基本都是数字讲解，比较抽象，如果这时利用一个几何图形直观地将这些数字表示出来，就显得简单明了直观很多，这样不需要教师将方法讲好多遍，也能让学生知道利用数形结合来解决问题是很方便的。了解一元二次方程(配方法)的历史对我自己来讲不仅增加了知识宽度，而且可以将看问题的重点逐步转化到自己的学习生活中，同一问题从不同的角度去思考，运用多种方式来解决问题。

在没有代数符号的情况下，巴比伦人就想到了用图形来形象地将方程表示出来，从而简单地得到其结果。由此，我认为在一元二次方程(配方法)这节课中，加入数学史并且将代数问题转化到图形上来一一解决，教学效果会更好。

2)H6的作业单反馈

解一元二次方程的“灵魂”就是“降次”，我们可以通过分解因式、开平方等途径来达到降次的目的。一元二次方程配方法架起了几何与代数之间、历史与现实、数学与人文之间的桥梁。在初中学习一元二次方程(配方法)的时候，我并没有学习配方法的几何解法，这种方法在我看来是新奇而有趣的。让学生体会古代人们在没有代数符号时运用几何来解算数问题的思维和方法，比起死板的数学符号，显然几何的表达更容易让人理解。运用几何方法解代数问题，更容易让学生接受也能给学生新的启发，从而为他们的解题提供了一条新思路。我认为学习一元二次方程(配方法)的重点和难点就是正确理解配方法。单纯地讲解这一结论可能并不太好理解，但是如果将几何图解融入教学，让学生通过“切、割、补”的方法将一个代数问题转化为几何问题，在其过程中学习到新的知识，并把新知识与旧知识联系起来，更加深刻地理解一元二次方程配方法中的步骤。将数学的不同板块拼成一个系统的体系，方便学生去学习和记忆。在讲授课程的时候要特别注意一次项系数为正和为负的情况，在感受古今方法异同的同时感悟数学历史的演进性，总结配方法的四大步骤——移(将一元二次方程的常数项移到方程的一边)、加(加上一次项系数的一半，即几何中长方形面积的一半)、化(化为一个完全平方的形式)、解(根据问题的实际意义判断解的个数，最后写出方程的根)。

我认为在课本中介绍一元二次方程解法的由来和概况也是很有必要的，这样能够使学生了解配方法发现过程以及与知识相关的数学家小故事(花拉子米)，通过自主学习扩展了所学知识之外还能给自己信心发现问题、解决问题。通过自己动手理解配方法，既积累了学生的数学活动经验又拉进了他们与数学的距离。配方法的几何模型又可以加强学生数形结合意识，提升代数表征和几何表征相互转化能力，进一步拓宽数学思维，为学生发散思维提供了重要帮助。

3)Z5 的作业单反馈

我在初中阶段学习该知识点的时候，教师在教学过程中并没有将数学史融入教学课堂中，他将知识点直接告诉我们，通过做练习题来提高我们对该知识点的熟悉度，当时的我并不很透彻地了解了一元二次方程——配方法，对该知识点存在模糊不清的记忆，在课堂中并没有感到轻松和乐趣。HPM 干预将解一元二次方程——配方法的数学史融入教学中，必然会激发学生学习配方法的兴趣。了解古人如何用文字和图形来解一元二次方程，能使学生更好地理解该知识点，明白并掌握该知识点是怎么产生的，并学会用该方法解一元二次方程；让学生在数形结合思想、代数符号语言和几何图形语言之间转化的能力得到提高，使学生不断在几何和代数之间进行转化。

我希望教材中介绍一元二次方程解法的由来和发展概况，因为它可以提高学生的学习兴趣，很好地帮助我们理解一元二次方程解法的内容，发现数学源于生活，了解花拉子米和他的解法，很好地将几何和代数联系在一起。古代的解法生动有趣，容易理解，使学生加深对该知识点的印象，能进一步发现数学问题；同时，使学生的逻辑更加严密，拓宽他们的数学思维和知识文化，既能积累学生的数学经验，还拉近了他们与数学的距离，令他们理解数学来源于现实生活，需要去不断探索和发现。我认为以几何直观的形式介绍配方法的几何解法很有必要，这样可以让学生眼前一亮，能使他们高效地理解这个知识点，并对此展开思考，学习古人的精神品质。几何解法可以营造不一样的课堂，大大提高学生的学习效率，发展学生的数学观和人文素养。

我们不应很死板地学习一种一元二次方程的解题方法，多种解题方法可以激发学生的思维和逻辑能力，使他们善于思考和乐于思考，学习数学变得灵活多变。配方法将数学史融入进来，让我们了解了古人的智慧，认识了花拉子米和他的几何解法。现在的教育正需要这种将数学和人文联系在一起、全面发展学生的素质能力的教学方式。另外学习配方法几何图解可以让学生了解数学的本源，使数学变得不再枯燥乏味。

4)H4 的作业单反馈

在我学习一元二次方程(配方法)的时候，教师直接用课本上的例题引入，告诉我们配方法是解一元二次方程的一种方法，解题的步骤要先怎样、再怎样、最后怎样，需要把一元二次方程转换为一元一次方程来解等。通过介绍花拉子米在一元二次方程上的数学成就，能让学生感受到不同于课本的解决问题的思维，通过数形结合，让他们自主理解配方法的步骤，激发他们的学习动力。通过学习配方法的几何解法，配方法的关键步骤变得通俗易懂，让我更直观地了解了配方法的由来；用几何解决代数问题，让我对一元二次方程的解法有了新的思路，也扩展了我的数学思维能力。有了几何解法，不用再生搬公式，在忘记公式的情况下也可以解一元二次方程。我觉得在教材中介绍一元二次方程解法的由来和发展是有必要的。加入这些内容可以让学生产生学习兴趣，学生可以进行多方面的思考，使数学课堂不再枯燥乏味，让学生感受与古代数学家的近距离接触，可以营造不一样的课堂氛围。通过了解配方法的发展过程，同学们可以感受到数学与我们现在的生活是息息相关的，感受到数学能够促进社会发展，使学习内容更加有趣，拉进了学生与数学之间的距离，让学生更加热爱学习数学。

介绍配方法的几何解法是有必要的。通过几何图形可以更加直观地了解配方法的解题方法，如果不直接用几何图形表示，初中生可能做不到完全理解。通过几何图形可以使“将长方形通过割补转化为正方形”这一过程被学生所理解，加强了学生的思考能力。

通过了解一元二次方程(配方法)的历史，让我对配方法有了新的认识，比如可以直接理解用完全平方式来配方的过程；在了解了数学史，增长了数学知识和阅历之后，我对配方法能做到全方位的理解，不再只是按照课本进行讲解，可以在以后的教学中使自己的教学方法更加贴合数学史的发展过程，让学生感受数学文化，在学生产生新的思维方式时可以做好解答。配方法可以解决许多其他综合性的问题，也为后面的公式法作铺垫，在代数学习中非常重要。解一元二次方程的时候，配方法更贴近生活，应用比较广泛，在以后的代数学习中也会经常用到，所以，学习配方法是必要的。

5)H3 的作业单反馈

我在初中学习一元二次方程的时候，教师并没有像 HPM 干预那样用几何图解的方式教我们配方，而是直接用代数的方式演示如何配方。我们学习的时候并不理解为什么要那样配，只是单纯地记住了应该如何配方，很明显这样的效果并不好，每次做题的时候都要翻书照着书上的演示来做。后面学了公式法之后，我们的压力就更大了，大部分学生在学习这一节的时候效果都很不理想。与几何图解法进行对比，我觉得在学习这一知识点时，融入以前古人对于一元二次方程的理解，运用几何图解法，能够帮助学生理解为什么要那样配方，让学生弄清楚为什么配方法是要配一次项系数一半的平方。运用几何解法就很容易让学生结合之前学习的开平方方便地解出方程，学生对于该知识点就不再是死板的记忆了。并且教师给学生介绍以前的数学家们解决这一方程的各种方法，能让学生开阔视野，学生的思维也不再单一。

我认为一元二次方程的由来和发展概况由教师在课堂上利用一点时间给学生们讲一讲或者播放一个几分钟的视频效果会很好，在学生已经学习了这些知识的基础上，再了解这些历史会让学生对数学产生兴趣。

同时，几何直观作为 2011 版义务教育阶段数学课标的十大关键词之一，我认为有必要利用几何直观介绍配方法的几种几何解法，进一步落实课标要求。利用几何方法不但能让学生更容易理解配方法，而且还能从多个角度证明配方法，让学生在学习的过程中开发大脑。同时用几何法也能让学生明白数形结合的好处，在以后解决问题的时候就多一种思考的方式。

6)H5 的作业单反馈

我上初中时教师的教学方式就是直接教我们口决，至今我对那句“配上一次项系数一半的平方”还能脱口而出。但这种教法太过死板，教师照本宣科，学生理解不了配方法的精髓，对数学知识就无法有自己的思考。HPM 干预之后，我才知道配方法是怎么来的。我认为利用几何直观来介绍配方法的几何解法，通过数形结合可以加深学生对于“一次项系数一半的平方”的理解，使知识变得清晰，还能提高学生对于数形结合方法的掌握能力，日后遇到用一种类型的知识无法解决的题目时能够想到代数符号语言和几何图形语言的转化，对于锻炼学生的思维发散能力大有裨益。HPM 中对于配方法的重新建构，以历史作为载体引导学生探究，让学生经历配方法的发现过程可以使学生身临其境，这不仅是一种非常好的教学组织形式更能激发学生的学习动机。同时融入人文因素，引导学生感受数学文化的魅力。

介绍一元二次方程解法的由来和发展概况。作为学生，当发现自己的思维和古代数学家的思维相似时自豪感会油然而生，对数学学习的信心也会增加。即使没有思路，也会在发现这个问题难倒过许多数学家时而感到安慰，不会彻底丧失信心。作为教师，使学生更加方便地了解配方法知识点历史发展的来龙去脉，教学组织也会进行得更加顺利。

该知识点 HPM 干预中介绍一元二次方程的由来可使学生知道解决一元二次方程的方法其实与实际生活很贴合，问题瞬间就显得没有那么难了。学生只有知道了知识产生的根源，才能对各种解法有一个基本的认识，才能在此基础上进行各种探究和思考，才能有兴趣去了解几何图解。对于初中生来说好奇心是很强的，所以激发学生的进一步探究动力很有必要。通过几何图解会使几种解法更加直观，更通俗易懂，方便学生理解，减少学生学习数学的恐惧。学生理解得越好，就越能对解法进行更深入的思考。同时，用几何直观展示可以通过直接观察，再由教师引导思考和分析，在课堂教学中渗透解题思路，从而启迪学生的思维能力。几何直观可以很好地将几何解法进行剖析，让学生理解得更加透彻，仿佛能感受到这个解法"活"起来了。毕竟，理论知识也要靠实际来支撑，而几何直观就给几何解法提供了一个支撑。

身为职前数学教师，应该掌握好学科内容知识，尤其是基于数学史的专门内容知识，深入理解配方法的历史和几何图解。用中国、古巴比伦、阿拉伯以及中世纪欧洲的丰富数学史料，进一步来拓展我的知识储备。走向工作岗位后教书育人一定会更加从容，只有自己深入地理解了知识背后的数学本质，才能教学生更好地理解知识的本源。站在给学生讲授的角度，了解相关的数学史可以更好地给学生讲解知识点的来龙去脉。同时，平时不断地学习数学史，也可以增加自身的数学素养。很多数学思想方法都离不开数学史，数学公式、定理、概念以及多种方法都来源于数学史，根据历史的相似性在课堂上运用这类数学史，将使学生积极投入课堂，提升学生学习质量和教学质量。

第7章　干预结果及其变化分析

通过基于六个知识点的HPM干预案例，分别经过史料阅读、HPM讲授以及HPM教学设计三个阶段的干预来进行干预结果及其变化分析。为了更客观、科学地进行干预结果及其变化分析，本章主要从问卷的测试、干预后访谈以及作业单反馈情况等多维度相结合进行深入分析。首先对职前数学教师的总体变化进行分析，通过前后测数据，结合访谈和作业单反馈对所有参与者干预后PT-HSCK各成分的水平进行重新定位和分析；其次对藏族职前数学教师的变化进行分析，通过前后测数据，结合访谈和作业单反馈对藏族参与者干预后PT-HSCK各成分的水平变化情况进行分析；再次对汉族职前数学教师的变化进行分析，通过前后测数据，结合访谈和作业单反馈对汉族参与者干预后PT-HSCK各成分的水平变化情况进行分析；最后对藏族与汉族职前数学教师HPM干预前的对比和干预后的对比进行相关分析。

7.1　职前数学教师的总体变化分析

西藏职前初中数学教师基于数学史的专门内容知识包括九种知识成分：KSI、KCD、KRE、KER、KRC、KPP、KAD、KJR以及KSA。六个HPM干预案例经过史料阅读、HPM讲授以及HPM教学设计三个阶段的干预之后，笔者利用设计的PT-HSCK问卷对这12名西藏职前初中数学教师总体情况进行前测和后测对比分析，结果显示，经过HPM干预后的西藏职前初中数学教师基于数学史的专门内容知识九个知识成分水平都有所提升，只是各成分上升程度各不相同。12名西藏职前初中数学教师的总体对比结果如表7-1所示。

表 7-1　12 名参与者 PT-HSCK 前后测对比

PT-HSCK成分	前测		后测		t	df	p
	均值	方差	均值	方差			
KSI	2.250	0.730	2.278	0.441	0.089	11	0.4654
KCD	2.417	0.629	2.694	0.312	0.992	11	0.1713
KRE	2.278	0.421	3.083	0.346	3.187	11	0.0043**
KER	1.889	0.673	2.972	0.413	3.600	11	0.0021**
KRC	1.833	0.197	2.542	0.384	3.218	11	0.0041**
KPP	2.125	0.142	2.750	0.250	3.458	11	0.0027**
KAD	2.056	0.300	3.111	0.451	4.220	11	0.0007***
KJR	1.958	0.248	3.069	0.588	4.209	11	0.0007***
KSA	1.722	0.421	2.500	0.354	3.062	11	0.0054**

注：**，$p<0.01$；***，$p<0.001$。

表 7-1 数据表明，通过对九个不同维度的知识点进行前测与后测成对 t 检验，从总体结果来看，12 名参与者的 PT-HSCK 中，KSI、KCD 这两个维度，前后测水平无显著性差异；但后测的均值略微高于前测。而 KRE、KER、KRC、KPP、KAD、KJR 以及 KSA 这七个知识成分维度，后测的水平则显著高于前测的水平。其中，KRE 从前测的 2.278 上升为 3.083，上升显著；KER 从前测的 1.889 上升到了后测的 2.972，上升非常显著；KRC 从前测的 1.833 上升到后测的 2.542，上升显著；KPP 从前测的 2.125 上升到后测的 2.750，上升显著；KAD 从前测的 2.056 上升到后测的 3.111，上升显著；KJR 从 1.958 上升到 3.069，上升显著；KSA 则从前测的 1.722 上升为后测的 2.500，上升显著。

究其原因，结合职前初中数学教师的访谈和作业单反馈，KSI、KCD 这两个知识成分没有显著提升，是因为这两种成分都没有得到有效的锻炼，因为 HPM 干预中史料和素材都是给定的，参与者多数只是自己组织起来，没有进一步思考后再查阅相关资料进行自我知识建构，还有一个重要原因就是作为职前数学教师，其教学所特有的知识还是缺乏实践的检验。因此 KSI、KCD 这两个知识成分上升得不是特别明显。此外，经过访谈和作业单反馈情况分析，这些能力的提升实际上都跟职前初中数学教师的参与度以及学生已有的专门内容知识储备有关。如果职前初中数学教师参与不积极，从来不思考，也就没问题可言，KSI、KCD的必要性也就不存在了。

结合对职前数学教师的访谈和作业单反馈可以发现，KRE、KER、KRC、KPP、KAD、KJR、KSA这七个知识成分维度，后测的均值水平显著高于前测的均值水平，主要因为在史料阅读、HPM讲授以及HPM教学设计的三个阶段的HPM干预过程中，KRE、KER、KRC、KPP、KAD、KJR、KSA的行为是时时刻刻发生的，而且频数较高，因此对职前教师的帮助较大，从而导致了统计学意义下非常显著的提升。

虽然量化分析的信息量比较大且精确度较高，但不能对研究对象复杂的心理变化过程进行量化。由于本研究需要考察HPM干预对西藏职前初中数学教师基于数学史的专门内容知识的影响变化情况，因此结合访谈和作业单反馈结果分析，对干预后的12名参与者PT－HSCK九种知识成分的水平分布重新定位如表7－2所示。

表7－2　12名参与者干预后PT－HSCK各成分的水平分布

PT－HSCK成分	水平1	水平2	水平3	水平4	水平5
KSI	无	Z1，Z2，Z4，Z5，H1，H3	H2，Z3，H4，H5	Z6	H6
KCD	无	Z1，Z3，H1	Z2，Z4，H2，H3，H4	H6，Z5	H5，Z6
KRE	无	Z1	Z2，Z3，H1，H2，H5	Z4，Z5，H3，H4，H6	Z6
KER	无	H1	H2，H3，H4，Z1，Z2	H5，Z3，Z4，Z5	Z6，H6
KRC	无	Z1，Z2，H1，H2	Z3，Z4，Z5，H3，H4，H5	Z6	H6
KPP	无	Z1，H1	H2，H3，H4，Z2，Z3，Z4	Z5，H5，H6	Z6
KAD	无	无	H1，H2，H3，Z1，Z2，Z3	Z4，Z5，H4，H5	H6
KJR	无	Z1，Z2	Z3，H1，H2，H3，H4	H5，H6，Z4，Z5	Z6
KSA	无	Z1，H1，H2	Z2，Z3，Z4，Z5，H3	H4，H5	H6，Z6

从表 7－2 可以看出，12 名参与者中经过 HPM 干预后九个知识成分维度都高于水平 1，而且大多集中于水平 3 之上。从西藏职前初中数学教师整体分析来看，HPM 干预对西藏职前初中数学教师基于数学史的专门内容知识水平提高具有促进作用，同时也可以为西藏职前初中数学教师培养提供可实施的理论框架和有针对性推广的数据支持。

7.2　藏族职前数学教师的变化分析

为了更深入地了解 6 名藏族参与者 PT－HSCK 变化的情况，主要从九种知识成分维度分别分析 HPM 干预对藏族职前数学教师 PT－HSCK 的具体影响变化。6 名藏族职前初中数学教师的具体变化结果如表 7－3 所示。

表 7－3　藏族参与者 PT－HSCK 成分前后测对比

PT－HSCK 成分	前测		后测		t	df	p
	均值	方差	均值	方差			
KSI	2.111	0.785	2.111	0.563	0.000	11	0.5000
KCD	2.333	0.667	2.611	0.374	0.667	11	0.2593
KRE	2.111	0.519	3.056	0.596	2.191	11	0.0254*
KER	1.889	0.741	3.056	0.374	2.707	11	0.0102*
KRC	1.833	0.267	2.500	0.500	1.865	11	0.0445*
KPP	2.083	0.042	2.750	0.275	2.902	11	0.0072**
KAD	2.000	0.400	3.056	0.641	2.534	11	0.0139*
KJR	1.917	0.442	2.917	0.942	2.083	11	0.0307*
KSA	1.611	0.641	2.500	0.300	2.245	11	0.0232*

注：*，$p<0.05$；**，$p<0.01$。

表 7－3 数据表明，通过对 6 名藏族职前初中数学教师的九个成分不同维度的知识点进行前测与后测成对 t 检验，6 名藏族参与者的 PT－HSCK 九种知识成分中，KSI 前后测均值无变化；KCD 后测的均值高于前测，但无显著性差异。而 KRE、KER、KRC、KPP、KAD、KJR 和 KSA 这七个知识成分维度，后测的水平则显著高于前测的水平。其中，KRE 从前测的 2.111 上升为 3.056，上升显著；KER

从前测的 1.889 上升到后测的 3.056,上升非常显著;KRC 从前测的 1.833 上升到后测的 2.500,上升显著;KPP 从前测的 2.083 上升到后测的 2.750,上升显著;KAD 从前测的 2.000 上升到后测的 3.056,上升显著;KJR 从前测的 1.917 上升到后测的 2.917,上升显著;KSA 则从前测的 1.611 上升到后测的 2.500,上升显著。这也充分体现了这种 HPM 干预的模式对于藏族职前初中数学教师整体上是适合的。

7.3 汉族职前数学教师的变化分析

为了更深入地了解 6 名汉族参与者 PT - HSCK 变化的情况,主要从九种知识成分分别分析 HPM 干预对汉族职前教师 PT - HSCK 的具体影响变化。6 名汉族职前初中数学教师的具体变化结果如表 7 - 4 所示。

表 7 - 4 汉族参与者 PT - HSCK 成分前后测对比

PT - HSCK 成分	前测		后测		t	df	p
	均值	方差	均值	方差			
KSI	2.389	0.774	2.444	0.341	0.129	11	0.5501
KCD	2.500	0.700	2.778	0.296	0.682	11	0.2548
KRE	2.444	0.341	3.111	0.163	2.301	11	0.0210*
KER	1.889	0.741	2.889	0.519	2.183	11	0.0258*
KRC	1.833	0.167	2.583	0.342	2.577	11	0.0129*
KPP	2.167	0.267	2.750	0.275	1.941	11	0.0391*
KAD	2.111	0.100	3.167	0.296	4.107	11	0.0009***
KJR	2.000	0.100	3.222	0.296	4.756	11	0.0003***
KSA	1.833	0.256	2.500	0.478	1.907	11	0.0415*

注:*, $p<0.05$;***, $p<0.001$。

表 7 - 4 数据表明,通过对 6 名西藏的汉族职前初中数学教师的九种不同维度的知识点进行前测与后测成对 t 检验,6 名汉族参与者的 PT - HSCK 九种知识成分中,KSI、KCD 这两个维度,前后测水平无显著性差异;但后测的均值要略微高于前测。而 KRE、KER、KRC、KPP、KAD、KJR 以及 KSA 这七个知识成分维度,后

测的水平则显著高于前测的水平。其中,KRE从前测的2.444上升为3.111,上升显著;KER从前测的1.889上升到了后测的2.889,上升非常显著;KRC从前测的1.833上升到后测的2.583,上升显著;KPP从前测的2.167上升到后测的2.750,上升显著;KAD从前测的2.111上升到后测的3.167,上升显著;KJR从前测的2.000上升到后测的3.222,上升显著;KSA则从前测的1.833上升到后测的2.500,上升也显著。这充分体现了这种HPM干预的模式对于汉族职前初中数学教师PT-HSCK影响很大,这种干预模式对于数学方向的汉族数学师范生的培养也是适合的。

7.4 藏族与汉族职前数学教师的对比分析

对藏族与汉族职前初中数学教师HPM干预前后均值的变化情况相比较可以发现,虽然不存在显著性,但还是有一定的差异,为了搞明白这些差异,笔者分别访谈了藏族与汉族的职前初中数学教师参与者,并分析了作业单反馈,发现这是由于本身数学学习策略差异造成的,藏族学生在学习策略运用上具有民族独特性,内源性动机较高,HPM干预模式中对"因生施策"要比汉族高,导致了在能力提升方面的一些差异。

从藏族与汉族职前初中数学教师的前测与后测比较发现,表7-5数据可以表明,在前测阶段,藏族职前教师和汉族职前教师的九个PT-HSCK知识成分的水平,都没有显著性差异。但除了KER和KRC均值无变化外,汉族职前初中数学教师均值还是要略微高于藏族职前初中数学教师。

表7-5 藏族参与者与汉族参与者PT-HSCK成分前测比较

PT-HSCK成分	藏族职前教师		汉族职前教师		t	df	p
	均值	方差	均值	方差			
KSI	2.111	0.785	2.389	0.774	0.545	11	0.7017
KCD	2.333	0.667	2.500	0.700	0.349	11	0.3668
KRE	2.111	0.519	2.444	0.341	0.881	11	0.1986
KER	1.889	0.741	1.889	0.741	0.000	11	0.5000
KRC	1.833	0.267	1.833	0.167	0.000	11	0.5000

续表

PT - HSCK成分	藏族职前教师		汉族职前教师		t	df	p
	均值	方差	均值	方差			
KPP	2.083	0.042	2.167	0.267	0.368	11	0.3601
KAD	2.000	0.400	2.111	0.100	0.385	11	0.3538
KJR	1.917	0.442	2.000	0.100	0.277	11	0.3933
KSA	1.611	0.641	1.833	0.256	0.575	11	0.2884

表 7 - 6　藏族参与者与汉族参与者 PT - HSCK 成分后测比较

PT - HSCK成分	藏族职前教师		汉族职前教师		t	df	p
	均值	方差	均值	方差			
KSI	2.111	0.563	2.444	0.341	0.859	11	0.7956
KCD	2.611	0.374	2.778	0.296	0.499	11	0.3139
KRE	3.056	0.596	3.111	0.163	0.156	11	0.4394
KER	3.056	0.374	2.889	0.519	−0.432	11	0.3370
KRC	2.500	0.500	2.583	0.342	0.222	11	0.4140
KPP	2.750	0.275	2.750	0.275	0.000	11	0.5000
KAD	3.056	0.641	3.167	0.296	0.281	11	0.3919
KJR	2.917	0.942	3.222	0.296	0.673	11	0.2575
KSA	2.500	0.300	2.500	0.478	0.000	11	0.5000

表 7 - 6 数据表明，在后测阶段，藏族参与者和汉族参与者的 PT - HSCK 的九种知识成分的水平也都没有显著性差异，但除了 KER、KPP 与 KSA 外，汉族职前初中数学教师均值还是要略微高于藏族职前初中数学教师。

第8章　研究结论与启示

本研究主要关注西藏职前初中数学教师基于数学史的专门内容知识。首先，在文献分析的基础上，根据模糊 Delphi 法的筛选(D 指标)来确定 PT－HSCK 的 KSI、KCD、KRE、KER、KRC、KPP、KAD、KJR 以及 KSA 九种知识成分维度；根据模糊 Delphi 法的筛选(E 指标)来确定 PT－HSCK 五种水平划分；根据模糊 Delphi 法的筛选(B 指标)来确定无理数的概念、二元一次方程组、平行线的判定、平面直角坐标系、全等三角形应用以及一元二次方程(配方法)六个知识点；根据模糊 Delphi 法的筛选(C 指标)来确定 HPM 干预的史料阅读、HPM 讲授以及 HPM 教学设计三个阶段。其次，笔者设计了含有 24 道客观题和 6 道主观题的 PT－HSCK 九成分五水平测试问卷，并通过结构方程模型分析得到问卷具有较好的信效度。最后，在现状和态度调研基础上，通过对 12 名西藏职前初中数学教师(6 名藏族生和 6 名汉族生)进行有针对性的 HPM 干预，探讨了 HPM 干预对西藏职前初中数学教师基于数学史的专门内容知识具体影响变化。

8.1　研究结论

本书利用量化研究与质性分析，在西藏数学史融入数学教学的现状和 PT－HSCK 的现状调查研究基础上，对西藏数学师范生中学数学方向的 12 名参与者进行 HPM 干预前后的对比分析，着力探讨 HPM 干预对 PT－HSCK 的影响变化。为此，建立了“九种知识成分、五种水平划分”的理论框架，建立了 HPM 干预框架，探讨了 HPM 干预是否能对西藏职前初中数学教师的专门内容知识提升具有促进作用。

8.1.1　西藏数学史融入数学教学以及 PT－HSCK 的现状与态度

西藏数学史融入数学教学现状、态度以及 PT－HSCK 的现状主要包括以下三部分。

1. 西藏数学史融入数学教学的现状与态度

(1)西藏数学史融入数学教学的现状并不是太乐观,整个西藏的初中阶段的数学史融入数学教学的普及性一般,数学课本上既定的数学史内容偏少。数学史融入数学教学的方式以最为简单的附加式和复制式为主,很少涉及高等级的顺应式和重构式。学生对数学史融入数学教学有期待,虽然学生接受的数学史并不多,但也就是这有限的数学史,就已经可以帮助学生提高理解能力,从而增强学习数学的效果。总之,数学教学中融入数学史,使得学生对数学学习产生了不同的见解,也不再认为数学是枯燥无味的。

(2)在职数学教师的数学史修养普遍不高,其并不关注数学知识的来龙去脉以及数学发展的源流,只是了解一些比较常见的数学史,并没有深入理解数学发展本身的内涵以及可以用在课堂上的数学史,相关专门内容知识本身掌握得比较少。不同的数学教师对数学史是否应融入数学教学内容持不同态度,这与数学教师的课堂教学驾驭能力息息相关。西藏初中数学教师认可数学史融入数学教学可以提高学生理解数学知识的能力。目前的低应用现象究其原因只是对 HPM 理论缺乏系统的了解,只要 HPM 走进西藏,一切都会有所改变。

(3)在职数学教师对数学史融入数学教学的愿望或期盼,更多地寄托于政策性的向导与大学相关课程设置。教师虽然讲授教育取向的数学史并不多,但学生的反应已经让教师看到了数学史融入日常数学教学活动的价值与意义,就如同在数学定理课中融入相应的数学史内容,可以增强教学效果一样。数学史融入数学教学特别是中学数学教学的可操作性和意义还是被多数中学数学教师认可的,其对于讲授的数学史内容既愿意多一点又不敢太多,主要的原因是对 HPM 相关理论了解得不多,而且深层次的数学史融入数学教学需要强大的专门内容知识作为支撑,没有过硬的驾驭能力肯定不行。如果数学教师接受了相关 HPM 系统理论后真正在课堂实施,那么对学生参与学习的活跃程度与课堂效果的评估都会大有帮助,逐渐大部分数学教师都会愿意将数学史融入数学教学,发挥其真正的教育价值。

2. 西藏职前初中数学教师的态度

不同的职前教师对于 PT - HSCK 的需求途径不同,有的根据自己的需求来规划进行自我提高,不寄希望于学校开设相关课程或讲座;也有的通过学校开设一些课程或讲座，通过外部干预而起到相应的作用。职前教师尚未正式进入教师岗位，对于教学还充满了憧憬，尚未明白 HPM 视角下的数学教学对教师驾驭能力的要求相对较高。职前教师对数学史融入数学教学的认识更趋于一致性，数学史本身的重要性是得到一致认可的，而且融入数学教学特别是中学数学教学的可操作性和意义也被多数职前初中教师教师所认可。职前初中数学教师的自学能力、网络搜索能力、知识辨别能力等方面，都要超过在职数学教师，职前初中数学教师可以自己通过网络搜索和自学掌握相关教育取向的数学史，而不需要学校给他们开设固定的课程或讲座。在某种程度上，西藏职前初中数学教师更倾向于从自身寻找问题，而不大寄希望于体制。

3. PT - HSCK **的现状**

PT - HSCK 水平普遍不高。数学教学所特有的数学内容知识积累也不够，联系实际生活的想象力也不够丰富，九种知识成分维度水平大部分集中在中等偏下。这就导致大部分职前教师对于数学知识点相关问题的解决和应用都很不熟练，不知道相应知识点的数学史如何被应用。这体现了数学史知识的匮乏以及教育取向数学史应用知识的匮乏。从各知识成分维度来看，PT - HSCK 水平的高低实际上跟专门内容知识息息相关，职前初中数学教师的教学所特有的知识不足，加之还没有进行过系统的相关干预措施，这是很难达到较高水平的原因之一。

8.1.2 建立了理论框架以及干预框架

本书的理论框架是在文献分析和模糊 Delphi 法基础之上建构的。一方面，从文献分析视角，在 Ball 团队和 Bair 提出的 SCK 理论上进一步具体化，理论框架经历了数学史教育价值、数学史融入数学教学、HPM 理论、MKT、SCK、HSCK 以及 PT - HSCK 的过程，体现了该框架自下而上、自上而下的理论与实践相结合的意义；另一方面，从模糊 Delphi 法视角，主要筛选了 PT - HSCK 的九种知识成分维度和五级水平划分。HPM 干预框架是在四维度的 HPM 课例评价框架以及模糊 Delphi 法的筛选（C 指标）基础上建构的，具体如下。

（1）九种知识成分维度：根据文献分析和模糊 Delphi 法的筛选（D 指标）确定了 KSI、KCD、KRE、KER、KRC、KPP、KAD、KJR 以及 KSA 九种知识成分维度。

（2）五级水平划分：根据文献分析和模糊 Delphi 法的筛选（E 指标）将九个知识成分维度划分为低（Level 1）、中偏低（Level 2）、中（Level 3）、中偏高（Level 4）、高

(Level 5)五个等级水平。

(3)HPM 干预框架:分别从干预的自然性、干预的多元性、干预的契合性以及干预的深刻性等维度,根据模糊 Delphi 法的筛选(C 指标)确定了 HPM 干预的史料阅读、HPM 讲授以及 HPM 教学设计三个阶段,并形成 HPM 干预的具体指标体系。

8.1.3 HPM 干预对西藏职前初中数学教师的影响

笔者选定无理数的概念、二元一次方程组、平行线的判定、平面直角坐标系、全等三角形应用以及一元二次方程(配方法)六大知识点,通过 HPM 干预来评估 PT - HSCK水平变化情况,按照 HPM 干预框架充分考虑了干预的自然性、干预的多元性、干预的契合性以及干预的深刻性,基本实现了逻辑顺序、历史顺序和心理顺序的自然性;附加式、复制式、顺应式和重构式的融入多元性;力求保证其科学性、趣味性、有效性、可学性以及人文性;凸显六大教育价值的深刻性。在 HPM 干预之后的访谈中,职前初中数学教师普遍给予了较好的评价,表现在对知识点的深入理解和对自身基于数学史的专门内容知识方面的提升。本书实施 HPM 干预后对西藏职前初中数学教师的最大影响就是 PT - HSCK 水平发生了变化,具体情况如下。

(1)从总体结果来看,通过 HPM 干预,PT - HSCK 九种知识成分维度的水平均有所提高,其中 KRE、KER、KRC、KPP、KAD、KJR 以及 KSA 这七种知识成分维度的提升比较显著;而 KSI、KCD 这两种知识成分维度的提升无显著性差异,但后测的均值还是要略微高于前测。结合对职前数学教师的访谈和作业单反馈可以发现,KRE、KER、KRC、KPP、KAD、KJR 以及 KSA 这七种知识成分维度,后测的均值显著高于前测的均值,主要因为在史料干预、HPM 讲授干预以及 HPM 教学设计干预的过程中,KRE、KER、KRC、KPP、KAD、KJR 以及 KSA 的行为是时时刻刻发生的,而且频数较高,说明对职前教师的帮助很大,从而导致了统计意义下的显著提升。而 KSI、KCD 这两种知识成分没有显著提升,是因为这两个成分都没有得到有效的锻炼,由于史料和素材都是给定的,研究对象只需要自己将现成的史料和素材组织起来,因此 KSI、KCD 并没有得到很好的锻炼。此外,经过访谈和作业单反馈情况分析,这些能力的提升实际上都跟职前初中数学教师的参与度以及学生的已有专门内容知识储备有关。如果职前初中数学教师参与不积极,从来不思考,也就没问题可言,KSI、KCD 的必要性也就不存在了。从西藏职前初中数学教师整体分析来看,HPM干预对西藏职前初中数学教师基于数学史的专门内容知识水平提高具有促进作用,只是有些知识成分的提升较为显著,而有些知识成分的提升不显著而已。总之,PT-HSCK九种知识成分维度的水平变化可以为西藏职前初中数学教师培养提供有针对性推广的数据支持。

(2)从藏族职前初中数学教师的分析结果来看,通过HPM干预,PT-HSCK九种知识成分维度的后测均值都要高于前测,其中KRE、KER、KRC、KPP、KAD、KJR以及KSA这七种知识成分维度提升比较显著。这也充分体现了这种HPM干预的模式对于藏族职前初中数学教师整体上是适合的。从有显著提升的各成分来看,HPM干预对藏族职前初中数学教师KRE、KER、KRC、KPP、KAD、KJR以及KSA这七种知识成分维度来说是具有针对性的干预方式。在提升这七种知识成分维度水平时,可以大力推广HPM干预模式。KCD这种知识成分维度水平没有达到统计意义下的显著提升,但后测的均值还是要略微高于前测;KSI前后测均值没有发生变化。

(3)从汉族职前初中数学教师分析结果来看,通过HPM干预,PT-HSCK九种知识成分维度的水平除KSI外都有所提高,其中KRE、KER、KRC、KPP、KAD、KJR以及KSA这七种知识成分维度的提升比较显著;而KSI、KCD这两种维度无显著性差异。占有78%的知识成分维度有显著提升,充分体现了这种HPM干预的模式对于汉族职前初中数学教师PT-HSCK的影响很大,这种干预模式对于汉族数学方向数学师范生的培养是适合的。从有显著提升的各成分来看,HPM干预对藏族职前初中数学教师KRE、KER、KRC、KPP、KAD、KJR以及KSA这七种知识成分维度来说是具有针对性的干预方式。在提升这七种知识成分维度水平时,可以大力推广HPM干预模式。

8.2　研究启示

西藏职前初中数学教师是西藏初中数学教师最重要的来源之一,以西藏的职前初中数学教师为研究对象,对于西藏的基础教育具有积极的意义。从总体变化来看,KSI、KCD、KRE、KER、KRC、KPP、KAD、KJR以及KSA九个知识成分的均值都有所提升,其中变化最显著的是KAD与KJR。这说明HPM干预对西藏PT-HSCK各成分都有促进作用,其中对KAD与KJR的促进作用最大。但是从前后测的所有得分来看,在前测中,所有九个知识成分的均值都低于3分;在后测中，除了 KRE、KAD 与 KJR 在 3 分以上外，其他六个知识成分都低于 3 分。这实际上说明了 PT - HSCK 水平还需要后续一系列措施进行改革，来进一步促进职前数学教师的培养，这也启示要重点关注对西藏职前数学教师的培养。

从研究结论来看，要想改变这种现状，以下三种措施是可行的。

(1)在现状调查中发现，一方面，西藏职前教师对数学史融入数学教学的愿望强烈，而且对数学史融入数学教学表示认可，但缺乏系统的 HPM 理论指导，感觉难以驾驭史料；另一方面，西藏职前教师基于数学史的专门内容知识水平普遍不高。这就要求有相应的政策导向来支持 HPM 干预的具体实施。在师范生专业认证的大背景下，对职前数学教师实行本科生导师制，由导师负责具体的 HPM 干预实施的三个阶段，学校层面出台职前数学教师阅读学分认定办法。具体可以将阅读学分设置为必修学分，HPM 干预实施后的考核由导师完成，其目的就是进一步激励职前数学教师阅读数学教育类经典书籍，提升专业水平，强化数学文化素养，将 HPM 干预的过程融入到具体的培养计划当中去。

(2)在西藏职前数学教师的培养过程中，适当增加教师教育类相应课程，尤其是数学史与数学教育类课程。对于教师教育类课程的学时也相应给予提高，尤其是教师教育类课程中实践类教学的学时，至少从现有的 34 学时提升到 51 学时，实践学时由 17 学时提升到 26 学时。对于不适合增加学时的课程，可让学生通过自学的方式博览群书，学校层面出台相应措施给予支持。

(3)除宏观的一些针对性提高措施外，也可以根据具体教学对象分类进行相应措施的实施。

对于藏汉混合班级，职前数学教师在实施 HPM 干预时，可按照职前数学教师的总体变化分析结果，对九种知识成分维度分别制订相应的提高措施。KRE、KER、KRC、KPP、KAD、KJR 以及 KSA 这七种显著性提升的知识成分维度，可以直接进行有针对性的干预；而 KSI、KCD 这两种无显著性提升的知识成分维度，可以进行相应调整后再进行有针性的 HPM 干预，最终达到 PT - HSCK 水平有效提高的目的。

对于分层次教学班级，职前数学教师在实施 HPM 干预时，可按照区内班(西藏自治区生源，藏族居多)依据藏族职前数学教师的变化分析结果，对九种知识成分维度分别制订相应的提高措施。KRE、KER、KRC、KPP、KAD、KJR 以及 KSA 这七种显著提升的知识成分维度，可以直接进行有针对性的干预；而 KSI、KCD 这两种知识成分维度，可以进行相应调整后再进行有针性的 HPM 干预，比如 KCD

这种知识成分维度水平虽然没有达到统计意义下的显著提升,但后测的均值还是要略微高于前测,干预时可以进行适当微调;对于 KSI 前后测均值没有发生变化的情形应该予以重点关注,尤其要兼顾藏族和汉族前测以及后测的数据对比具体关注,最终达到 PT - HSCK 水平整体有效提高的目的。

对于分层次教学班级,职前数学教师在实施 HPM 干预时,可按照区内班(西藏自治区以外生源,汉族居多)依据汉族职前数学教师的变化分析结果,按照具体变化幅度对九种知识成分维度分别制订相应的提高措施。KRE、KER、KRC、KPP、KAD、KJR 以及 KSA 这七种显著提升的知识成分维度,可以直接进行有针对性的干预;而 KSI、KCD 这两种无显著性提升的知识成分维度,可以根据具体数据变化幅度进行相应调整后再进行有针性的 HPM 干预,尤其要关注在藏族和汉族后测的数据对比中,KER 成分水平汉族均值低于藏族的内在关键因素,细化干预措施,最终达到 PT - HSCK 水平有效提高的目的。

后　记

本研究虽然已尽笔者最大的努力，力求使全书结构更清晰，方法更规范，案例更丰富，但还是具有一定的局限性，具体表现如下。

1. 样本容量

虽然该研究中有多次采样，但主要研究内容中的现状抽样样本容量为307，相对偏少。一方面，西藏的高校偏少，而数学类本科师范在校生本身也不多；另一方面，西藏地处偏远且海拔较高，给大样本研究带来了困难。

2. 只讨论了 HPM 干预对 PT - HSCK 的影响变化

本书主要关注西藏职前初中数学教师基于数学史的专门内容知识，没有涉及同属于学科内容知识的一般内容知识和水平内容知识，而 HPM 干预对职前数学教师的影响可能是方方面面的。不过，本书构建的西藏职前初中数学教师基于数学史的专门内容知识的“九种知识成分维度、五种水平等级划分”理论框架，能为 HPM 干预对一般内容知识和水平内容知识影响研究，提供可供参考的研究模式。

针对上述研究局限，笔者认为，根据本书的研究，针对西藏职前初中数学教师，至少在以下两个方面还可以进一步深入研究：

(1)在研究中，从抽样上加以改进，适当扩充样本容量。

(2)进一步扩充研究范围，将同属于学科内容知识的一般内容知识和水平内容知识也按照本书的方式予以研究，这既可以突出个案研究的全方位示范性，也可以更加有针对性地对西藏职前数学教师进行 HPM 干预。

附　录

附录1:西藏初中阶段数学史融入数学教学现状问卷(学生用)

<table><tr><td>同学:
　　您好,感谢参与该项研究!本问卷的主要目的是希望能够了解您对数学史融入数学教学的现状调查,各问题没有标准答案;而您宝贵的意见和看法,将作为本研究的重要数据。本问卷数据绝对保密,请依照实际的情形勾选答案。</td></tr></table>

【基本数据】填写日期:______年______月______日

学校:　　　　　　　　　　　班级:

民族:　　　　　　　　　　　性别:

【填写说明】以下问题,每一题之前都有五个方格,依次分别代表"非常不同意""不同意""没意见""同意""非常同意"。请在您认为合适的方格内打"√"。

□□□□□ 1.老师讲课所准备的数学史内容丰富多样。

□□□□□ 2.我很喜欢老师将数学的历史融入课堂。

□□□□□ 3.我熟悉平行线的判定相应的数学史知识。

□□□□□ 4.我熟悉二元一次方程组相应的数学史知识。

□□□□□ 5.老师融入数学史的课堂经常出现。

□□□□□ 6.我平时会阅读课本上的数学史相关内容。

□□□□□ 7.为了更好地理解直角坐标系,老师的教学融入了笛卡儿的数学故事。

□□□□□ 8.数学史融入课堂能激发我对数学的进一步思考。

□□□□□ 9.我觉得融入数学史的教学对我学习有帮助。

□□□□□ 10.无理数的发现过程有助于我掌握无理数的概念。

□□□□□ 11.我觉得通过数学史可以增加学习数学的效率。

□□□□□ 12.老师融入数学史的课堂气氛很活跃。

□□□□□ 13.我觉得融入数学史,使得我对数学知识有了不同的见解。

□□□□□ 14.老师融入数学史的呈现方式,加深了我对数学知识点的理解。

□□□□□ 15.我了解了数学家对学习的态度之后,我觉得我对学习数学更有信心了。

附录 2:西藏初中阶段数学史融入数学教学现状问卷(教师用)

老师:

您好,感谢参与该项研究!本问卷的主要目的是希望能够了解您对数学史融入数学教学的现状调查,各问题没有教学标准答案;而您宝贵的意见和看法,将作为本研究的重要数据。本问卷数据内容绝对保密,请依照实际的情形勾选答案。

【基本数据】填写日期:______年______月______日

任教学校:　　　　　　　　毕业专业:

民族:　　　　　　　　　　性别:

【填写说明】以下问题,每一题之前都有五个方格,依次分别代表“非常不同意”“不同意”“没意见”“同意”“非常同意”。请在您认为合适的方格内打“√”。

□□□□□ 1.我了解无理数名称的由来并融入了课堂。

□□□□□ 2.我了解二元一次方程组的相关历史名题并融入了课堂。

□□□□□ 3.我了解数学史上利用全等三角形测距离的历史并融入了课堂。

□□□□□ 4.我了解平面直角坐标系的发展史并融入了课堂。

□□□□□ 5.我了解一元二次方程(配方法)的几何解法并融入了课堂。

□□□□□ 6.我了解平行线的相关数学史并融入了课堂。

□□□□□ 7.我了解无理数概念的发展脉络并融入了课堂。

□□□□□ 8.我了解第一次数学危机与无理数的关系。

□□□□□ 9.我了解我国古代数学在数学史上的贡献。

□□□□□ 10.我了解数学史融入数学教学的教育价值。

□□□□□ 11.我觉得自己不注重数学史素养的提升。

□□□□□ 12.我觉得我融入数学史的课堂教学学生很喜欢。

□□□□□ 13.我觉得目前所采用的教材中数学史的内容偏少。

□□□□□ 14.我觉得可以在日常数学教学中,适当增加数学史的内容。

□□□□□ 15.我觉得自己不能很好地把握数学史融入数学的课堂教学。

附录3:西藏初中阶段数学史融入数学教学态度问卷

同学：

您好,谢谢您参与该项研究！本问卷的主要目的是希望能够了解您对数学史融入数学教学的态度调查,各问题没有教学标准答案;而您宝贵的意见和看法,将作为本研究的参考资料。本资料内容绝对保密,请依照实际的情形勾选答案。

【基本数据】填写日期：______年______月______日

学校：　　　　　　　　　　专业：

民族：　　　　　　　　　　性别：

【填写说明】以下问题,每一题之前都有五个方格,依次分别代表“非常不同意”“不同意”“没意见”“同意”“非常同意”。请在您认为合适的方格内打“√”。

□□□□□ 1.我觉得数学史非常重要。

□□□□□ 2.我觉得在介绍数学家的时候,可以增强教学效果。

□□□□□ 3.我觉得在介绍数学家的时候,可以活跃教学气氛。

□□□□□ 4.我觉得在介绍数学定理的历史的时候,可以活跃教学气氛。

□□□□□ 5.我觉得在介绍数学定理的历史的时候,可以增强教学效果。

□□□□□ 6.我觉得通过融入数学史的教学,可以提升数学教师的形象。

□□□□□ 7.我觉得介绍中国古代数学家的时候,能增强民族自信心。

□□□□□ 8.我觉得多介绍中国古代数学家,能提升学生的爱国主义情操。

□□□□□ 9.我觉得在中考的试题中,可适当增加数学史背景的考点。

□□□□□ 10.我觉得数学教材中,数学史内容编排的结构不合理。

□□□□□ 11.我觉得数学教材中,数学史内容的选择不合理。

□□□□□ 12.我觉得数学师范类专业,专业课里应开设数学史料收集与应用的选修课或讲座。

□□□□□ 13. 目前的数学师范类专业教育中基于数学史的学科内容知识不够丰富。

□□□□□ 14. 目前的数学师范类专业教育中完成数学教育工作所需要的数学知识结构不够合理。

□□□□□ 15. 目前的数学师范类专业教育应该在数学史融入数学教学内容方面做实质性的调整。

附录 4:PT－HSCK 测试问卷

同学:

您好,本问卷的答案只供研究分析之用,不必有任何顾虑。选择题请选出你认为最合适的一个答案,作答题按照自己的真实情况认真作答即可。谢谢您参与该项研究!

【基本数据】填写日期:______年______月______日

就读学校:　　　　　　　　就读专业:

民族:　　　　性别:　　　　邮箱:__________(自愿填写)

1. 推动数域从有理数推广到实数的原初问题是下列哪一个?(　　)

A. 测量问题　　B. 几何问题　　C. 代数问题

D. 作图问题　　E. 数域缺陷

2. 二元一次方程组,您觉得哪一个最能描述现实问题?(　　)

A. $\begin{cases} x+y=c_1 \\ ax+by=c_2 \end{cases}$　　B. $\begin{cases} a_1x=y+c_1 \\ a_2x=y-c_2 \end{cases}$

C. $\begin{cases} a_1x+b_1y=c_1 \\ a_2x+b_2y=c_2 \end{cases}$　　D. $\begin{cases} x+c_1=b(y-c_1) \\ y+c_2=a(x-c_2) \end{cases}$

E. $\begin{cases} a_1x-b_1y=c_1 \\ a_2x-b_2y=c_2 \end{cases}$

3. 平行线的定义经历了多次的演变,您觉得哪一个最能体现您的认知?(　　)

A. 等距离　　B. 不相交　　C. 同方向

D. 无倾斜　　E. 可平推重合

4. 平面直角坐标系之所以能逐渐被接受,主要原因是什么?(　　)

A. 数形结合的需要　　　B. 数学与物理学家的努力推广

C. 几何发展的需要　　　D. 代数发展的需要

E. 抽象理论与实际问题结合的需要

5. 如下图，要测量河两岸相对的两点 A、B 的距离，先在 AB 的垂线 BF 上取两点 C、D，使 $DC=BC$，再定出 BF 的垂线 DE，使 A、C、E 在一条直线上，可以证明 $\triangle EDC\cong\triangle ABC$，得到 $ED=AB$，因此测得 ED 的长就是 AB 的长。判定 $\triangle EDC\cong\triangle ABC$ 的理由是什么？（　　）

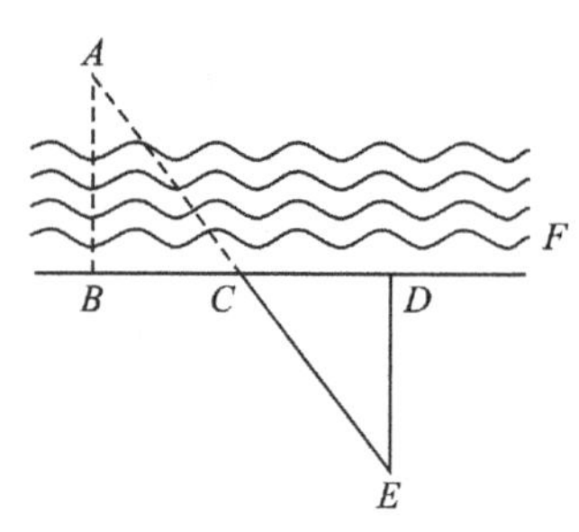

A. 边角边公理　　　B. 角边角公理　　　C. 边边边公理

D. 斜边直角边公理　　　E. 以上都可以

6. 若将一元二次方程放到八年级学习，某教师在该部分安排了以下内容：①判断一元二次方程；②一元二次方程的发展简介；③用因式分解求一元二次方程的解；④开平方法求解一元二次方程的解；⑤用配方法求解一元二次方程的解；⑥用公式法求解一元二次方程的解；⑦一元二次方程根与系数的关系；⑧一元二次方程的根与二次函数图像的关系；⑨一元二次方程的应用。您觉得哪些内容应该安排到以后再学习？（　　）

A. 都比较合适　　　B. ⑤　　　C. ⑦

D. ⑧　　　E. ⑨

7. 无理数的定义有小数定义法和分数定义法。从调查上来看，学生对这两种定义法都各有看法。您更喜欢哪一种定义？为什么？（　　）

A. 小数定义法。用无限不循环小数定义是先学的，先入为主

B. 小数定义法。无限不循环小数对比于有限小数和无限循环小数，易理解

C. 分数定义法。不能表示为整数比的分数定义法是后学的，印象更深刻

D. 分数定义法。分数定义法更直观，小数定义其实不好把握，因为数不完

E. 分数定义法。证明某个数是无理数的时候，分数定义法更容易完成

8. 有些问题可以列方程组来解决，例如：①增长率问题，解这类问题的基本等

量关系式：原量×(1＋增长率)＝增长后的量；原量×(1－减少率)＝减少后的量。②和差倍分问题，解这类问题的基本等量关系：较大量＝较小量＋多余量，总量＝倍数×倍量。③商品销售利润问题，如有甲、乙两件商品，甲商品的利润率为5%，乙商品的利润率为4%，共可获利46元；价格调整后，甲商品的利润率为4%，乙商品的利润率为5%，共可获利44元，则两件商品的进价分别是多少元？④浓度问题：某溶液的初始浓度未知，加入100 mL水后，浓度下降了20%，求溶质质量。⑤几何问题，如有关几何图形的性质、周长、面积等计算。以上有几个问题属于二元一次方程组的应用？(　　)

A. 1个　　B. 2个　　C. 3个
D. 4个　　E. 5个

9. 通过等高来定义平行时，实际上用到了垂直的概念。您认为，垂直为什么能刻画平行呢？(　　)

A. 垂直才可以计算距离
B. 因为垂直于同一条直线的两条直线是平行的
C. 因为一条直线的两条垂线是平行的
D. 对一条直线作两条等高的垂线段，线段的两个端点可以决定一条平行线
E. 等高和垂直是可以分离的

10. 若将平面直角坐标系的内容挪到七年级上册，某教师在该部分安排了以下内容：①象限；②坐标对称；③坐标表示；④坐标平移；⑤坐标平面内的点与有序实数对一一对应；⑥坐标轴的投影应用；⑦点到轴及原点的距离；⑧坐标平面内任意两点的距离；⑨坐标平面内任意两点的中点坐标；⑩坐标平面内三角形的面积。您觉得哪些内容是可以安排的？(　　)

A. ①②③④　　B. ①②③⑤⑦　　C. ①②③④⑤⑦⑧
D. ①②③④⑤⑦⑧⑨⑩　　E. ①②③④⑤⑥⑦⑧⑨⑩

11. 小黄人在寻找凯文的旅程中，遇到了峡谷。聪明的小黄人想通过叠罗汉搭桥的方式从空中穿过峡谷。若桥搭得太短，则小黄人会跌入深谷；若搭得太长，则前端的小黄人将会摔在地面上。如果利用全等三角形的话，以下哪种方法您认为最合适？(　　)

A. 如下图所示，A、B两点被峡谷隔开，可以应用角边角定理测量它们之间的距离，先测量AC和$\angle A$，使得$A'C=AC$，$\angle CA'B'=\angle A$。点B'、C、B在一条直线上，测量$A'B'$即可

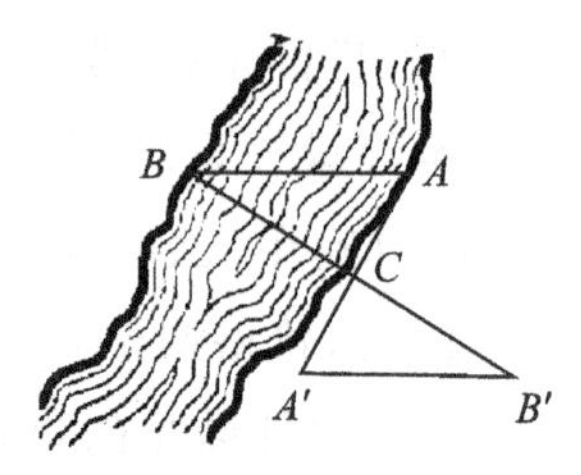

B. 如下图所示，为测峡谷宽度，先从点 A 看对岸点 P，再转身测量 AB，使 $AB\perp AP$，在 AB 的中点 O 处置一标志物，作 $BC\perp AB$，在点 C 处置一标志物，使 P、O、C 共线，则 BC 即为河宽

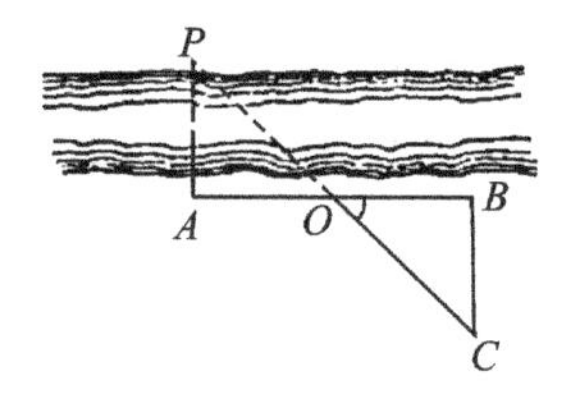

C. 如下图所示，欲测峡谷宽度 RS，沿河岸测出 RT 的长度，取 RT 的中点 F 作为标志杆位置，过点 T 作 RT 的垂线，在垂线上选择点 P，使得点 S、F、P 共线，则 PT 即为河宽

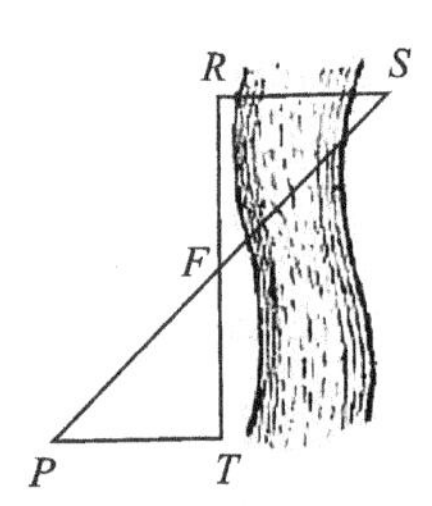

D. 如下图所示，为测峡谷两边点 A 与对岸点 B 之间的距离，作线段 AD，使得 $\angle 3=\angle 1$，作线段 CD，使得 $\angle 4=\angle 2$，所以 $\triangle ABC\cong\triangle ADC$，$AD=AB$

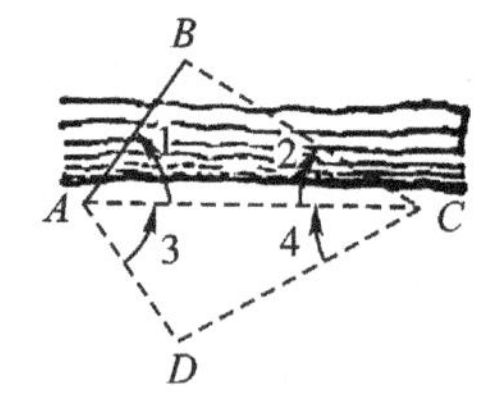

E. 上述方法是等价的，都合适

12. 您觉得初中生在学习一元二次方程的时候，在以下哪些内容学生最可能碰到困难？（　　）

A. 判断一元二次方程　　B. 求解一元二次方程　　C. 一元二次方程的应用

D. 一元二次方程根的判别

E. 一元二次方程等价变换为平方等式

13. 您认为在对“无理数”内容进行教学时候，有没有必要向学生演示$\sqrt{2}$是无理数的证明过程？(　　)

A. 没有必要，对学生来说严格证明太难了

B. 没有必要，演示严格证明对学生掌握无理数的帮助不大

C. 有必要，可以强化学生对无理数的理解

D. 有必要，有助于学生学习无理数的证明过程

E. 有必要，有助于提升学生探索其他无理数的兴趣与能力

14. 关于二元一次方程组$\begin{cases} x+y=80 \\ x-y=40 \end{cases}$，十分钟内你能基于数学史料编制几道文字题？(　　)

A. 至多 3 种　　B. 至少 3 种　　C. 至少 4 种

D. 至多 5 种　　E. 至少 5 种

15. 对于平行线的定义，有些学生觉得不好理解，您觉得该怎样介绍会最适合西藏的学生？(　　)

A. 从等高现象出发，举常见的窗框为例，上下两边框如果不处处等高，窗框可能就关不上

B. 从等高现象出发，举西藏常见的建筑为例，特别是藏传佛寺的碉楼型建筑，有很多平行的线条

C. 从不相交现象出发，举常见的铁轨为例，它们总是并行的

D. 从不相交现象出发，举公路上的车道线为例，它们总是并行的

E. 从不倾斜现象出发，举穿过两个并列的小孔的太阳光线为例

16. 如果有学生问起球面上的点可以怎样用坐标系表示，您觉得最好采用以下哪种说法或做法？(　　)

A. 可以仿照地球仪，用经度和纬度来表示

B. 可以将球面上的点投射到平面直接坐标系，然后一一对应

C. 可以建立三维直角坐标系，用三个数来表示

D. 简单介绍地球仪的制作方法

E. 详细介绍经纬度的概念，并介绍地图的制作方法

17. 如下图所示，海上停泊一艘轮船 A，您能设计几种方案，测出船 A 到海岸边

点 B 处的距离吗？（不能上船）（　　）

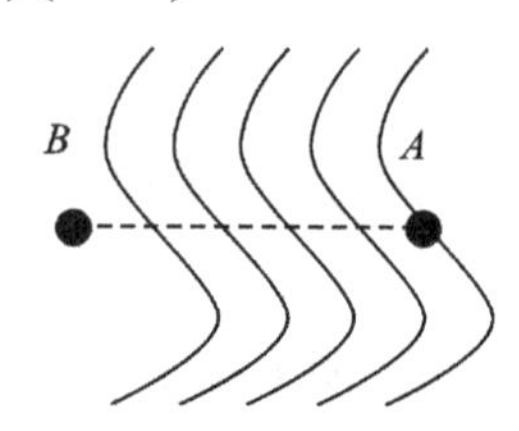

A. 就 1 种　　B. 就 2 种　　C. 至多 3 种

D. 暂时想不出　　E. 至少 2 种

18. 一元二次方程的解法是学生学习的一个重点和难点，以下是部分教师对这个内容教学的想法，您觉得哪个最适合？（　　）

A. 介绍历史上对一元二次方程的不同解法，让学生感受一元二次方程解法的深远历史

B. 简单介绍多种一元二次方程的解法，并通过各种练习题让学生巩固各种方法

C. 详细介绍解法的推导过程和应注意的方面，每一种方法举例说明，并配套个别练习让学生巩固

D. 解法的推导过程要演示，举例验证后让学生练习，但是不宜过多，避免学生负担过重，同时也要对学生的学法进行指导，比如审题要认真，做完题目后要懂得归纳总结

19. 学完无理数后，有学生提出她的困惑："无理数 $\sqrt{2}=1.41421356\cdots\cdots$ 不一定是无限不循环小数，它有可能在小数点后几百位、几千位甚至更多位上开始循环。"您如何分析学生的这个错误理解？（　　）

A. 说明该生还未能很好理解无限不循环的涵义，教师可以计算机演示 $\sqrt{2}$ 的小数点后几百位甚至上千位上都没有出现循环，并告诉她，还有人验证了更多位，但是目前还没有发现它是循环小数

B. 说明该生还未能很好理解无限不循环与无理数之间的关系，教师可以假设 $\sqrt{2}$ 的小数点后几百位甚至上千位上出现了循环，并将其转换成分数；既然它能转化成分数，那么它就是有理数，这产生了矛盾

C. 说明该生对无理数的定义还没有很好掌握，教师应该引导学生回顾无理数的定义"无限不循环小数叫做无理数"，既然 $\sqrt{2}$ 是无理数，那么它就是无限不循环小数

D. 该生的主要问题是没有弄清无限循环小数与有理数之间的关系，教师应该帮助学生理解"任何无限循环小数都是有理数"，$\sqrt{2}$不是有理数，也就不会是无限循环小数

E. 该生困惑的主要原因是对"无限"的抽象性缺乏具体模型来强化，所以产生了质疑，以上几种做法都可以消除该生的困惑

20.《古巴伦泥版文献》、中国汉代《九章算术》、古希腊丢番图的《算术》、意大利数学家斐波那契《计算之书》、法国数学家休凯《算术三部》、德国数学家克拉维斯《代数》等文献均含有二元一次方程组问题，您能说出几种具体形式？（　　）

A. 1 种都难　　B. 1 种　　C. 2 种

D. 3 种　　E. 至少 4 种

21. 公理是人们在长期实践中总结出来的基本数学知识并作为判定其他命题真假的根据，它通常无需证明也无法证明。如果有学生问第五公设这个问题，您觉得怎样回答学生会更合适？（　　）

A. 直接按照公理的定义，告诉学生这个无需证明也无法证明，不用想太多

B. 反问学生，让其提供证明或举出反例

C. 告诉学生公理是在一定条件下的归纳总结，在规定的条件下才无需证明，否则它不一定还成立

D. 告诉学生公理是在一定条件下的归纳总结，在规定的条件下才无需证明，直接接受就好了

E. 告诉学生公理是在一定条件下的归纳总结，在规定的条件下才无需证明，但如果不接受的话可能会产生其他定理或推论

22. 关于平面直角坐标系的发现，百度百科上有这样的记载（不通顺的地方作了改写）：

有一天，笛卡儿生病卧床，但他的头脑一直没有休息，在反复思考一个问题。几何图形是直观的，而代数方程则比较抽象，能不能用几何图形来表示方程呢？如何把组成几何的图形的"点"和满足方程的每一组"数"挂上钩？他拼命琢磨，通过什么样的办法才能把"点"和"数"联系起来？突然，他看见屋顶角上的一只蜘蛛，拉着丝垂了下来，一会儿，蜘蛛又顺着丝爬上去，在上边左右拉丝。蜘蛛的"表演"，使笛卡儿思路豁然开朗。他想，可以把蜘蛛看做一个点，它在屋子里可以上、下、左、右运动，能不能把蜘蛛的每个位置用一组数确定下来呢？他又想，屋子里相邻的两面墙与地面交出了三条直线，如果把地面上的墙角作为起点，把交出来的三条线作

为三根数轴，那么空间中任意一点的位置，不是都可以用在这三根数轴上找到的有顺序的三个数来表示吗？反过来，任意给一组三个有顺序的数，例如 3、2、1，也可以用空间中的一个点 P 来表示它们。同样，用一组数(a,b)可以表示平面上的一个点，平面上的一个点也可以用一组两个有顺序的数来表示。于是在蜘蛛的启示下，笛卡儿创建了直角坐标系。

关于这则记载，您的观点最接近以下的哪一个？（　　）

A. 接近史实，可以直接引进课堂

B. 这是经过加工的史实，可以直接引进课堂

C. 这根本就不是史实，虽然无伤大雅，但最好不要引进课堂

D. 这根本就不是史实，但无伤大雅，可以直接引进课堂

E. 这根本就不是史实，但无伤大雅，可以经说明后引进课堂

23. 如下图所示，$\angle 1=\angle 2$，要使$\triangle ABD\cong\triangle ACD$，需添加的条件是下列哪一个？（　　）

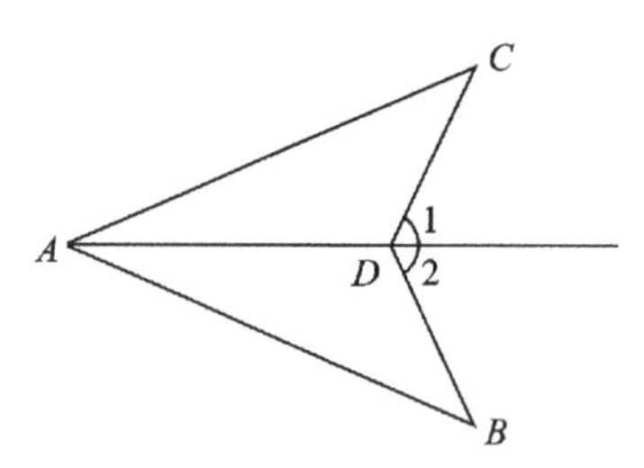

A. $\angle ACD=\angle ABD$　　B. $\angle CAD=\angle BAD$　　C. $AC=AB$

D. $CD=BD$　　E. 以上都可以

24. 以下有 5 个方程：①$x^2=0$；②$\dfrac{1}{x^2}-2=0$；③$2x^2+3x=(1+2x)(2+x)$；④$3x^2-\sqrt{x}=0$；⑤$\dfrac{2x^3}{x}-8x+1=0$。其中，属于一元二次方程有几个？（　　）

A. 1 个　　B. 2 个　　C. 3 个

D. 4 个　　E. 5 个

25. 请给出$\sqrt{5}$是无理数的证明。

26.（明）程大位《算法统宗》记载了这样一题：我问开店李三公，众客都来到店中；一房七客多七客，一房九客一房空。请问有多少间房？多少客人？

27. 如下图，直线 a、b 被直线 c 所截，各角标记如下图，其中能判断 $a//b$ 的角度关系有哪些？

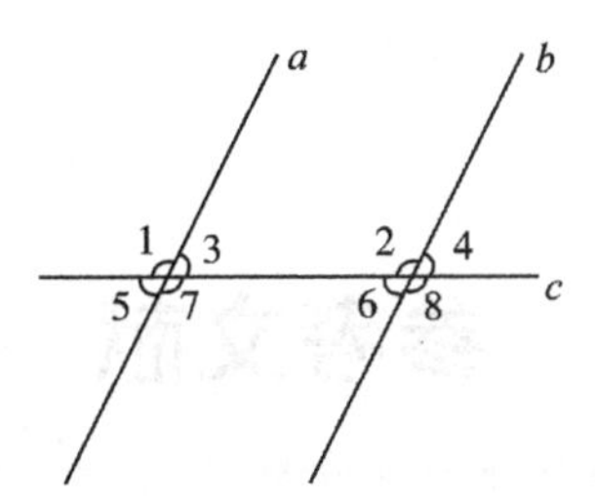

28. 如下图所示的直角坐标系中，$\triangle ABC$ 的顶点坐标分别是 $A(0,0)$、$B(6,0)$、$C(5,5)$。(1)求$\triangle ABC$ 的面积；(2)如果将三角形 ABC 向上平移 3 个单位长度，得$\triangle A_1B_1C_1$，再向右平移 2 个单位长度，得$\triangle A_2B_2C_2$。分别画出$\triangle A_1B_1C_1$ 和$\triangle A_2B_2C_2$，并试求出$\triangle A_2B_2C_2$ 的三个顶点的坐标。

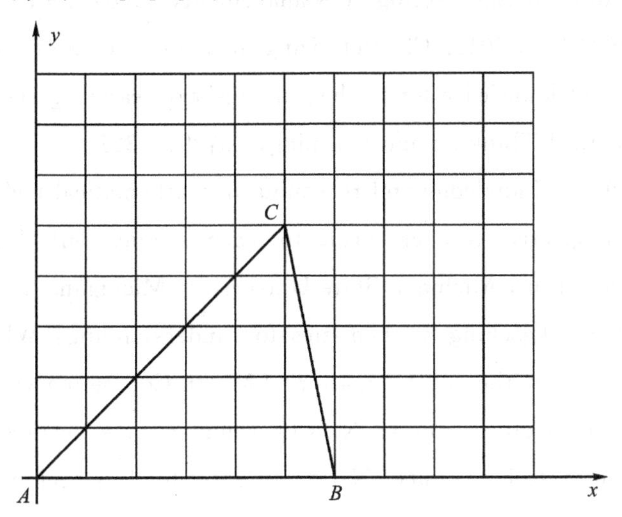

29. 如下图，已知$\angle A=\angle D=90°$，E、F 在线段 BC 上，DE 与 AF 交于点 O，且 $AB=CD$，$BE=CF$。求证：(1)$\text{Rt}\triangle ABF\cong\text{Rt}\triangle DCE$；(2)$OE=OF$。

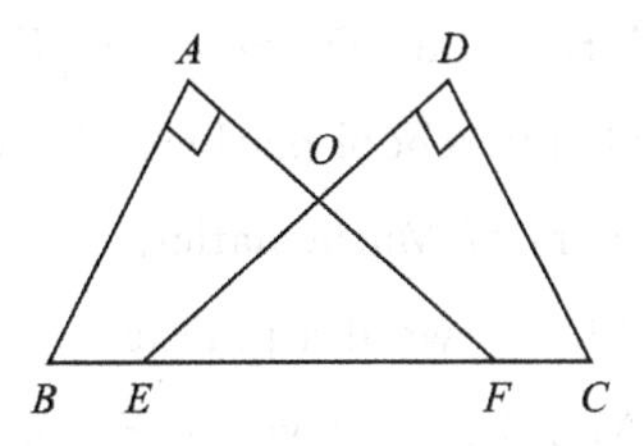

30. 已知关于 x 的一元二次方程 $x^2-2kx+\frac{1}{2}k^2-2=0$。(1)求证：不论 k 为何值，方程总有两不相等实数根；(2)设 x_1、x_2 是方程的根，且 $x_1{}^2-2kx_1+2x_1x_2=5$，求 k 的值。

参考文献

AMEYAW E E, YI H, MING S, et al., 2016. Application of Delphi method in construction engineering and management research: A quantitative perspective [J]. Journal of Civil Engineering & Management, 22(8):1-10.

BAIR S L, RICH B S, 2011. Characterizing the development of specialized mathematical content knowledge for teaching in algebraic reasoning and number theory [J]. Mathematical Thinking and Learning, 13:292-321.

BALL D L, 1988. Knowledge and reasoning in mathematical pedagogy: Examining what prospective teachers bring to teacher education[M]. Unpublished doctoral dissertation, Michigan State University, Michigan.

BALL D L, 1989. Teaching mathematics for understanding: What do teachers need to know about the subject matter? [M] In Competing visions of teacher knowledge: Proceedings from an NCRTE seminar for education policymakers. MI: Michigan State University, National Center for Research on Teacher Education, East Lansing.

BALL D L, BASS H, 2003a. Making mathematics reasonable in school[M]. In J. Kilpatrick, W. G. Martin, and D. Schifter (Eds.), A research companion to principals and standards for school mathematics (pp. 27-44). Reston, VA: National Council of Teachers of Mathematics.

BALL D L, BASS H, 2003b. Toward a practice-based theory of mathematical knowledge for teaching[M]. In B. Davis & E. Simmt (Eds.), Proceedings of the 2002 Annual Meeting of the Canadian Mathematics Education Study Group (pp. 3-14). Edmonton, AB, Canada: CMESG/GCEDM.

BALL D L, MCDIARMID G W, 1990. The subject-matter preparation of teachers [M]. In W. R. Houston (Ed.), Handbook of research on teacher education (pp. 437 - 449). New York: Macmillan.

BALL D L, THAMES M H, PHELPS G, 2008. Content knowledge for teaching: What makes it special? [J]. Journal of Teacher Education, 59 (5): 389 - 407.

BEMAN W W, SMITH D E, 1899. New plane geometry[M]. Boston: Ginn & Company.

BETZ W, WEBB H E, 1912. Plane Geometry[M]. Boston: Ginn & Company.

BOALER J, 2002a. Exploring the nature of mathematical activity: using theory, research and 'working hypotheses' to broaden conceptions of mathematics knowing[J]. Educational Studies in Mathematics, 51(1 - 2) :3 - 21.

BOALER J, 2002b. The development of disciplinary relationships: knowledge, practice and identity in mathematics classrooms[J]. For the Learning of Mathematics, 22(1) :42 - 47.

BOWSER E A, 1890. The elements of plane and solid geometry[M]. New York: D. Van Nostrand Company.

BROPHY J, 1987. Socializing student's motivation to learn[J]. Advances in Motivation and Achievement: Enhancing Motivation, 15:181 - 210.

BRUSH S G, 1989. History of science and science education[J]. Interchange, 20 (2) :60 - 70.

CAJORI F, 1899. The pedagogic value of the history of physics[J]. The School Review, 7(5) :278 - 285.

CAJORI F, 1991. A History of Mathematics[M]. New York: The Macmillan Company.

CAJORI F. 1993. A history of mathematical notations[M]. New York: Dover Publication.

CARPENTER T, FENNEMA E PETERSON P, et al. , 1989. Teachers' pedagogical content knowledge of students' problem solving in elementary arithmetic[J]. Journal for Research in Mathematics Education, 19:385 - 401.

CHURCH A E, 1851. Elements of Analytical Geometry[M]. New York: American Book Company.

CLAIRAUT A C, 1741. Elémens de Géométrie[M]. Paris: Lambert et Durand.

CLARK K M, 2006. Investigation teachers' experiences with the history of logarithms: a collection of five case studies[M]. Unpublished doctoral dissertation, University of Maryland.

COFFIN J H, 1848. Elements of Comic Sectio & Analytic Geometry[M]. New York: Collins & Brother.

COHEN D K, 1987. Educational technology, policy, and practice[J]. Educational Evaluation & Policy Analysis, 9(2) :153 - 170.

DAVIES C, 1841. Elements of Analytic Geometry [M]. Philadelphia: A. S. Barnes & Company.

DURELL F, 1911. Plane and solid geometry[J]. New York: Charles E. Merrill Company. Dordrecht: Kluwer Academic Publishers.

EVEN R, 1993. Subject - matter knowledge and pedagogical content knowledge: prospective secondary teachers and the function concept [J]. Journal for Research in Mathematics Education, 24(2) : 94 - 116.

FARNSWORTH R D, 1933. Plane Geometry[M]. New York, McGraw - Hill Book Company.

FAUVEL J, 1991. Using history in mathematics education. geschichte im mathematikunterricht[J]. For the Learning of Mathematics, 11(2) :3 - 6.

FAUVEL J, VAN MAANEN J, 2000. History in Mathematics Education[M]. Foresman and Company.

FEIMAN - NEMSER S, 2001. From preparation to practice: Designing a continuum to strengthen and sustain teaching[J]. Teachers College Record, 103 (6):1013 - 1055.

FEIMAN - NEMSER S, 2008. Teacher learning: How do teachers learn to teach? In M. Cochran - Smith, S. Feiman - Nemser, D. J. McIntyre, & K. E. Demers (Eds.), Handbook of research on teacher education: Enduring questions in changing contexts(p. 697 - 705). New York: Routledge.

FENNEMA E, FRANKE L M, 1992. Teachers' knowledge and its impact. In D. A. Grouws (Ed.), Handbook of research on mathematics teaching and learning (pp. 147 - 164). New York: Macmillan.

FLEGG G, 1975. History of mathematics course (am289) at the open university, great britain[J]. Historia Mathematica, 2(3) :332 - 333.

FORD W R, AMMERMAN, C, 1915. Plane geometry[M]. New York: The

Macmillan Company.

FURINGHETTI F, 2007. Teacher education through the history of mathematics [J]. Educational Studies in Mathematics, 66(2):131-143.

GALL M D, 1970. The use of questions in teaching[J]. Review of Educational Research, 40(5) :707-721.

GALL M D, 1984. Synthesis of research on teachers' questioning[J]. Educational Leadership, 42(3) :40-47.

GAZIT A, 2013. What do mathematics teachers and teacher trainees know about the history of mathematics? [J]. International Journal of Mathematical Education in Science & Technology, 44(4) :501-512.

GORE J H, 1908. Plane and solid geometry[M]. New York: American Book Company.

GROSSMAN P L, 1990. The making of a teacher: Teacher knowledge and teacher education[M]. New York: Teachers College Press.

HART C A, FELDMAN D D, 1912. Plane and solid geometry[M]. New York: American Book Company.

HASHWEH, MAHER, Z, 1987. Effects of subject - matter knowledge in the teaching of biology and physics[J]. Teaching & Teacher Education, 3(2) :109-120.

HAYWARD J, 1829. Elements of Geometry[M]. Cambridge: Hilliard & Brown.

HEATH, T I, 1908. The thirteen books of Euclid's elements[M]. Cambridge: The University Press.

PALMER C I, TAYLOR D P. 1918. Plane and Solid Geometry[M]. Chicago; Scott, Foresman and Company.

PLAYFAIR J, 1795. Elements of Geometry[M]. Edinburgh: Bell &. Bradfute, &. G. G. &. J. Robinson.

POINCARE H, 1913. Science and method[M]. Dover Publications Inc New York.

HILL H C, SLEEP L, LEWIS J M, et al., 2007. Assessing teachers' mathematical knowledge. In F. K. Lester (Ed.)Second handbook of research on mathematics teaching and learning (pp. 257 - 315). Reston, VA: National Council of Teachers of Mathematics.

HILL H, BALL D L, SCHILLING S G, 2008. Unpacking "pedagogical content knowledge": Conceptualizing and measuring teachers' topic - specific knowledge of students[J]. Journal for Research in Mathematics Education, 39(4) : 372 - 400.

HILL H C, BALL D L, BLUNK M L, et al. , 2007. Validating the Ecological Assumption: The Relationship of Measure Scores to Classroom Teaching and Student Learning[J]. Measurement: Interdisciplinary Research and Perspectives,5(2 - 3) :107 - 118.

HOWEY K R, GROSSMAN P L, 1989. A study in contrast: Sources of pedagogical content knowledge for secondary english[J]. Journal of Teacher Education, 40(5) :24 - 31.

JONES P S, 1957. The history of mathematics as a teaching tool[J]. Mathematics Teacher, 50(1) :59 - 64.

KELLER J, 1983. Motivational design of instruction. In C. Reigeluth(Ed.) , Instrustion - design theories and models: An overview of their current status [M]. Hillsdale, NJ: Erlbaum.

KILPATRICK J, SWAFFORD J, FINDELL B, 2001. Adding it up: Helping children learn mathematics[M]. Washington, DC: National Academy Press.

KLEIN F,1945. Elementary Mathematics from an advanced standpoint : Arithmetic. Algebra. Analysis[M]. New York : Dover Publication.

LAMPERT M, 1986. Knowing, doing, and teaching multiplication[J]. Cognition and Instruction, 3(4) :305 - 342.

KLINE M, 1956. Mathematics texts and teachers : a tirade[J]. Mathematics Teachers ,49(3):162 - 172.

LARDNER D A, 1831. Treatise on Algebraic Geometry[M]. London: Whittaker, Treacher & Arnot.

LEGENDRE A M, 1867. Elements of geometry[M]. Baltimore: Kelly & Piet, Publishers.

LEINHARDT G, SMITH D A, 1985. Expertise in mathematics instruction:

subject matter knowledge[J]. Journal of Educational Psychology, 77(77) : 247 - 271.

LESLIE J, 1811. Elements of geometry[M]. Edinburgh: John Ballantyne & Company.

LONG, E BRENKE W C, 1916. Plane geometry[M]. New York: The Century Company.

LORTIE D C, 1975. Schoolteacher[M]. Chicago, IL: University of Chicago Press.

MARKS R, 1990. Pedagogical content knowledge: From a mathematical case to a modified conception[J]. Journal of Teacher Education, 41(3):3 - 11.

MASON J, 2008. PCK and Beyond. In P. Sullivan & S. Wilson (Eds.),Knowledge and beliefs in mathematics teaching and teaching development (pp. 301 - 322). Rotterdam/Taipe: Sense Publishers.

MATTHEWS M R, 1994. Science teaching: The role of History and Philosophy of Science[M]. N. Y. :Routledge.

MAXWELL J C, 2012. The Scientific Papers of James Clerk Maxwell: On the Relation of Geometrical Optics to other parts of Mathematics and Physics[M]. Cambridge University Press.

MCINTOS J A, 1984. Numbers: their history and meaning by Graham Flegg [J]. Arithmetic Teacher, 31(8) :53.

MILNE W J, 1899. Plane and solid geometry[M]. New York: American Book Company.

MOSENTHAL J H, BALL D L, 1992. Constructing new forms of teaching: subject matter knowledge in inservice teacher education[J]. Journal of Teacher Education, 43(5) : 347 - 356.

MOSVOLD R, JAKOBSEN A, JANKVIST U T, 2014. How mathematical knowledge for teaching may profit from the study of history of mathematics [J]. Science & Education, 23(1) :47 - 60.

NEWCOMB S, 1884. Elements of geometry[M]. New York: H. Holt & Company.

O'BRIEN M A, 1844. Treatise on Plane Co - ordinate Geometry[M]. London:

Deightons.

PALMER C I, TAYLOR D P, 1918. Plane and Solid Geometry[M]. Chicago: Scott.

RIVKIN S G, HANUSHEK E A, KAIN J F, 2005. Teachers, schools, and academic achievement[J]. Econometrica, 73:417 - 458.

ROBBINS E R, 1907. Plane and solid geometry. New York: American Book Company.

ROBBINSON H N, 1868. Elements of geometry[M]. New York: Ivison, Phinney, Blakeman & Company.

ROGERS L, 1974. History of mathematics at teachers conferences in england, easter 1974[J]. Historia Mathematica, 1(3) :325 - 326.

ROWE, M B, 1974. Wait - time and rewards as instructional variables, their influence on language, logic, and fate control: Part one - wait - time[J]. Journal of Research in Science Teaching, 11(2) :81 - 94.

ROWLAND T, MARTYN S, BARBEL P, el al., 2001. Investigating the mathematics subject matter knowledge of pre - service elementary school teachers[J]. Mkit Maths, 4:121 - 128.

SCHILLING S G HILL H C, 2007. Assessing Measures of Mathematical Knowledge for Teaching: A Validity Argument Approach[J]. Measurement: Interdisciplinary Research and Perspectives,5, (2 - 3):70 - 80.

SCHULTZE A, SEVENOAK F L, 1902. Plane geometry[M]. New York: The Macmillan Company.

SCHUYLER A, 1876. Elements of geometry[M]. Cincinnati: Wilson, Hinkle & Company.

SHULMAN L S, 1986. Those who understand: Knowledge growth in teaching [J]. Educational Researcher, 15(2) : 4 - 14.

SHULMAN L S,1987. Knowledge and teaching: Foundations of the new reform [J]. Harvard Educational Review, 57:1 - 22.

SIMON M A, 1994. Learning mathematics and learning to teach: Learning cycles in mathematics teacher education[J]. Educational Studies in Mathematics, 26: 71 - 94.

SIMON M A, TZUR R, 1999. Explicating the teacher's perspective from there-searchers' perspectives: Generating accounts of mathematics teachers' practice [J]. Journal for Research in Mathematics Education, 30:252 - 264.

SIMTH D E, 1900. Teaching of elementary mathematics[M]. New York: The Macmillan Company.

SLAUHT H E, LENNES N J, 1918. Plane geometry[M]. Boston: Allym & Bacon.

SOURANI A, SOHAIL M, 2015. The Delphi Method: Review and Use in Construction Management Research[J]. International Journal of Construction Education & Research, 11(1) :54 - 76.

STONE J C, Millis J F, 1916. Plane geometry[M]. Chicago: B. H. Sanborn &. Company.

TALL D, et al. Symbols and the Bifurcation Between Procedural and Conceptual Thinking. Canadian Journal of Science, Mathematics and Technology Education,[s. l.], v. 1, n. 1, p. 81 - 104, 2001. DOI 10.1080/14926150109556452.

TAPPAN E T, 1885. Elements of geometry[M]. New York: Appleton & Company.

TOBIN K, 1987. The role of wait time in higher cognitive level learning[J]. Review of Educational Research, 57(1) : 69 - 95.

TZANAKIS C, THOMAIDIS Y, 2000. Integrating the close historial development of mathematics and physics in mathematics education: Some methodological and epistemological remarks[J]. For the Learning of Mathematics, 20(1) : 44 - 55.

WANG J, XU B, 2004. Trends and challenges in mathematics education[M]. Shanghai: East China Normal University Press.

WANG X Q, QI C Y, WANG K, 2017, A categorization model for educational values of the history of mathematics[J]. Science & Education, 26 (7 - 9): 1029 - 1052.

WELLS W, HART W W, 1916. Plane and solid geometry[M]. Boston: D. C. Heath.

WENTWORTH G A, SMITH D E, 1913. Plane geomtry[M]. Boston: Ginn &

Company.

WILDER R, 1983. Mathematics as a cultural system[M]. Elmsford, N. Y: Pergamon Press.

WILEN W W, CLEGG A A, 1986. Effective questions and questioning: a research review[J]. Theory & Research in Social Education, 14(2): 153 - 161.

WILSON S M, WINEBURG S S, 1988. Peering at history through different lenses: The role of disciplinary perspectives in teaching history[J]. Teachers College Record, 89(4): 525 - 539.

WINNE P H, 1979. Experiments relating teachers use of higher cognitive questions to student achievement[J]. Review of Educational Research, 49(1): 13 - 49.

WELLS W, HART W W, 1916. Plane and Solid Geometry[M]. Boston: D. C, Heath.

YOUNG J W A, JACKSON L L, 1916. Plane geometry[M]. New York: D. Appleton & Company.

YOUNG J W, SCHWARTZ A J, 1915. Plane geometry[M]. New York. Henry Holt &Company.

ZAZKIS R, 2005. Representing numbers: prime and irrational[J]. International Journal of Mathematical Education in Science and Technology, 36 (2 - 3):207 - 217.

ZAZKIS R, SIROTIC N, 2004. Making sense of irrational numbers: Focusing on representation[C]. //Proceedings of the 28th International Conference for the Psychology of Mathematics Education, Norway: Bergen.

巴桑卓玛,2003.藏汉中学生数学学习元认知比较研究[D].长春:东北师范大学.

巴桑卓玛,2005.汉藏中学生数学学习元认知比较研究[J].中国教育学刊,(12): 48 - 52.

包吉日木图,2007.中学数学教学中融入数学史的调查研究[D].呼和浩特:内蒙古师范大学.

毕晓普,1991.文化与数学课程[J].科学教育月刊,(144): 2 - 18.

蔡群,2017.基于人教版初中数学教材中数学史专题的教学探索[J].中学数学,(18):70 - 71.

陈碧芬,2010.拉萨市藏族初中数学教师PCK发展的个案研究[D].重庆:西南大学.

陈慧玲,王雄,2007.数学史与数学教育结合的实现研究[J].理科教学探索,(11):41-43.

陈嘉尧,2016.HPM微课在全等三角形教学中的应用[J].数学教学,(6):41-45.

陈雪梅,王梅,2011.关注教学法表征的数学归纳法教学设计[J].数学通报,50(4):26-28.

陈月兰,杨秀娟,2008.初中生对无理数概念的理解[J].上海中学数学,(6):11-13.

崔静静,赵思林,2018.HPM视角下对数定义的教学设计[J].理科考试研究(初中版),25(11):25-28.

曹亮吉,1977.数学导论[M].台北:科学月刊社.

德吉旺姆,2013.浅谈藏族传统教育与现代藏族教育[J].卷宗,(12):64-65.

段志贵,陈宇,2017.合格初中数学教师学科教学知识研究[J].数学教育学报,26(2):35-40.

范力允,2015.藏族地区初中数学新课程实施现状调查研究[D].兰州:西北民族大学.

范兴亚,2015."平行线的判定"教学设计[D].中小学数学(初中版),(3):36-38.

范忠雄,陈茜,拉毛草,2016.藏族地区数学教师角色认知的教育叙事研究[J].数学教育学报,25(4):89-93.

房灵敏,1991.西藏中小学数学教育问题与发展对策初探[J].民族教育研究,(2):55-60.

冯振举,2007.数学史与数学教育整合的研究[D].西安:西北大学.

付军,刘鹏飞,徐乃楠,等,2012.数学教师职前培养与职后培训系统工程的实施与思考[J].吉林师范大学学报(人文社会科学版),40(5):121-123.

傅千吉,2012.藏族传统教育发展研究[M].兰州:甘肃教育出版社.

耿金声,王锡宏,1989.西藏教育研究[M].北京:中央民族学院出版社.

黄燕苹,陈碧芬,宋乃庆,2012.西藏初中数学教育现状调查与思考[J].民族教育研究,(4):57-60.

黄友初,2017.数学史对职前教师教学知识影响的质性研究——以无理数的教学为例[J].数学教育学报,(1):94-97.

郭衎,曹一鸣,2017.教师数学教学知识对初中生数学学业成就的影响[J].教育研究与实验,(6):36-40.

郭内,2015.数学学科教学知识的建构及实践研究[D].上海:华中师范大学.

洪万生,1984.数学史与数学教育[J].科学月刊,15(5):371-375.

洪万生,1989.数学史与数学教学——打开数学教育研究的一个新方向[J].中等教育,(6):22-24.

黄深洵,2017.HPM视角下"弧度制"教学尝试[J].上海中学数学,(11):38-39.

黄益维,胡玲君,2017.简约设计,凸显本质——基于"学为中心"教学理念下"全等三角形复习"的教学设计与评析[J].中学数学教学参考,(18):30-33.

黄莉,2019.初中数学"图形与几何"的变式教学研究[D].南充:西华师范大学.

黄友初,2013.HPM的缺失及其在教师教育中的回归[J].温州大学学报(自然科学版),34(2):57-62.

黄友初,2014.基于数学史课程的职前教师教学知识发展研究[D].上海:华东师范大学.

惠波,赵春雷,2014.渗透数学思想方法提升学生数学素养——以"二元一次方程"一课为例[J].中国数学教育(初中版),(11):28-36.

简苍调,1978.从数学的意义和方法——论数学教育[M].台北:民安出版社.

姜晓翔,2017.由点成线·由浅入深·由表及里——"全等三角形(复习课)"的教学设计与思考[J].中国数学教育(初中版),(11):31-35.

蒋永红,陈侃,2005.论数学史与数学教育的结合[J].高等继续教育学报,18(1):18-21.

久米,2016.西藏初中数学教学状况研究[D].天津:天津大学.

雷晓莉,曹海春(2007).HPM视角下《两角和与差三角公式》教学的四次实践与调整[J].中学数学杂志,(7):14-18.

李继闵,1989.刘徽关于无理数的论述[J].西北大学学报(自然科学版),(1):1-4.

李伯春,2000.一份关于数学史知识的调查[J].数学通报,39(3):39-40.

李昌官,2011.基于三个读懂追求自然的探究——以浙教版八上《平行线的判定》教学设计为例.数学通报,50(5):33-36.

李大博,赵雪,2014.新课标背景下高中数学教师职前培养与职后培训的策略[J].数学学习与研究,(24):86-86.

李国强,2010.高中数学教师数学史素养及其提升实验研究[D].重庆:西南大学.

李继选,2014.我教“二元一次方程概念的形成过程”[J].中小学数学(初中版),(9):39-40.

李蓟,2010.提高藏族中学汉语数学教学质量的思考[J].数学教学研究,29(10):5-6.

李渺,喻平,唐剑岚,等,2007.中小学数学教师知识调查研究[J].数学教育学报,16(4):31-34.

李彦峰,2012.数学有效教学最重要的知识基础:MPCK[J].中小学教师培训,(5):45-47.

李正银,2006.数学教学中怎样融入数学史[J].数学教学通讯,(7):10-11.

栗小妮,汪晓勤,2017.美国早期教科书中的无理数概念[J].数学教育学报,(26):86-91.

梁艳云,涂爱玲,2016.运用“变式”进行复习课的教学设计与反思——例谈全等三角形复习课的教学设计[J].中学数学杂志,(4):25-28.

列志佳,1996.运用数学史于数学教育的初步调查研究[J].数学教育,12(3):21-22.

林佳乐,汪晓勤,2015.美国早期几何教材中的全等三角形判定定理[J].中国数学教育,(19):57-60+64.

林刚,2013.甘孜藏区学前教育现状分析与思考[J].四川民族学院学报,22(5):86-92.

林永伟,2004.数学史与数学教育[M].杭州:浙江大学出版社.

刘超,2008.数学名题与HPM研究[J].兵团教育学院学报,18(3):29-32.

刘超,2011a.数学史与数学教育[J].中小学数学(高中版),21(3):36-39.

刘超,2011b.数学史与数学教育[J].中小学数学(高中版),(3):44-46.

刘东升,2016.基于HPM视角重构“勾股定理”起始课[J].教育研究与评论(课堂观察),(1):45-48.

刘加红,2016.“平面直角坐标系”教学设计[J].中学数学(初中版),(7):12-14.

刘佳,2018.课堂教学中如何培养学生的探究能力——以“平面直角坐标系”的教学为例[J].初中数学教与学,(6):26-28.

刘江艳,2007.拉萨地区初中数学教学现状的调查与分析[D].扬州:扬州大学.

刘帅宏,2018.HPM视角下全等三角形的教学[D].上海:华东师范大学.

刘雪强,2016.藏族地区少数民族初中生数学认知现状研究[J].西北民族大学.

刘尧,2000.大众数学 数学文化 数学教育——兼评《数学文化与数学课程》[J].高等理科教育,(5):10-14.

刘媛,2011.数学史在初中数学教学中的运用研究[J].天津教育,(1):53-54.

芦争气,2017. 二元一次方程组(第1课时)[J]. 中学数学教学参考,(6):13-15.

卢成娴,姜浩哲,汪晓勤,2019. 数学史对批判性思维培养的作用——以《三角形一边平行线性质定理及推论》一课为例[J]. 教育研究与评论(中学教育教学),(4):11-17.

吕鹏,纪志刚,2018. 古代印度数系的历史发展[J]. 上海交通大学学报(哲学社会科学版),26(5):86-93.

吕世虎,格日吉,1992. 藏族中学数学教育改革之构想[J]. 西北师范大学学报(自然科学版),(2):68-71.

牟金保,2017a. 西藏数学教育研究的现状分析[J]. 西藏民族大学学报(哲学社会科学版,38(6):125-130.

牟金保,2017b. 藏族天文历算的演进历程[J]. 咸阳师范学院学报,32(6):10-14.

牟金保,孙洲,2017c. "平行线的判定":基于相似性,重构数学史[J]. 教育研究与评论(中学教育教学版),(5):34-40.

牟金保,岳增成,2017d. 列方程解相遇问题:基于数学史,设置问题串[J]. 上海课程教学研究,7(11):59-63.

牟金保,2018. 萨顿的学术思想及其对 HPM 研究的价值[J]. 教育现代化,5(06):132-135.

娜珠,2011. 川西藏区小学数学教学的几点思考[J]. 数学学习与研究,(10):55-55.

欧阳绛,1998. 数学—数学史—数学教育—素质教育[J]. 数学教育,(6):2-7.

仇扬,沈中宇,2015. "全等三角形应用":从历史中找到平衡[J]. 教育研究与评论(中学教育教学版),(11):62-67.

蒲淑萍,汪晓勤,2015a. HPM 视角教师专业发展的研究与启示[J]. 数学教育学报(3):76-80.

蒲淑萍,汪晓勤,2015b. 教材中的数学史:目标、内容、方式与质量标准研究[J]. 课程.教材.教法,(3):53-57.

彭刚,汪晓勤,程靖,2016. 数学史融入数学教学:意义与方式[J]. 成都师范学院学报,(1):115-120.

庞雅丽,李士锜,2009. 初三学生关于无理数的信念的调查研究[J]. 数学教育学报,(4):38-41.

齐春燕,2018. 高中数学教师基于数学史的专门内容知识个案研究[D]. 上海:华东师范大学.

齐欣,2016.动态展示 类比引出——“平面直角坐标系”教学设计[J].中小学数学(初中版),(1):45-47.

綦春霞,何声清,2019.基于“智慧学伴”的数学学科能力诊断及提升研究[J].中国电化教育,(01):46-52.

斯肯普,1987.数学学习心理学[M].陈泽民,译.台北:九章出版社.

沈琰,沈中宇,洪燕君,2016.HPM 视角下全等三角形应用的教学[J].数学教学,(10):43-46.

沈中宇,李霞,汪晓勤,2017.HPM 课例评价框架的建构——以“三角形中位线定理”为例[J].教学研究与评论(中学教育教学版),(1):35-41。

沈健,2017.数学课程标准下的数学教学——以“用配方法解一元二次方程”为例[J].宁波教育学院学报,(2):135-138.

沈顺良,2016.基于学生认知的自然引导——“二元一次方程”教学案例[J].中小学数学(初中版),(7):106-107.

沈志兴,洪燕君,2015.“一元二次方程的配方法”:用历史体现联系[J].教育研究与评论(中学教育教学),(10):38-42.

沈志兴,2014.HPM 视角下的加减消元法教学[J].上海中学数学,(11):1-3.

宋万言,栗小妮,2017.“实数的概念”:折纸、拼图中发现,计算、比较中建构[J].教育研究与评论(中学教育教学版),(8):41-47.

苏建烨,张国玲,2017.中学数学教师教学知识发展探讨[J].玉林师范学院学报,(5):16-23.

孙冲,2015.基于 HPM 视角的均值不等式教学[J].中小学数学(高中版),(9):38-41.

孙丹丹,岳增成,沈中宇,等,2018.国际视野下的数学史与数学教育——“第八届数学教育中的历史与认识论欧洲暑期大学”综述[J].数学教育学报,27(6):95-100.

孙杰远,1991.藏汉 9～13 岁儿童数学思维能力及其发展的比较研究[J].心理科学,(5):26-31.

唐恒钧,李忠如(2011).西藏初中藏族教师实施数学新课程的个案研究[J].民族教育研究(5):51-55.

唐秋飞,2015.“三角形内角和”:在多个环节中渗透数学史[J].教育研究与评论(中学教育教学版),(7):40 - 44.

汪爱红,2011. 甘南藏族自治州藏族学生数学教育的现状分析[J]. 高等继续教育学报,(6):50 - 51.

汪晓勤,杨一丽,2003. HPM 视角下的等比数列教学[J]. 中学教研,(7): 48 - 50.

汪晓勤,张小明,2006. HPM 研究的内容与方法[J]. 数学教育学报,15(1):16 - 18.

汪晓勤,2006. HPM 视角下的一元二次方程概念教学设计[J]. 中学数学教学参考,(24):50 - 52.

汪晓勤,2007a. HPM 视角下的消元法教学设计[J]. 中学数学教学参考,(6):52 - 54.

汪晓勤,2007b. HPM 视角下一元二次方程解法的教学设计[J]. 中学数学教学参考,(z2):114 - 116.

汪晓勤,2007c. HPM 视角下二元一次方程组概念的教学设计[J]. 中学数学教学参考,(10):48 - 51.

汪晓勤,2012. 法国初中数学教材中的数学史[J]. 数学通报, 51(3):16 - 20.

汪晓勤,2014a. HPM 视角下的“角平分线”教学[J]. 教育研究与评论(中学教育教学版),(5):29 - 32.

汪晓勤,2014b. 数学史与数学教育[J]. 教育研究与评论(中学教育教学版),(1):8 - 14.

汪晓勤,洪燕君,2016. 20 世纪初美国数学教科书中的几何应用——以建筑为例[J]. 数学教育学报,25(2):11 - 14.

汪晓勤,2017a,HPM:数学史与数学教育[M]. 北京: 科学出版社.

汪晓勤,2017b. 椭圆第一定义是如何诞生的? [J]. 中学数学月刊,(6):4.

汪晓勤,栗小妮,2019. 数学史与初中数学教学[M]. 上海:华东师范大学出版社.

汪晓勤,2019. 刊首语[J]. 上海 HPM 通讯,8(1):I.

王爱玲,2018. 数学师范生专门的学科知识(SCK)及教师效能感之研究[D]. 上海:华东师范大学.

王冰,赵姗姗,2012. 注重内容核心 突出思想方法——“平行线的判定”教学设计. 中国数学教育,(7):25 - 27.

王大胄,李世存,2017. 藏族地区中小学理科教育质量提升研究——以甘肃省甘南藏族自治州为例[J]. 读书文摘,(6):222 - 223.

王丹,2016. 注重思考过程 渗透数学思想——以《配方法解一元二次方程》一节课为例[J]. 初中数学教与学,(8):33－35.

王凤蓉,2012. 数学史融入初中数学教育的实践探索[D]. 长沙:湖南师范大学.

王红权,应佳成,2016. 二元一次方程教学设计的几点建议[J]. 中学数学杂志,(12):24－27.

王宏,史宁中,2015. 基于教师专业发展视角的数学教学内容知识研究[J]. 东北师大学报(哲学社会科学版),(6):244－248.

王继伟,郭清波,2013. "平行线的判定(1)"教学设计与评析[J]. 中国数学教育,(z3):28－31.

王进敬,2019. HPM 视角下的一般的一元二次方程的解法(配方法)[J]. 中小学数学(初中版),(z1):33－36.

王进敬. 栗小妮,2018. HPM 视角下平行线的判定[J]. 上海中学数学,(5):8－11.

王进敬,汪晓勤,2012. 运用数学史的"全等三角形应用"教学[J]. 中学教研(数学),(11):46－49.

王科,汪晓勤,2013. 基于 HPM 视角和 DNR 系统的数学归纳法教学设计[J]. 数学通报,52(7):8－11.

王双,2013. 还原数学本质 践行"三有课堂":《二元一次方程》的教学实践与思考. 初中数学教与学,(6):21－23.

王伟,邬云德,2014. 寓"过程教育"于"二元一次方程"教学探索及点评[J]. 中学数学,(4):68－70.

王鑫义,2017. 甘南藏区初中数学课堂教学中融入数学史的实践与思考[J]. 课程教育研究(25):140－141.

王铁军,2006. 中小学教育科学研究与应用[M]. 南京:南京师范大学出版社.

王国俊,1998. 有理数、无理数与实数[J]. 数学的实践与认识,(3):258－266.

王青建,1995. 数学史与数学教育改革刍议[J]. 数学教育学报(4):64－67.

汪晓勤,2013. HPM 与初中数学教师的专业发展——一个上海的案例[J]. 数学教育学报,(1):18－22.

汪晓勤,2012. HPM 的若干研究与展望[J]. 中学数学月刊,(2):1－5.

王红权,2018. 怎样教好无理数[J]. 数学通报,(6):18－22.

吴登文,1997. 西部地区中学数学教材改革的几点思考[J]. 新疆职业教育研究(3):67－70.

吴骏,赵锐,2014. 基于 HPM 的教师教学需要的统计知识调查研究[J]. 数学通报,

53(5):15-18.

吴骏,汪晓勤,2016.初中数学教师 HPM 教学的个案研究[J]. 数学教育学报(1):67-71.

吴骏,汪晓勤,2014.数学史融入数学教学的实践:他山之石[J]. 数学通报(2):13-16+20.

萧文强,1992.数学史和数学教育:个人经验和看法[J].数学传播,16(3):23-29.

谢燕,2013.深入探讨如何培养藏族地区的中小学藏族数学老师[D].成都:四川师范大学.

肖皓月,2017. 职前与职后数学教师 TPACK 现状调查及比较研究[D].重庆:西南大学.

熊莹盈,2018.全等三角形判定定理的应用——“探究‘边边角’在部分条件下证明全等三角形”教学设计[J].中国数学教育(初中版),(5):3-8.

徐五光,1997.数学史与数学教育[J].杭州师范大学学报(自然科学版),(3):31-36.

徐晓燕,2016.基于初中数学核心概念及其思想方法的概念教学设计研究[J].上海中学数学,(6):43-48.

杨淑芬,1992.从皮亚杰的认识论谈数学史与数学教育的关联[D].台北:台湾师范大学.

杨懿荔,龚凯敏,2016.HPM 视角下的“平面直角坐标系”教学[J].上海中学,数学(6):6-9.

杨勇,2019.基于 HPM 视角培养核心素养——“数系的扩充”的教学设计与评析[J].中学数学月刊,(1):45-47.

姚瑾,2013.初中生对一元二次方程的理解[D].华东师范大学.

袁锁盘,2016.初中数学教师数学史知识掌握与来源现状的调查研究[D].扬州:扬州大学.

岳秋,张德荣,2016.“平面直角坐标系”:利用历史故事,实现维度跨越[J].教育研究与评论(中学教育教学版),(11):32-37.

张奠宙,2012.数学学科内容知识需引起关注[J]. 现代教学,(6):42-42.

张定强,1999.藏区社会及其数学教育改革[J]. 民族教育研究,(3):58-60.

张红,刘建新,2017.近现代数学史与数学教育研究新进展——“第四届近现代数学史与数学教育国际会议”会议纪要[J]. 自然辩证法通讯,(6):155-157.

张怀明,2014.初中数学教师学科教学知识形成的个案研究[J].江苏教育研究,(1):32-37.

张楠,罗增儒,2006.对数学史与数学教育的思考[J].数学教育学报,15(3):72-75.

张肖,2014."配方法解一元二次方程"教学设计[J].上海中学数学,(5):7-9.

张晓拔,2009.关于数学史与数学教育整合的思考[J].数学教育学报,18(6):85-87.

张燕华,2007.对内地西藏班学生数学学习能力培养的教学模式的实践研究[D].苏州:苏州大学.

章志霞,2015.基于"整体观"的几何教学与反思——以"平行线的判定"教学为例.中学数学(初中版),(2):17-19.

章建跃,2016.高中数学教材落实核心素养的几点思考[J].课程.教材.教法(7):44-49.

郑宏颖,2017.藏族传统文化中教育元素的挖掘与课堂融合——评《藏族传统教育发展研究》[J].中国教育学刊,(5):127.

中华人民共和国教育部,2012.义务教育数学课程标准(2011年版)[S].北京:北京师范大学出版社.

钟亮,2018.基于中文百科的初中数学学科知识图谱构建与应用[D].南昌:江西财经大学.

周炜,2003.西藏的语言与社会[M].北京:中国藏学出版社.

周晓秋,2017.展示典型失误,发挥错例价值——以"用配方法解一元二次方程"的例题教学为例[J].中学数学,(8):3-4.